核电厂便于退役的理念与实践系列丛书第三册

核电厂退役相关文件概述

生态环境部核与辐射安全中心　编著

中国原子能出版社

图书在版编目（CIP）数据

核电厂退役相关文件概述 / 生态环境部核与辐射安全中心编著. --北京：中国原子能出版社，2020.12

ISBN 978-7-5221-0973-2

Ⅰ. ①核… Ⅱ. ①生… Ⅲ. ①核电厂–退役–文件 Ⅳ. ①TM623.8②TL943

中国版本图书馆 CIP 数据核字（2020）第 271474 号

核电厂退役相关文件概述

出版发行	中国原子能出版社（北京市海淀区阜成路 43 号　100048）
责任编辑	杨晓宇
装帧设计	崔　彤
责任校对	冯莲凤
责任印制	赵　明
印　　刷	北京中科印刷有限公司
经　　销	全国新华书店
开　　本	787 mm×1092 mm　1/16
印　　张	21.25
字　　数	370 千字
版　　次	2020 年 12 月第 1 版　2020 年 12 月第 1 次印刷
书　　号	ISBN 978-7-5221-0973-2　　**定　价　58.00** 元

网址：http://www.aep.com.cn　　**E-mail：atomep123@126.com**

发行电话：010-68452845

本书编委会

主　　编　刘志辉

副 主 编　李小龙

编写人员　刘志辉　李小龙　徐　琛

　　　　　汪世军　杨晓伟　刘运陶

目　录

第1章 概述

1.1 法律中有关退役的规定

1.1.1 《中华人民共和国核安全法》（简称《核安全法》）

《中华人民共和国核安全法》是为保障核安全，预防与应对核事故，安全利用核能，保护公众和从业人员的安全与健康，保护生态环境，促进经济社会可持续发展而制定。经 2017 年 9 月 1 日第十二届全国人民代表大会常务委员会第二十九次会议通过，由全国人民代表大会常务委员会于 2017 年 9 月 1 日发布，自 2018 年 1 月 1 日起施行。共八章，具体如下：

第一章　总则

第二章　核设施安全

第三章　核材料和放射性废物安全

第四章　核事故应急

第五章　信息公开和公众参与

第六章　监督检查

第七章　法律责任

第八章　附则

本法共包括九十四条，其中与退役相关的条款如下：

第二十二条 国家建立核设施安全许可制度。

核设施营运单位进行核设施选址、建造、运行、退役等活动，应当向国务院核安全监督管理部门申请许可。

核设施营运单位要求变更许可文件规定条件的，应当报国务院核安全监督管理部门批准。

第二十九条 核设施终止运行后，核设施营运单位应当采取安全的方式进行停闭管理，保证停闭期间的安全，确保退役所需的基本功能、技术人员和文件。

第三十条 核设施退役前，核设施营运单位应当向国务院核安全监督管理部门提出退役申请，并提交下列材料：

（一）核设施退役申请书；

（二）安全分析报告；

（三）环境影响评价文件；

（四）质量保证文件；

（五）法律、行政法规规定的其他材料。

核设施退役时，核设施营运单位应当按照合理、可行和尽可能低的原则处理、处置核设施场址的放射性物质，将构筑物、系统和设备的放射性水平降低至满足标准的要求。

核设施退役后，核设施所在地省、自治区、直辖市人民政府环境保护主管部门应当对核设施场址及其周围环境中所含的放射性核素的种类和浓度组织监测。

第四十八条 核设施营运单位应当按照国家规定缴纳乏燃料处理处置费用，列入生产成本。

核设施营运单位应当预提核设施退役费用、放射性废物处置费用，列入投资概算、生产成本，专门用于核设施退役、放射性废物处置。具体办法由国务院财政部门、价格主管部门会同国务院核安全监督管理部门、核工业主管部门和能源主管部门制定。

第七十条 国家建立核安全监督检查制度。

国务院核安全监督管理部门和其他有关部门应当对从事核安全活动的单

位遵守核安全法律、行政法规、规章和标准的情况进行监督检查。

国务院核安全监督管理部门可以在核设施集中的地区设立派出机构。国务院核安全监督管理部门或者其派出机构应当向核设施建造、运行、退役等现场派遣监督检查人员，进行核安全监督检查。

第七十九条　违反本法规定，核设施营运单位有下列情形之一的，由国务院核安全监督管理部门责令改正，处一百万元以上五百万元以下的罚款；拒不改正的，责令停止建设或者停产整顿；有违法所得的，没收违法所得；造成环境污染的，责令限期采取治理措施消除污染，逾期不采取措施的，指定有能力的单位代为履行，所需费用由污染者承担；对直接负责的主管人员和其他直接责任人员，处五万元以上二十万元以下的罚款：

（一）未经许可，从事核设施建造、运行或者退役等活动的；

…………

第八十条　违反本法规定，核设施营运单位有下列情形之一的，由国务院核安全监督管理部门责令改正，给予警告；情节严重的，处五十万元以上二百万元以下的罚款；造成环境污染的，责令限期采取治理措施消除污染，逾期不采取措施的，指定有能力的单位代为履行，所需费用由污染者承担：

…………

（二）核设施终止运行后，未采取安全方式进行停闭管理，或者未确保退役所需的基本功能、技术人员和文件的；

（三）核设施退役时，未将构筑物、系统或者设备的放射性水平降低至满足标准的要求的；

第九十三条　本法中下列用语的含义：

…………

停闭，是指核设施已经停止运行，并且不再启动。

退役，是指采取去污、拆除和清除等措施，使核设施不再使用的场所或者设备的辐射剂量满足国家相关标准的要求。

1.1.2 《中华人民共和国放射性污染防治法》

《中华人民共和国放射性污染防治法》是为了防治放射性污染，保护环境，保障人体健康，促进核能、核技术的开发与和平利用而制定的。由第十届全国人民代表大会常务委员会第三次会议于 2003 年 6 月 28 日通过，自 2003 年 10 月 1 日起施行。共八章，具体如下：

第一章　总则

第二章　放射性污染防治的监督管理

第三章　核设施的放射性污染防治

第四章　核技术利用的放射性污染防治

第五章　铀（钍）矿和伴生放射性矿开发利用的放射性污染防治

第六章　放射性废物管理

第七章　法律责任

第八章　附则

本法共包括六十三条，其中与退役相关的条款如下：

第二条

本法适用于中华人民共和国领域和管辖的其他海域在核设施选址、建造、运行、退役和核技术、铀（钍）矿、伴生放射性矿开发利用过程中发生的放射性污染的防治活动。

第十九条

核设施营运单位在进行核设施建造、装料、运行、退役等活动前，必须按照国务院有关核设施安全监督管理的规定，申请领取核设施建造、运行许可证和办理装料、退役等审批手续。

核设施营运单位领取有关许可证或者批准文件后，方可进行相应的建造、装料、运行、退役等活动。

第二十条

核设施营运单位应当在申请领取核设施建造、运行许可证和办理退役审批手续前编制环境影响报告书，报国务院环境保护行政主管部门审查批准；未经批准，有关部门不得颁发许可证和办理批准文件。

第二十七条

核设施营运单位应当制订核设施退役计划。

核设施的退役费用和放射性废物处置费用应当预提，列入投资概算或者生产成本。核设施的退役费用和放射性废物处置费用的提取和管理办法，由国务院财政部门、价格主管部门会同国务院环境保护行政主管部门、核设施主管部门规定。

第三十四条

开发利用或者关闭铀（钍）矿的单位，应当在申请领取采矿许可证或者办理退役审批手续前编制环境影响报告书，报国务院环境保护行政主管部门审查批准。

……

第三十八条

铀（钍）矿开发利用单位应当制订铀（钍）矿退役计划。铀矿退役费用由国家财政预算安排。

第五十二条

违反本法规定，未经许可或者批准，核设施营运单位擅自进行核设施的建造、装料、运行、退役等活动的，由国务院环境保护行政主管部门责令停止违法行为，限期改正，并处二十万元以上五十万元以下罚款；构成犯罪的，依法追究刑事责任。

1.1.3 《中华人民共和国原子能法（征求意见稿）》

2016年1月27日，国务院新闻办公室发表了《中国的核应急》白皮书，白皮书透露，正积极推进原子能法立法进程。白皮书透露，在加强核应急法规标准体系建设方面，今后一段时间要重点做好《中华人民共和国原子能法》《中华人民共和国核安全法》立法工作，推动《核事故应急管理条例》出台，制定《国家核应急预案》明确的九类响应行动的技术规范或标准。

2018年9月，《中华人民共和国原子能法（征求意见稿）》公开征求意见，《中华人民共和国原子能法（征求意见稿）》由国防科工局起草。征求意见稿对核材料与核燃料循环、原子能利用、安全监督管理、核进出口与国际合作等作出规定。

提出“国家加强原子能科学研究与技术开发，强化基础研究，探索前沿技术，促进原子能领域专业人才队伍建设”的基本要求，并对制定科技发展规划、科技平台建设、推进技术创新、实现军民融合发展作出了规定。

明确鼓励和支持企业参与国际市场开发，推动出口，并对核及核两用品出口、核进口、防扩散、放射性同位素及其制品进出口、废旧放射源和放射性废物进口等作出规范。

《中华人民共和国原子能法（征求意见稿）》共分八章，具体如下：

第一章　总则

第二章　科学研究与技术开发

第三章　核材料与核燃料循环

第四章　原子能利用

第五章　安全监督管理

第六章　核进出口与国际合作

第七章　法律责任

第八章　附则

征求意见稿共包括五十四条，其中与退役相关的条款如下：

第二十二条　核燃料循环设施的营运单位应当按照国家规定预提关闭和退役费用，纳入投资概算或生产成本。

核燃料循环设施承担非营利性活动的退役费用由中央财政承担。

第三十六条　核电厂及其他商用核反应堆退役费用由其营运单位承担，非商用核反应堆退役费用由中央财政承担。

国家建立核技术应用废旧放射源回收制度。放射源使用单位应当按国家有关规定将废旧放射源送回原生产单位或送交国家指定的单位处置。

核技术应用生产经营单位使用放射源和生产放射性同位素的场所，以及终结运行后产生放射性污染的射线装置，应当按照国家有关规定实施退役。

1.1.4　拟制定的《放射性废物管理法》

中国核工业集团有限公司（简称中核集团）总经理顾军在《中国核工业》2020 年第 6 期发表了题为《尽快制定放射性废物管理法》的文章。内容摘要如下：

新时代党中央高度重视核工业安全发展。伴随着核工业发展壮大，我国放射性废物治理技术和能力也不断提高。但作为发展中大国，我国经济发展和环境治理之间的矛盾依然突出，在老旧核设施退役治理、放射性废物安全管理方面仍面临巨大压力。我国放射性废物管理工作严重滞后于核能发展。因此，我国亟须制定放射性废物管理法，规范管理，确保长久安全。

2019 年 12 月 5 日，生态环境部核与辐射安全中心内部期刊《核与辐射安全研究》，第 128 期（总第 288 期）发布了关于尽快制定《放射性废物管理法》的建议。

前言中阐述：放射性废物与核事故并列为核能发展中的两大核心安全问题。我国核电在建在运核电机组总数已居世界第三位，而且还在快速增长，将产生大量亟待处理处置的放射性废物。同时，早期遗留的放射性废物风险尚未完全消除，长寿命中放和高放废物处理处置政策亟须完善。放射性废物长期暂存和未来管理的不确定性造成其潜在安全风险与日递增。世界其他有核电国家都对放射性废物管理进行专门立法。因此，我国亟须制定《放射性废物管理法》，以规范放射性废物管理，确保长久安全。

1.2 行政法规中有关退役的规定

1.2.1 《中华人民共和国民用核设施安全监督管理条例》（简称《民用核设施安全监督管理条例》）

《中华人民共和国民用核设施安全监督管理条例》是由国务院于 1986 年 10 月 29 日发布的一部行政法规，内容分六章二十六条，自发布之日起施行。共六章，具体如下：

第一章　总则

第二章　监督管理职责

第三章　安全许可制度

第四章　核安全监督

第五章　奖励和处罚

第六章　附则

本行政法规法共包括二十六条，其中与退役相关的条款如下：

第三条　民用核设施的选址、设计、建造、运行和退役必须贯彻安全第一的方针；必须有足够的措施保证质量，保证安全运行，预防核事故，限制可能产生的有害影响；必须保障工作人员、群众和环境不致遭到超过国家规定限值的辐射照射和污染，并将辐射照射和污染减至可以合理达到的尽量低的水平。

第八条 国家实行核设施安全许可制度，由国家核安全局负责制定和批准颁发核设施安全许可证件，许可证件包括：

（一）核设施建造许可证；

（二）核设施运行许可证；

（三）核设施操纵员执照；

（四）其他需要批准的文件。

第十五条 核设施的迁移、转让或退役必须向国家核安全局提出申请，经审查批准后方可进行。

第二十一条 凡违反本条例的规定，有下列行为之一的，国家核安全局可依其情节轻重，给予警告、限期改进、停工或者停业整顿、吊销核安全许可证件的处罚：（一）未经批准或违章从事核设施建造、运行、迁移、转让和退役的；（二）谎报有关资料或事实，或无故拒绝监督的；（三）无执照操纵或违章操纵的；（四）拒绝执行强制性命令的。

第二十四条 本条例中下列用语的含义是：（一）“核设施”是指本条例第二条中所列出的各项民用核设施。（二）“核设施安全许可证件”是指为了进行与核设施有关的选址定点、建造、调试、运行和退役等特定活动，由国家核安全局颁发的书面批准文件。

1.2.2 《放射性废物安全管理条例》

中华人民共和国国务院令第 612 号：《放射性废物安全管理条例》已经于 2011 年 11 月 30 日国务院第 183 次常务会议通过，现予公布，自 2012 年 3 月 1 日起施行。共六章，具体如下：

第一章　总则

第二章　放射性废物的处理和贮存

第三章　放射性废物的处置

第四章　监督管理

第五章　法律责任
第六章　附则
本行政法规共包括四十六条，无明确与退役相关的条款。

1.3　小结

国家实行核设施安全许可制度，依据《核安全法》和《民用核设施安全监督管理条例》，核设施营运单位开展退役活动，应当向国务院核安全监督管理部门申请许可，获取退役批准书。《核安全法》第三十条规定，提出退役申请应提交的材料包括：（1）核设施退役申请书；（2）安全分析报告；（3）环境影响评价文件；（4）质量保证文件；（5）法律、行政法规规定的其他材料。

《放射性污染防治法》规定核设施营运单位、铀（钍）矿开发利用单位应当制订退役计划（第二十七条和第三十八条）。

综上，法律、行政法规规定的与退役相关的材料至少包括：申请书、安全分析报告、环境影响文件或报告、质量保证文件、退役计划等。

附件 1：关于《中华人民共和国原子能法（征求意见稿）》的说明

2015 年 1 月，工业和信息化部向国务院报送了《中华人民共和国原子能法（送审稿）》。国务院原法制办征求了有关单位的意见并提出了修改建议。2018 年 1 月 1 日，《中华人民共和国核安全法》施行。为了做好两法衔接，我们对《中华人民共和国原子能法（送审稿）》进行修改完善，重点对立法定位、与《核安全法》的关系、贯彻落实总体国家安全观、突出军民融合战略、促进产业发展等方面进行研究修改，形成《中华人民共和国原子能法（征求意见稿）》。

一、立法必要性

（一）完善涉核领域法规体系，填补立法空白

2014 年 4 月 25 日，习近平总书记就完善涉核领域法规体系作出重要指示：完善涉核领域法规体系十分重要，务必高度重视，加强顶层设计，搞好军民

融合，确保核事业安全有序发展。近十几年来，我国颁布实施了一系列涉及原子能领域的法律、行政法规和部门规章，对促进我国原子能事业的发展起到了重要作用。但许多立法是根据急用先立的原则就某一个方面制定的，存在法律效力层级不高、体系不完善、存在立法空白等问题，特别是缺乏统领原子能领域的基础性法律，既不利于原子能事业健康可持续发展，也不利于树立我国负责任核大国形象。

（二）促进原子能事业健康可持续发展

原子能事业是关系国家安全和经济发展的战略性新兴产业，经过 60 多年的发展，我们建立了完整的原子能科技工业体系，为巩固国防和维护世界和平作出了重要贡献。进入 21 世纪，我国核电建设步伐加快。与此同时，核燃料循环产业也进入了良性发展的轨道，保障了核能发展和国防建设的需要。核技术在工业、农业、医疗卫生、公共安全等各领域得到越来越广泛的应用。为了进一步推动原子能事业健康可持续发展，提高技术水平和核心竞争力，需要通过法律来明确促进原子能事业发展的政策和制度，调节相关方利益格局，使之符合社会主义市场经济总体要求，为我国经济社会发展作出更大贡献。

（三）确保原子能事业发展安全

原子能的研究、开发和利用，事关世界的和平发展和人类的安全。国家主席习近平在核安全峰会上全面阐述了我国“理性、协调、并进”的核安全观，即发展和安全并重、权利和义务并重、自主和协作并重、治标与治本并重。加强核安全工作，是一个系统性工程，需要各有关部门和企业集团，大力协同，通力合作。需要加快推进原子能立法工作，进一步明确核安全等基本制度，明确政府、企事业单位和相关个人的权利、义务和责任，保障国家安全，保护资源和环境，保护公众健康。

二、主要内容

征求意见稿由总则、科学研究与技术开发、核材料与核燃料循环、原子能利用、安全监督管理、核进出口与国际合作、法律责任、附则等八章构成。

第一章为总则，主要规定了立法目的、适用范围、产业政策、发展方针、管理职责、科普宣传和人才保障、信息公开，以及表彰奖励制度等。

第二章为科学研究与技术开发，提出了“国家加强原子能科学研究与技术开发，强化基础研究，探索前沿技术，促进原子能领域专业人才队伍建设”的基本要求，并对制定科技发展规划、科技平台建设、推进技术创新、实现军民融合发展做出了规定。

第三章为核材料与核燃料循环，规定了“国家建立核燃料循环体系，保障核材料、核燃料供应。实行乏燃料循环利用，妥善处理处置放射性废物”的发展政策，并对包括放射性矿产资源勘查、开采冶炼、纯化转化、同位素分离、燃料元件制造、乏燃料后处理、放射性废物处理处置、放射性物品运输等核燃料循环各环节的活动，以及核燃料循环产业军民融合发展等进行了规范。

第四章为原子能利用，对核反应堆应用、核技术应用、原子能在国防的应用等内容进行了规范，为承担原子能国防应用任务的单位制定了鼓励支持政策，有利于保障国家安全，促进核工业军民融合发展。

第五章为安全监督管理，对核安全、职业卫生和环境保护、核材料管制、核应急等方面的监督和管理进行了规范。

第六章为核进出口与国际合作，明确鼓励和支持企业参与国际市场开发，推动出口，并对核及核两用品出口、核进口、防扩散、放射性同位素及其制品进出口、废旧放射源和放射性废物进口等进行了规范。

第七章为法律责任，对违反本法规定的单位和个人的法律责任作出规定，同时对核损害赔偿责任作出了衔接性规定。

第八章为附则，明确军事领域原子能的研究、开发和利用活动管理办法，由国务院和中央军事委员会依据本法规定的原则另行制定，同时对原子能、核跃迁、放射性矿产资源、核材料、核燃料、乏燃料、后处理、商用核反应堆、非商用核反应堆、核技术应用、放射性同位素、射线装置、放射源、放射性物品、放射性废物等用语进行明确。

参考文献

［1］ 中华人民共和国国务院新闻办公室. 中国的核应急［R］. 2016.

[2] 关于《中华人民共和国原子能法（征求意见稿）》公开征求意见的通知［EB/OL］.［2018-09-20］. http：// www.moj.gov.cn/subject/content/2018-09/20/530_43489.html
[3] 顾军. 尽快制定放射性废物管理法［J］. 中国核工业，2020（6）：12.

第2章

退役申请书

2.1 概述

核设施退役是核设施使用期满或因其他原因停止服役后，为了使其解除审管控制而采取的所有行政和技术措施。不包括废物处置场关闭和铀矿冶设施的关闭及整治活动。

性质 核设施退役的目标是实现场址有限制或无限制的开放和使用。核设施达到设计寿期或因其他原因停止运行后，其中操作或接触了放射性物质的部分还含有不同水平的放射性污染，必须将其妥善地处理处置，将所有设备、厂房、场地清理至可以接受的水平，才能确保人员和环境安全。核设施退役是核设施全寿期管理的最后一个阶段，涉及政策、技术、经济、环境、社会等诸多因素，充分考虑工作人员和公众的健康与安全及环境保护问题。大型核设施（如核电厂）退役可能延续数十年时间。

基本内容 由于核设施种类多，复杂性及终止运行时状态相差很大，退役活动的难度和代价也相差巨大。在实践中实行分级管理的办法分别对待。一般从实施的角度考虑可以分为退役前期准备、退役作业实施、终态验收几个阶段。根据从其他核设施退役中得到的经验，趋于在设计阶段就考虑退役问题。

退役计划 可以用制订退役计划来有效管理退役工作。目前认为退役计划应该在核设施的设计阶段就制订，在运行过程中不断充实完善，在停止运行后尽快实施退役工作是一种好的选择。退役计划包含了退役资金的筹措落实，并提倡采用便于退役的设计。

退役前期准备 主要包括退役策略和退役目标的确定、许可证申请、源项调查、条件准备等内容。

退役策略 核设施退役方法有立即拆除、延缓拆除等方式。退役策略的选择原则较多，选择过程中需考虑的主要因素包括：社会或政治因素、安全因素、经济因素、场地因素、工艺技术因素等。

退役目标 包括无限制开放和有限制开放等，需要根据设施状况、国家政策、场址环境、经济社会条件等因素确定。

许可证申请 根据有关规定，向国家主管或监管部门申请退役的有关手续。

源项调查 在退役实施的前期阶段进行，通过对待退役设施及场址中的放射性及有毒有害源项进行分析、监测，收集到足够多的信息，为退役策略的制定、退役方案的选择和优化、退役经费和受照剂量的预估、退役废物的处理处置方案的制定、退役三大报告（可行性研究报告、安全分析报告、环境影响评价报告）等提供依据。

核设施退役要遵循对国土清洁负责、对子孙后代负责和对国土开发负责的三项基本原则。根据《中华人民共和国民用核设施安全监督管理条例》，核设施的迁移、转让或退役必须向国家核安全局提出申请，经审查批准后方可进行。审批程序中，申请单位要向国家核安全局提交退役申请书等文件资料，国家核安全局最终根据技术审评单位审评意见、核安全与环境专家委员会咨询意见，作出审批决定。

核设施退役过程主要包括放射源项普查、去污、拆卸和废物处理等工作，工程复杂、庞大，各个环节都需要在国家监管部门的严格监管之下进行。

《核动力厂、研究堆、核燃料循环设施安全许可程序规定》（生态环境部部令 第 8 号）已于 2019 年 7 月 11 日由生态环境部部务会议审议通过，现予公布，自 2019 年 10 月 1 日起施行。1993 年 12 月 31 日国家核安全局发布的《核电厂安全许可证件的申请和颁发》、2006 年 1 月 28 日国家核安全局发布的《研究堆安全许可证件的申请和颁发规定》同时废止。

《核动力厂、研究堆、核燃料循环设施安全许可程序规定》具体内容见附件 1。

2.2　申请条件

核设施营运单位，应当具备保障核设施安全运行的能力，并符合下列条件：

（一）有满足核安全要求的组织管理体系和质量保证、安全管理、岗位责任等制度；

（二）有规定数量、合格的专业技术人员和管理人员；

（三）具备与核设施安全相适应的安全评价、资源配置和财务能力；

（四）具备必要的核安全技术支撑和持续改进能力；

（五）具备应急响应能力和核损害赔偿财务保障能力；

（六）法律、行政法规规定的其他条件。

2.3　退役申请书

按照《核动力厂、研究堆、核燃料循环设施安全许可程序规定》填写《核设施退役申请书》（样表见附件 2）。

2.4　相关报告或文件准备

核设施营运单位申请退役批准书，除提交《核设施退役申请书》外，还应编制或委托编制《退役安全分析报告》《环境影响评价文件》《质量保证文件》等及法律、行政法规规定的其他材料。

2.5 申请材料要求

核设施营运单位对核设施安全许可申请材料的真实性、准确性负责。核设施安全许可申请材料的格式和编写内容及形式，应当符合如下规定：

（一）格式和内容满足国家核安全局相应的要求；

（二）应当具有总目录，篇幅较长的应当有分卷目录；

（三）所有文字、图纸和图表应当清晰，不使用放大设备能直接阅读；

（四）对所使用的图例、符号应当给予说明；

（五）涉及国家秘密、商业秘密和个人信息的内容应当予以注明。

申请材料的格式和编写内容及形式等内容的规定或探讨情况如下：

《退役安全分析报告》的格式与内容，详见本书第 3 章；

《环境影响评价文件》的格式与内容，详见本书第 4 章；

《质量保证文件》的格式与内容，详见本书第 5 章；

法律、行政法规规定的其他材料，如《退役计划》的格式与内容，详见本书第 6 章。

2.6 形式审查与受理

核设施营运单位提交相关材料后，国家核安全局按照规定对核设施安全许可申请材料进行形式审查，申请材料不齐全或者不符合法定形式的，在五个工作日内一次告知申请单位需要补正的全部内容。对于申请材料齐全、符合法定形式，或者申请单位按照要求提交全部补正申请材料的，应当受理核设施安全许可申请。

国家核安全局受理或者不予受理核设施安全许可申请，应当出具书面凭证；需要对核设施安全许可申请组织技术审查的，应当一并告知申请单位技术审查的流程、计划节点和预计的技术审查时间。

2.7　审查

国家核安全局依照法定条件和程序，对核设施安全许可申请组织安全技术审查。技术审查内容包括申请材料与法规标准的符合情况、分析计算结果复核、试验结果审核等。技术审查流程包括文件审查、校核计算、试验验证、技术交流和专家咨询等。国家核安全局根据核设施的种类和复杂程度，对技术审查时间作出适当的安排。核设施营运单位应当按照国家核安全局的要求答复国家核安全局在技术审查中提出的问题，必要时补充相关文件资料予以说明。技术审查时间不计入作出核设施安全许可的期限。

附件 1：《核动力厂、研究堆、核燃料循环设施安全许可程序规定》

第一章　总　则

第一条　为规范民用核动力厂、研究堆、核燃料循环设施等核设施安全许可活动，根据《中华人民共和国核安全法》《中华人民共和国行政许可法》《中华人民共和国民用核设施安全监督管理条例》，制定本规定。

第二条　在中华人民共和国领域及管辖的其他海域内，民用核动力厂、研究堆、核燃料循环设施（以下统称核设施）的选址、建造、运行、退役等安全许可事项的许可程序，适用本规定。

核设施转让、变更营运单位和迁移等活动的审查批准，适用本规定。

第三条　核动力厂、研究堆、核燃料循环设施，是指：

（一）核电厂、核热电厂、核供汽供热厂等核动力厂及装置；

（二）核动力厂以外的研究堆、实验堆、临界装置等其他反应堆（以下统称研究堆），根据潜在危害由大到小可划分为Ⅰ类、Ⅱ类、Ⅲ类研究堆；

（三）核燃料生产、加工、贮存和后处理设施等核燃料循环设施。

核设施配套建设的放射性废物处理、贮存设施的安全许可，应当在主体核设施的安全许可中一并办理许可手续。

第四条　核设施营运单位申请核设施安全许可，以及办理核设施安全许可的变更、延续，应当依照本规定，报国家核安全局审查批准。

第二章　申请与受理

第五条　核设施营运单位，应当具备保障核设施安全运行的能力，并符合下列条件：

（一）有满足核安全要求的组织管理体系和质量保证、安全管理、岗位责任等制度；

（二）有规定数量、合格的专业技术人员和管理人员；

（三）具备与核设施安全相适应的安全评价、资源配置和财务能力；

（四）具备必要的核安全技术支撑和持续改进能力；

（五）具备应急响应能力和核损害赔偿财务保障能力；

（六）法律、行政法规规定的其他条件。

第六条　核设施营运单位应当按照有关核设施场址选择的要求完成核设施场址的安全评估论证，并在满足核安全技术评价要求的前提下，向国家核安全局提交核设施场址选择审查申请书和核设施选址安全分析报告，经审查符合核安全要求后，取得核设施场址选择审查意见书。

第七条　核设施建造前，核设施营运单位应当向国家核安全局提出建造申请，并提交下列材料：

（一）核设施建造申请书；

（二）初步安全分析报告；

（三）环境影响评价文件；

（四）质量保证文件；

（五）法律、行政法规规定的其他材料。

核设施营运单位取得核设施建造许可证后，方可开始与核设施安全有关的重要构筑物的建造（安装）或者基础混凝土的浇筑，并按照核设施建造许可证规定的范围和条件从事相关的建造活动。

核设施营运单位在提交核设施建造申请书时，本条第一款规定的初步安全分析报告中关于调试大纲的内容不具备提交条件的，可以在征得国家核安全局同意后，由核设施营运单位根据核设施建造进展情况，按照国家核安全局的要求补充提交。

核设施建造许可证的有效期不得超过十年。

第八条　有下列情形之一的，核设施营运单位可以一并向国家核安全局提交核设施场址选择审查申请书和核设施建造申请书。国家核安全局在核发核设施建造许可证的同时出具核设施场址选择审查意见书：

（一）新选场址拟建核设施为Ⅲ类研究堆的；

（二）在现有场址新建研究堆，若新建研究堆对场址的安全要求不高于该场址已有核设施，且该场址已经过安全技术评价并得到国家核安全局的批准的；

（三）在现有核燃料生产基地内建设核燃料循环前端设施（铀纯化转化、铀浓缩和元件制造设施）的；

（四）由工厂制造或者总装、并在工厂内完成首次装料和调试的浮动式或者移动式核动力装置，其场址已经过安全评价并得到国家核安全局的批准的。

第九条　核设施首次装投料前，核设施营运单位应当向国家核安全局提出运行申请，并提交下列材料：

（一）核设施运行申请书；

（二）最终安全分析报告；

（三）质量保证文件；

（四）应急预案；

（五）法律、行政法规规定的其他材料。

核设施营运单位取得核设施运行许可证后，方可装投料，并应当按照核设施运行许可证规定的范围和条件进行装投料，以及装投料后的调试和运行等活动。

第十条　核设施营运单位在提交核设施运行申请书时，本规定第九条规定的最终安全分析报告中下列章节或者内容不具备提交条件的，可以在征得国家核安全局同意后，由核设施营运单位根据核设施建造调试进展情况，按照国家核安全局的要求向国家核安全局补充提交：

（一）维修大纲（不适用Ⅲ类研究堆及核燃料循环设施）；

（二）在役检查大纲（不适用Ⅲ类研究堆及核燃料循环设施）；

（三）装换料大纲（不适用Ⅲ类研究堆及核燃料循环设施）；

（四）役前检查结果报告（不适用Ⅲ类研究堆及核燃料循环设施）；

（五）实验和应用大纲（不适用研究堆之外的核设施）；

（六）核设施装投料前调试报告。

第十一条 核设施营运单位取得核设施运行许可证后，应当按照许可证规定的范围和条件运行核设施。

核设施营运单位应当按照批准的调试大纲所确定的顺序、方法等要求完成调试试验项目。核设施营运单位应当在调试大纲确定的所有调试试验项目完成后两个月内，向国家核安全局提交调试报告。

国家核安全局对核设施首次装投料以及装投料后的重要调试活动，可以设置控制点，并在运行许可文件中载明。

第十二条 核设施运行许可证的有效期为设计寿期。

运行许可证有效期内，核设施营运单位应当按照要求对核设施进行定期安全评价，评价周期根据核设施具体情况和核安全法规和标准的变化情况确定，一般为十年。评价结果应当提交国家核安全局审查。

第十三条 用于科学研究的核燃料循环设施，根据设施潜在风险和复杂程度，核设施营运单位可以向国家核安全局申请合并办理核设施安全许可事项。

第十四条 拟转让核设施的，核设施拟受让单位应当符合本规定第五条规定的条件，并重新申请核设施安全许可。

前款规定的核设施安全许可申请，由持有核设施安全许可证的核设施营运单位和核设施拟受让单位共同向国家核安全局提出申请，并提交以下材料：

（一）转让核设施的申请书；

（二）核设施拟受让单位质量保证文件；

（三）核设施拟受让单位应急预案；

（四）其他需要申明的事项。

拟变更核设施营运单位的，依照本条第一款、第二款的规定执行。

第十五条 国家核安全局审查认可转让核设施或者变更核设施营运单位的，向核设施的受让单位或者变更后的核设施营运单位重新颁发核设施安全许可证，并同时注销原核设施安全许可证。

核设施的受让单位或者变更后的核设施营运单位，应当继承原核设施营运单位在核设施安全管理方面的全部义务，并遵守原核设施营运单位在申请原核设施安全许可证时所作的全部承诺，但经核设施的受让单位和变更后的核设施营运单位申请并得到国家核安全局审查认可免除的义务和承诺除外。

第十六条　迁移核设施的，核设施营运单位应当向国家核安全局提出申请，并提交下列材料：

（一）核设施迁移申请书；

（二）新场址的选址安全分析报告；

（三）新场址的环境影响报告书；

（四）新场址的应急预案；

（五）核设施迁移活动的质量保证文件；

（六）核设施安全分析报告相关内容的修订文件；

（七）法律、行政法规规定的其他材料。

迁移核设施的申请取得国家核安全局批准后，核设施营运单位方可开始进行核设施迁移活动。

核设施迁移过程中存在核设施转让或者变更核设施营运单位情形的，适用本规定第十四条、第十五条的有关规定。

第十七条　核设施终止运行后，核设施营运单位应当制定停闭期间的安全管理措施，采取安全的方式进行停闭管理，保证停闭期间的安全，确保退役所需的基本功能、技术人员和文件，并接受国家核安全局的监督检查。

第十八条　核设施退役前，核设施营运单位应当向国家核安全局提出退役申请，并提交下列材料：

（一）核设施退役申请书；

（二）退役安全分析报告；

（三）环境影响评价文件；

（四）质量保证文件；

（五）法律、行政法规规定的其他材料。

国家核安全局向核设施营运单位颁发退役批准书。核设施营运单位应当按照退役批准书的内容开展退役活动。

第十九条　国家核安全局按照规定对核设施安全许可申请材料进行形式审查，申请材料不齐全或者不符合法定形式的，在五个工作日内一次告知申请单位需要补正的全部内容。对于申请材料齐全、符合法定形式，或者申请单位按照要求提交全部补正申请材料的，应当受理核设施安全许可申请。

国家核安全局受理或者不予受理核设施安全许可申请，应当出具书面凭证；需要对核设施安全许可申请组织技术审查的，应当一并告知申请单位技术审查的流程、计划节点和预计的技术审查时间。

第二十条 核设施营运单位对核设施安全许可申请材料的真实性、准确性负责。核设施安全许可申请材料的格式和编写内容及形式，应当符合如下规定：

（一）格式和内容满足国家核安全局相应的要求；

（二）应当具有总目录，篇幅较长的应当有分卷目录；

（三）所有文字、图纸和图表应当清晰，不使用放大设备能直接阅读；

（四）对所使用的图例、符号应当给予说明；

（五）涉及国家秘密、商业秘密和个人信息的内容应当予以注明。

第三章 审查与决定

第二十一条 国家核安全局依照法定条件和程序，对核设施安全许可申请组织安全技术审查。

技术审查内容包括申请材料与法规标准的符合情况、分析计算结果复核、试验结果审核等。

技术审查流程包括文件审查、校核计算、试验验证、技术交流和专家咨询等。

国家核安全局根据核设施的种类和复杂程度，对技术审查时间作出适当的安排。核设施营运单位应当按照国家核安全局的要求答复国家核安全局在技术审查中提出的问题，必要时补充相关文件资料予以说明。

技术审查时间不计入作出核设施安全许可的期限。

第二十二条 国家核安全局组织安全技术审查时，应当委托与许可申请单位没有利益关系的技术支持单位进行审评。受委托的技术支持单位应当对其技术评价结论的真实性、准确性负责。

国家核安全局在进行核设施重大安全问题技术决策时，应当咨询核安全专家委员会的意见。

第二十三条 国家核安全局对满足核安全要求的核设施安全许可申请，

在技术审查完成之日起二十个工作日内，依法作出准予许可的决定，予以公告；对不满足核安全要求的，应当书面通知申请单位并说明理由。

国家核安全局审批核设施建造、运行许可申请以及核设施转让或者变更核设施营运单位申请时，应当向国务院有关部门和核设施所在地省、自治区、直辖市人民政府征询意见。

国家核安全局审批核设施迁移申请时，应当向国务院有关部门以及核设施迁出地、迁入地的省、自治区、直辖市人民政府征询意见。

第二十四条　核设施安全许可证件应当载明下列内容：

（一）核设施安全许可的单位名称、注册地址和法定代表人；

（二）核设施的名称和所在地址；

（三）准予从事的核设施安全许可活动范围和条件；

（四）有效期限；

（五）发证机关、发证日期和证书编号。

第二十五条　在核设施运行许可证的有效期内，国家核安全局可以根据法律、行政法规和新的核安全标准的要求，对许可证规定的事项作出合理调整。

第二十六条　国家核安全局依法公开核设施安全许可文件。涉及国家秘密、商业秘密和个人信息的，按照国家有关规定执行。

第四章　变更与延续

第二十七条　核设施营运单位变更单位名称、注册地址和法定代表人的，应当自变更之日起二十个工作日内，向国家核安全局办理许可证变更手续。

第二十八条　核设施建造许可证有效期届满，尚未建造完成的，核设施营运单位应当在核设施建造许可证有效期届满三十日前向国家核安全局办理延期手续，经国家核安全局审查批准后方可继续建造活动。有下列情形之一且经评估不存在安全风险的，无需办理延期审批手续，核设施营运单位应当将安全风险评估报告提交国家核安全局备案：

（一）国家政策或者行为导致核设施延期建造；

（二）用于科学研究的核设施；

（三）用于工程示范的核设施；

（四）用于乏燃料后处理的核设施。

第二十九条 核设施营运单位调整下列事项的，应当报国家核安全局批准：

（一）作为颁发运行许可证依据的重要构筑物、系统和设备；

（二）运行限值和条件；

（三）国家核安全局批准的与核安全有关的程序和其他文件。

第三十条 对在运行许可证有效期内长期不启动运行的核设施，需要改变原有运行限值和条件或者其他安全管理措施的，核设施营运单位应当制订长期停堆（运）计划和相应的管理措施，并依据本规定第二十九条的有关规定，报国家核安全局批准。

实施长期停堆（运）管理的核设施如需恢复正常运行的，应当依据本规定第二十九条的有关规定，报国家核安全局批准。

第三十一条 核设施运行许可证有效期届满需要继续运行的，核设施营运单位应当对核设施是否符合核安全标准进行论证、验证。满足核安全标准要求的，应当于许可证有效期届满前五年，向国家核安全局提出运行许可证有效期延续申请，并提交下列材料：

（一）核设施运行许可证有效期延续申请书；

（二）核设施运行许可证有效期延续的安全论证、验证报告，以及老化管理大纲、修订的环境影响评价文件、核安全相关的工程改进措施和计划等与核设施安全论证、验证相关的材料；

（三）增补或者修改的最终安全分析报告；

（四）法律、行政法规规定的其他材料。

核设施运行许可证有效期届满，运行许可证有效期延续申请经国家核安全局审查批准后，核设施方可继续运行。未获得国家核安全局批准的，核设施不得继续运行。

第三十二条 核设施运行许可证有效期延续的期限按照核设施的实际状态和安全评估情况确定，但每次不超过二十年。

第五章　附　则

第三十三条 本规定有关的术语定义为：

研究堆：核动力厂以外的研究堆、实验堆、临界装置以及由外源驱动带功率运行的次临界系统等核设施或装置的统称，包括反应堆堆芯、辐照孔道、考验回路等实验装置，以及为支持其运行、保证安全和辐射防护的目的所设置的所有系统和构筑物，还包括燃料贮存、放射性废物贮存、放射性热室、实物保护系统等反应堆场址内与反应堆或实验装置有关的一切其他设施。

Ⅰ类研究堆：功率、剩余反应性和裂变产物总量都较高的研究堆，热功率范围 10～300 MW。这类研究堆一般在强迫循环下运行，通常必须设置高度可靠的停堆系统，需要设置应急冷却系统以保证堆芯余热的有效排出；对反应堆厂房或者其他包容结构需要有特殊的密封要求。

Ⅱ类研究堆：功率、剩余反应性和裂变产物总量属于中等的研究堆，热功率范围 500 kW～10 MW。这类研究堆可采用自然对流冷却方式或强迫循环冷却方式排出热量；反应堆需要设置可靠的停堆系统，停堆后必须保证堆芯在要求的时间内得到冷却，对反应堆厂房无特殊密封性要求。

Ⅲ类研究堆：功率低、剩余反应性小、停堆余热极少、裂变产物总量有限的研究堆，其热功率小于 500 kW，如果具有较高的固有安全特性，热功率范围可扩展至 1 MW。这类研究堆通常无特殊的冷却要求，或通过冷却剂自然对流冷却即可排出热量；利用负反馈效应或简单的停堆手段即可使反应堆停堆并保持安全状态；对反应堆厂房无密封要求。

核设施迁移：是指将核设施由一个场址搬迁至一个新的场址。

安全重要构筑物：是指具有安全要求并执行核安全功能的构筑物，包括其失效可能导致核设施安全水平的降低或者事故，以及用以缓解事故可能引起的辐射照射后果的构筑物。

长期停堆（运）：是指核设施运行期间一种较长时间的停堆（运）状态。在此状态下，核设施处于卸料状态，或处于深度次临界状态且无需采取冷却措施，核设施不必采取与正常运行要求完全一致的监测、试验、维护和检查等措施。

第三十四条 本规定自 2019 年 10 月 1 日起施行。1993 年 12 月 31 日国家核安全局发布的《核电厂安全许可证件的申请和颁发》、2006 年 1 月 28 日国家核安全局发布的《研究堆安全许可证件的申请和颁发规定》同时废止。

附件 2：核设施退役申请书（样表）

<table>
<tr><td colspan="4">核设施退役申请书（样表）</td></tr>
<tr><td>营运单位名称</td><td colspan="3"></td></tr>
<tr><td>统一社会信用代码</td><td colspan="3"></td></tr>
<tr><td colspan="2">注册地址</td><td colspan="2">邮政编码</td></tr>
<tr><td colspan="2">法定代表人姓名
电话（传真）</td><td colspan="2">职务</td></tr>
<tr><td colspan="2">核设施名称</td><td colspan="2">编号</td></tr>
<tr><td rowspan="2">核设施类型和数量</td><td colspan="3">主体设施</td></tr>
<tr><td colspan="3">配套设施</td></tr>
<tr><td>核设施所在地</td><td colspan="3"></td></tr>
<tr><td>退役范围</td><td colspan="3"></td></tr>
<tr><td>退役目标</td><td colspan="3"></td></tr>
<tr><td>预计开始退役日期</td><td colspan="3"></td></tr>
<tr><td>预计退役完成日期</td><td colspan="3"></td></tr>
<tr><td colspan="4">附件：1. 营运单位营业执照或登记证书复印件
2. 法定代表人身份证件复印件</td></tr>
<tr><td colspan="4">法定代表人保证：
本申请书及提交的文件内容真实有效，否则愿承担法律责任。

法定代表人签字
（营运单位公章）

年　月　日</td></tr>
</table>

参考文献

［1］名词解释：核设施退役［EB/OL］.［2020-08-08］. http：//www.csrp.org.cn/newsitem/278498787.

［2］核动力厂、研究堆、核燃料循环设施安全许可程序规定（部令　第 8 号）［EB/OL］.［2019-08-26］. http：//www.mee.gov.cn/xxgk2018/xxgk/xxgk02/201909/t20190902_731363.html.

第3章 退役安全分析报告格式与内容

3.1 前言

根据《中华人民共和国核安全法》第三十条规定，核设施退役前，核设施营运单位向国务院核安全监督管理部门提交的退役申请材料中包括安全分析报告。为指导核设施退役安全分析报告的编制和审查，制定本格式与内容。

3.2 适用范围

适用于核电厂、研究堆、核燃料循环设施，以及放射性废物处理和贮存设施，不适用于放射性废物处置设施。

鉴于不同核设施退役的范围、复杂程度、潜在危害及可能发生的事故所导致后果的不尽相同，退役安全分析报告的详略程度应与之相适应，如放射性废物处理和贮存设施等退役可在本技术文件的基础上适当简化。

3.3　编制说明

（一）充分借鉴国际经验，以美国核管会（NRC）技术文件为蓝本，借鉴 IAEA 文件有关要求，根据我国实践进行适应性调整。

从现有 IAEA 的有关文献，未查阅到有明确核设施退役安全分析报告格式与内容的相关导则、技术报告等。

美国核管会发布的《综合退役指南》（NUREG-1757）技术文件第一卷附录 G 明确给出了退役安全评价的大纲和模板，为营运单位编制退役安全分析报告提供指导。该大纲和模板内容全面详实、有可操作性，具有重要参考价值。因此，编制我国《格式与内容》时主要以《综合退役指南》（NUREG-1757）附录 G 给出的退役安全评价大纲和模板为蓝本。同时，充分借鉴 IAEA 发布的 SSG-47、WS-G-5.2、SRS No.77 等文件的相关要求，并根据我国实践进行了适应性调整。

（二）基于我国核设施退役实践，补充完善了部分内容，以提高技术文件的实用性和可操作性。

从我国核设施退役实践和安全分析报告编制的经验和实际需求出发，对参考蓝本中不适用的内容进行了删除或调整，补充完善了缺失的内容。

美国 NRC 技术文件 NUREG-1757 第一卷附录 G 核设施退役安全评价报告的大纲和模板共有 15 章，我国已编制的核设施退役安全分析报告通常为 11 章。工作组经分析对比得出，美国 NRC 技术文件提供的格式与内容与我国实践主体上相同，除“废物管理”“终态调查”“有限制使用与替代准则”和“退役经费估算”4 章单列（我国退役安全分析报告未单设为一章），其他 11 章中共有 7 章的标题名称相近、内容范围总体上一致，美国 NRC 技术文件单列为一章的，我国退役安全分析报告的其他章节也基本涵盖了相关内容。

美国 NRC 技术文件 NUREG-1757 第一卷附录 G 中包含了核设施退役分组的管理方式。我国针对核设施退役尚无分组或分级的明确要求，本《格式与内容》的编制只在前言部分对此进行了原则性规定。具体情况：不同核设施退役的范围、复杂程度、潜在危害及可能发生的事故所导致后果的不尽相同，据此国际上通常对核设施退役进行分组或分级管理，且依据所属类别编制详略程度不同的退役安全分析报告。本《格式与内容》适用于核设施及所属场址退役、设施情况复杂、潜在危害大等情况下退役安全分析报告的编制，其他如多设施场址中单个设施或设施的部分退役，其退役安分报告的编制可参照执行。

基于上述分析，工作组结合我国实际情况和良好实践，对以 NRC 技术文件 NUREG-1757 第一卷附录 G 为参考蓝本的《格式与内容》技术文件的结构进行了修改和调整，最终形成当前的版本，共计 14 章。具体如下：

1. 第一章，概述。对 NRC 技术文件中的第一章“概述”进行了充实和细化，增加了“引言”“编制依据”“退役范围”“退役目标”等小节。

2. 第二章，核设施运行史。沿用了 NRC 技术文件中第二章的标题“核设施运行史”，删除了 NRC 技术文件中“许可数量/状态/许可的活动”“许可证批准史”两小节，参照我国实践，增加了“核设施概况”，将 NRC 技术文件中的“泄漏”小节扩充为“事件和事故”。

3. 第三章，场址特征。将 NRC 技术文件中的第三章“设施描述” 修改为“场址特征”，将设施描述内容移至相关章节，将 NRC 技术文件中“地表水文”和“地下水文”两小节并入“地质与水文”小节。

4. 第四章，源项。将 NRC 技术文件中的第四章“设施的放射性状况”修改为“源项”，补充“辐射本底”“源项调查方法” 和“其他有毒有害物质”三小节内容，其他内容基本与 NRC 技术文件一致。

5. 第五章，退役实施方案。将 NRC 技术文件中的第六章“计划的退役活动”修改为“退役实施方案”，主要是为了突出退役方案选择与比较，总体考虑和布局退役活动的实施，保证有效、安全退役。为此，在 NRC 技术文件第六章中去污方案等内容全部保留，作为一节内容。同时，汲取我国良好实践，补充总体方案、退役辅助设施、退役过程中的源项调查等内容，以描述总体方案考虑、退役相关辅助设施或新建设施情况。

6. 第六章，安全分析。参照我国实践和法国研究堆退役安全分析报告的格式与内容，增加了本章内容，主要描述分析方法、风险识别与风险分析、事故分析、应急预案。

7. 第七章，废物管理。将 NRC 技术文件中的第九章“环境监测与控制”

和第十章“废物管理”合并为一章，参照我国核电厂安全分析报告的格式与内容进行结构的设置，包括废物管理原则和目标，废物源项，废气、废液处理和流出物排放，固体废物管理等，同时汲取我国良好实践，增加废物最小化一节内容。

8. 第八章，辐射防护。将 NRC 技术文件中的第八章“辐射安全与健康”修改为“辐射防护”，根据我国辐射防护实践，对章节的结构和内容进行了设置，包括了辐射防护大纲、辐射工作场所的分区和污染控制，工作场所监测，个人剂量监测，仪器、仪表和设备，个人剂量估算等小节内容。同时根据专家意见增加了“安保” 一节。

9. 第九章，退役终态。将 NRC 技术文件中的第十二章“设施辐射调查”调整为第九章，并将名称修改为“退役终态”，内容与 NRC 技术文件内容基本一致。

10. 第十章，退役经费及管理。与 NRC 技术文件中的第十三章“经费保证”的内容基本一致。

11. 第十一章，项目组织与管理。与 NRC 技术文件中的第七章“项目组织与管理”的内容基本一致。

12. 第十二章，质量保证。与 NRC 技术文件中的第十一章“质量保证”的内容基本一致。

13. 第十三章，有限制使用与替代准则。与 NRC 技术文件中的第十四章“有限制使用与替代准则”的内容基本一致。核设施退役目标原则上为无限制开放，因此可不编制第十三章。若核设施退役目标明确为有限制使用，或需适当放宽无限制开放剂量限值时，应编制十三章。

14. 第十四章，结论与建议。将 NRC 技术文件中的第十五章“结论与承诺”修改为“结论与建议”，内容基本一致。

3.4　格式与内容

2019 年 7 月，生态环境部核与辐射安全中心以“核与辐射安全中心技术规范（NSC-GF-063-2019）”的形式发布了该文件，《核设施退役安全分析报告格式与内容》详见附件。

附件 1:《核设施退役安全分析报告格式与内容》

1 概述

1.1 引言

简要描述退役项目及核设施的基本情况，并提供有关的文件和资料，包括：退役项目背景，核设施的类型、用途、技术性能及参数、设计与建造、运行时间、最终停闭时间、当前状态等。

1.2 编制依据

应列出编制《核设施退役安全分析报告》所依据的有关法规、标准和文件清单，还应列出所参考的主要技术资料清单。

法规应列出名称、发布机构、发文号和日期。

标准应列出标准名称和标准编号。

文件应列出名称、发文机构、发文号和日期。

1.3 退役范围

明确退役范围和边界，详细描述核设施退役涉及的建（构）筑物、系统设备部件及场址边界，可能涉及的地下管网、土地、地表水和地下水等，并提供有关的重要文件和资料。

1.4 退役目标

针对核设施及所属整个场址的现状和退役项目特点，简要论述实施退役的目的。根据核设施及所属整个场址的特点、影响退役的主要因素及现有条件，说明核设施及所属整个场址（含土壤）退役的最终目标。描述退役完成后场址范围内土地的利用规划及安排计划，并提供核设施所在地政府对土地利用的意见。

对于部分设施退役的场址，应描述退役核设施的退役目标与整个场址退役目标的关系等，以说明退役目标制定的合理性。

应具体列出场址无限制开放或有限制使用的剂量目标值，场址终态土壤、建（构）筑物残留放射性水平。

应具体列出退役过程中工作人员剂量约束值和剂量目标值、公众剂量约束值、气液态流出物排放量申请值。

2 核设施运行史

2.1 核设施概况

简要描述核设施的基本概况。简要描述安全停闭期主要活动。提供场址内主要建（构）筑物平面图。

对于部分设施退役的场址，简要描述与退役相关的公用设施和辅助设施与系统等。

2.2 开展过的退役相关活动

简要描述本退役核设施同一场址内其他设施退役或污染场址整治活动的情况，包括开始时间，结束时间，活动的范围、目的、内容，取得的成果，存在的问题等；详细描述其他退役活动与本退役核设施的相关性，如公用设施等。

2.3 事件和事故

详细描述核设施最终停闭前及停闭期间发生过的所有放射性污染或泄漏、外溢事件（或事故）情况及调查报告等，包括事件（或事故）发生的时间、原因、处理过程、污染情况、废物产生情况、导致的后果等。污染情况描述中应包括土壤、水体可能受到的污染及污染水平等，并给出具体污染分布图及污染水平。

2.4 场内填埋活动

详细描述核设施最终停闭前及停闭期间 1.3 节描述的退役范围内进行过的任何放射性废物或污染物的填埋活动信息，包括填埋活动开始和结束时间，填埋物的类型、数量（体积）、源项信息及填埋地点等。

3 场址特征

3.1 地理位置

描述核设施退役场址的地理位置和场址边界。

提供场址地区的平面图，其范围与信息详细程度应与退役安全评价需求相适应。

3.2 人口分布

描述场址周围人口总数、不同距离不同方位的人口分布、居民点的位置和距离，其范围与信息详细程度应与退役安全评价需求相适应。

3.3 土地利用与周围环境

描述场址区域附近军事、工业、交通和文化设施的情况，描述场址区域农业生产和陆生资源情况，其范围与信息详细程度应与退役安全评价需求相适应。

3.4 气象与气候

描述场址所在区域气象与气候资料，其范围与信息详细程度应与退役安全评价需求相适应。

3.5 地质与水文

简要描述场址区域基本地质特征。

描述场址周围地表水和地下水基本特征，并提供必要的图表，其范围与信息详细程度应与退役安全评价需求相适应。

3.6 自然资源

应描述场址区域陆生资源情况及场址区域水体利用和资源情况，其范围与信息详细程度应与退役安全评价需求相适应。

4 源项

4.1 辐射本底

应描述设施运行前的辐射本底情况。如果设施运行前未开展本底调查，应通过资料调研，描述场址所在地区的辐射本底情况。

4.2 源项调查方法

描述源项调查方案、调查范围、实施流程、取样分析方法、仪器设备、盘存量估算和不确定性分析等。调查应科学合理、足够详细，以便为退役方案的制定等提供数据。

应对源项调查的不确定性进行分析。

应简要描述运行期间进行过的源项预测和源项初步调查情况。

4.3 系统和部件放射性源项

描述核设施系统和部件中放射性污染物的类型、活度、辐射水平，包括：

——所有包含残留放射性物质的系统或部件的清单及其详细描述。

——所有系统或部件中的放射性核素活度浓度的最大值和平均值，以及放射性核素的化学形式等。如果有多种放射性核素，还需提供所有放射性核素的比活度和比例。

——所有系统和部件辐射水平的最大值和平均值。

——源项调查过程采用的放射性本底水平的描述。

——存在污染的系统或部件的平面布置图。

4.4　建（构）筑物放射性源项

描述场址内建（构）筑物中放射性污染物的类型、活度和范围，包括：

——包含超过本底水平的放射性物质的所有建（构）筑物的清单及详细描述。

——受到核设施退役影响的其他建（构）筑物名称、位置及描述。

——场址区域内所有工艺间的清单及其描述。

——场址源项调查过程采用的放射性本底水平的描述。

——对存在污染位置的描述，特别是热点区域。

——所有污染位置的放射性核素的种类、活度、化学形式等。如果存在多种放射性核素，需说明每种放射性核素的比活度及比例。

——污染形态的描述，说明放射性物质是存在于材料表面还是已渗入到材料基体内部，是松散污染还是固定污染。

——所有工艺间或工作区域辐射水平的最大值和平均值。

——厂房或工作区域放射性污染位置和剂量分布平面图。

4.5　土壤放射性源项

详细说明退役范围内地表土壤和地下土壤的污染情况，应提供的信息包括：

——放射性水平超过本底水平的地表土位置、范围平面图及描述。

——源项调查过程采用的本底水平的描述。

——所有存在污染的位置的说明，包括放射性核素比活度的最大值和平均值，以及放射性核素的化学形式等。如果存在多个放射性核素，还需描述每种放射性核素的比活度及比例。

——所有污染位置的辐射水平的最大值和平均值。

——退役范围内土壤的污染平面图、深度和范围等。

4.6 水体放射性源项

详细说明退役范围内水体的污染情况，应提供的信息包括：

——放射性水平超过本底水平的所有地表水体的清单、描述和平面图。

——退役范围内的地下含水层中放射性水平超过本底水平的放射性核素的描述。

——源项调查过程中采用的本底水平的描述。

——每个水体中的放射性核素活度浓度的最大值。如果存在多个放射性核素，还需描述每种放射性核素的比活度及比例。

4.7 其他有毒有害物质

应调查并描述退役设施内有毒有害物质的类型、物理化学及生物特性、分布情况、数量（体积）和存在的形式与状态等信息。

5 退役实施方案

5.1 概述

应总体描述退役活动的实施方案，并简要描述方案的制定背景、考虑、方案对比与分析、优势与不足，推荐方案及详细的实施计划等。

5.2 退役辅助设施和系统

应描述通风、消防、水、电（含照明）、气源、暖、通讯等退役辅助设施和系统的可用性和维护情况，包括建（构）筑物、系统、设备和部件等，并说明满足退役实施的需求。

应描述用于退役的新（改）建设施、道路、场所等相关情况，并说明安全保障措施。

5.3 退役过程中的源项调查

源项调查贯穿于整个退役过程，应在前期源项调查基础上，详细描述退役过程中各活动相关建（构）筑物、系统、设备和部件等放射性源项及有毒有害物质开展进一步源项调查的方案，包括调查范围、实施流程、取样分析方法、仪器设备、盘存量估算和不确定性分析等。调查应科学合理、足够详细，以便为退役活动提供支持。

5.4 去污

应描述建（构）筑物去污方案，系统、设备和部件去污方案，土壤清除和水体净化方案等，包括基本原则、去污方法、人员防护及安全要求、去污因子、优势与不足、二次废物处理等内容。

以建（构）筑物去污方案为例，其具体要求：

——去污活动的概述，包括对所有存在污染的工艺间、区域将采用的去污方案。

——退役过程中将采用的去污工艺和使用对象，例如：采取化学去污、机械剥离去污、高压水去污或喷砂去污工艺等。

——去污活动中采取的防护方案和剂量控制措施，例如：工作人员和工作场所剂量监测、设置卫生出入口、安装带高效过滤器的局部排风装置等。

——工艺间和场址去污过程中将采取的安全措施。

——去污活动总体安全情况。

其他对象去污方案要求同上。

5.5　切割、解体方案

应描述系统、设备和部件切割与解体方案。包括基本原则、切割和解体方法、吊装方法、人员防护措施及安全要求、优势与不足、二次废物管理等内容。

5.6　拆除（拆毁）

应描述建（构）筑物拆除（拆毁）方案。包括基本原则、拆除（拆毁）方法、人员防护措施及安全要求、优势与不足、二次废物管理等内容。

5.7　人流、物流组织方案

应总体考虑整个退役活动中人员的走向和通道设置、物料和废物组织管理等情况，应有效实施，减少互相之间的影响和避免交叉污染等。

5.8　退役进度安排

应提供详细的退役项目进度计划表，应包含每项任务的进度要求、开始时间、结束时间、先决条件，以及关键里程碑节点等信息。

6　安全分析

6.1　分析方法

应描述退役活动开展安全分析所使用的方法及依据，并描述退役安全相关的术语及定义、安全重要功能、安全物项、安全分析方法等。

建议采用确定论方法进行安全分析。可选择的方法包括：安全检查表、预危险性分析、危险和操作性研究、故障类型和影响性分析、事件树分析、故障树分析等。应明确退役项目在风险识别、风险分析和事故分析中所采用的方法及适用性分析。

6.2 风险识别与风险分析

应描述核设施退役过程中风险点的主要构成要素，包括潜在危险性、存在条件和触发因素。

应描述核设施退役活动风险识别总体情况，包括风险的分类原则、类型、不同风险之间的相关性、危害性等。

应描述各项退役作业活动的可能风险点（包括场内运输），建立各项退役活动的风险清单。

应描述核设施存在的物料性状、放射性物质活度水平、化学毒性、生物危害等，及可能构成的风险点，并建立不同情况的风险清单。

应分析放射性相关的风险，包括放射性污染风险，内、外照射风险等。

应分析外部自然灾害相关的风险，包括洪水、地震、台风、极端温度、外部火灾等。

应分析与退役相关的工业风险，包括高空作业、去污拆除切割等操作、内部水淹、触电、坠落、窒息、砸伤、断电、通风丧失、过滤器失效、内部火灾、爆炸、超压、化学腐蚀、有毒有害物质、微粒物积聚等。

应分析人因和组织管理不力等引起相关的风险。

应根据风险识别和风险分析结果，提出防范措施。

6.3 事故分析

应结合风险识别和风险分析，筛选出应进行事故分析的事故。

事故分析应包括事故起因、事故进程、事故源项、事故后果、预防和缓解措施、内部应急预案等。

应分析由工业事故引起的辐射事故和放射性污染扩散等，并提供相应的分析结果。

应依据具体预期事件和各类事故制定明确的辐射防护措施和实施方案等。

6.4 应急预案

应描述核设施退役工程的应急措施和应急预案。

7　废物管理

7.1　废物管理原则和目标

应描述退役活动废物管理的原则及大纲、废物最小化目标、废物处置出路等。

7.2　废物源项

应描述退役产生的放射性废气、废液和固体废物的源项等。应提供的信息包括：

——退役过程中预计产生的废气量，放射性核素活度浓度、类别、总活度。

——核设施内现存的放射性液体废物的种类，名称，来源，体积，重量，放射性核素的活度浓度、总活度、类别等信息，预计退役期间产生的放射性液体（如去污废液和冷却液）来源，数量，放射性核素活度浓度、总活度、类别的信息。

——描述退役过程中将产生的固体废物的类别、名称、重量、体积、污染类型等；描述每种放射性固体废物中包含的所有放射性核素名称、比活度和总活度测定方法并提供相关信息及废物清单。

——描述退役产生的放射性混合废物和特殊废物或危险废物的来源、数量、源项等信息。

7.3　废气、废液处理和流出物排放

应描述退役过程中废气收集和处理的工艺系统、设备和监测情况。

应描述退役过程中废液收集、贮存和处理的工艺系统、设备和监测情况。

应描述气态和液态流出物排放管理情况，包括：流出物监测方案、流出物排放控制、流出物辐射影响评估、流出物信息上报和信息公开等。

7.4　固体废物管理

应描述退役过程中产生的放射性固体废物管理设施或装置的情况，以及固体废物的分类、收集、贮存、处理、整备等。

应编制详细放射性固体废物特性鉴定及物料管理方案，包括取样测量、分析、清洁解控、再循环再利用、处置等内容。

应描述退役产生的放射性混合废物和特殊废物或危险废物的分类、收集、处理、暂存、处置等信息，以及信息管理方案。

应描述退役过程中产生的工业垃圾和建（构）筑物垃圾的管理方式。

7.5 废物最小化措施

应描述核设施退役放射性废物管理大纲主要内容及相关管理程序和操作程序清单、废物最小化组织机构及职责、最小化技术措施、评估措施等。

8 辐射防护和安保

8.1 辐射防护大纲

应描述核设施退役的辐射防护策略、原则、组织管理机构，提出核设施退役的个人剂量约束值，并尽可能提出剂量管理目标值。

描述为保证职业照射符合辐射防护最优化原则而制定的辐射防护大纲，包括辐射防护策略、组织机构、措施和培训。

8.2 辐射工作场所的分区和污染控制

辐射工作场所的分区和污染控制应包括的信息如下：

——给出辐射工作场所的分区，描述不同分区之间的接口位置，以及避免污染扩散的控制措施；

——进出控制，应描述用于进出控制区的方法和措施，描述人体表污染测量方法及测量装置的位置信息；

——污染和辐射水平控制，应提供工作场所的污染和辐射水平的设计目标和控制方法，以证明工作人员所受的辐射照射符合辐射防护最优化原则；

——内照射和外照射防护措施，应包括降低放射性气溶胶扩散到空气中的工艺控制及过程控制方案。

8.3 工作场所监测

应描述用于工作场所辐射水平监测的固定式仪表和便携式仪表的设计准则和使用范围，提供确定报警阈值的原则。描述固定式监测仪表的监测点位置。

应描述用于工作场所表面污染监测仪表的设计准则和使用范围，提供工作场所放射性表面污染控制水平。

应描述有关在工作区内采集空气样品的方案和测量方法，以及取样的代表性。

8.4 个人剂量监测

应描述退役过程中工作人员内照射监测方案以及工作人员内照射测量方

法，重点是内照射剂量的测量和计算模型，说明符合相关法规的要求。

应描述退役过程中工作人员外照射的测量方法，证明外照射测量符合相关法规的要求，描述现场外照射控制的电子式个人剂量监测仪表的要求和有关信息。

描述根据内照射和外照射剂量监测结果计算得到工作人员的职业照射的总有效剂量和关键器官当量剂量的方法。

8.5　仪器、仪表和设备

应描述用于辐射监测所用的固定式、便携式及实验室仪器、仪表和设备的下列信息：

——辐射监测所有仪器、仪表和设备的详细信息，包括主要技术性能（最小可探测限、测量误差）、数量、使用方法等；

——仪器、仪表和设备的安装、保管、维护等信息；

——仪器、仪表和设备的校准、检定等质保程序。

8.6　个人剂量估算

应根据工作人员的居留时间和场所的辐射特性，估算个人最大年有效剂量和年集体剂量，描述包括内照射、外照射剂量计算的模型和方法，以及给出相关数据的依据或假设。

8.7　安保

应基于核设施已具备安保设施，描述在退役过程中的变化情况，如安保范围、边界以及相关条件。

9　退役终态

9.1　终态目标

应描述核设施退役完成后残留的放射性水平，并进行剂量估算，以说明满足 1.4 节终态目标。包括：

——源项，包括放射性核素的种类、来源及比活度等；

——对照射情景的描述；

——对场址概念模型的描述，包括源项、对迁移路径的建模；

——使用的数学模型或计算机软件的描述，说明是采用人工计算还是采用计算机软件计算；

——对剂量分析中使用的参数的描述；
——关于不确定性因素对计算结果的影响的说明；
——若使用计算机程序计算，应对输入条件和输出结果说明。

9.2 终态调查

应描述场址终态调查方案，包括：
——终态调查总体方案；
——终态场址平面、残留建筑物布置图；
——现场测量的布点、测量方法、测量仪器等信息；
——实验室测量的取样布点、取样方法、测量方法、测量仪器等信息；
——质量保证措施。

应描述场址终态调查的数据统计方法和测量结果，包括详细的场址或建（构）筑物残留放射性水平，并与 1.4 节确定的场址或建（构）筑物残留放射性水平进行比较。

9.3 补充调查

根据需要开展补充调查并制定相应方案，编制补充调查报告。

10 退役经费及管理

10.1 经费估算

按照退役项目预算管理办法及要求估算开展整个退役活动所需经费及其组成明细。

若采取分阶段退役的方案，应提供每个阶段所需费用的预算及组成信息。

10.2 监督管理

应描述按照退役项目经费管理相关办法，对退役经费的管理和监督方式。应提供：年度资金预算计划、成本支出和控制核定情况、管理经费使用情况监督等信息。

11 项目组织和管理

11.1 组织机构和职责

应描述退役项目的组织机构，包括所有部门的名称、职责分工，提供退役组织机构图，说明各部门之间的隶属关系以及与其他外部部门的关系。

应描述退役岗位的管理，以及确保退役安全实施的人员资质情况。应提供的信息包括：

——每个管理岗位的职责、责任；

——描述去污、拆除、切割、解体、废物管理、监测、辐射防护、源项调查、职业卫生健康等相关的岗位的职责；

——描述工程、质量保证、废物管理岗位的职责；

——描述对上述岗位资质的要求；

——描述退役安全管理部门的成员、职责及权利等。

11.2　任务管理

应描述退役项目的管理方式、对放射性工作资格证的管理和评价方式等。

11.3　人员培训

根据人员培训计划，说明为参加退役的人员提供了必要的技能培训。应提供的信息包括：

——人员的辐射安全、废物管理等知识培训，包括年度、季度、定期、不定期和专项培训；

——特殊操作技能的培训；

——培训计划、培训结果相关的文档资料。

11.4　对承包商的管理

应描述核设施退役许可证持有单位与承包商之间的关系，需提交的信息包括：

——描述由承包商承担的退役任务的相关信息；

——描述核设施退役许可证持有单位与承包商的管理接口、现场监督等；

——承包商的职责与权利；

——对承包商参与退役工作人员的专业技能、废物管理和辐射防护知识等方面的培训计划。

11.5　监督与检查

应根据项目组织管理，描述所涉及的各项监督检查的计划及关键节点、内容和方式方法、人员组成等。

12 质量保证

12.1 组织机构

应描述核设施退役项目的组织机构，包括岗位设置、人员编制、职责分工、权限等，提供组织机构图。

12.2 质量保证大纲

应描述核设施退役质保大纲和退役活动可有效执行，需提交的信息包括：

——影响退役工程质量的活动满足质保大纲的要求；

——描述企业法人的质量保证政策；

——描述技术和质量保证过程满足质保大纲要求；

——管理状态满足质保大纲要求；

——人员培训、资质的计划；

——自我评价结果能够满足质保大纲的要求。

12.3 文件控制

应描述退役项目文件和记录的控制制度，重要记录和报告的归档、保管等管理措施等，包括：

——文件的审批制度；

——文件发布和分发制度；

——文件修订和变更制度。

12.4 测量和试验设备管理

应描述测量和试验仪器设备的管理措施，包括：

——设备的标识、分类管理、使用控制等措施；

——设备的检定、刻度、维护、维修、保养的管理措施；

——重要测量和试验设备维修质量管理程序。

12.5 质量保证记录

应描述质量保证记录的编写要求及质量保证记录的收集、保存制度。

12.6 审查和监督

应描述质量保证审查和监督方面的内容，主要包括：

——外部审查和监督的质量保证制度；

——审查和监督的方式及计划；

——审查和监督的组织机构及人员职责。

13　有限制使用与替代准则

13.1　有限制使用

应详细说明退役目标为有限制使用的原因，论证有限制使用的正当性。

应描述场址监护方案，并证明场址或设施将按照退役方案和实施计划进行监护。

13.2　替代准则

应详细说明退役目标采用替代准则的原因，论证采用替代准则的正当性。

应明确具体的替代准则，并进行充分论证。

14　结论与承诺

综合核设施退役及所属整个场址情况，以及退役过程中各种影响因素，从安全、技术可行、经济合理、环境影响等方面论述退役实施的可行性、目标的合理性，明确是否满足国家有关法规标准的规定和要求，并明确结论和具体建议。

明确指出当前存在的问题，说明在退役过程中为保证安全和保护环境，在管理和技术方面应采取的相应措施，以及应明确的关键性问题和有关承诺。

参考文献

［1］BANOVAC K L，BUCKLEY J T，JOHNSON R L，et al. Consolidated Decommissioning Guidance：Decommissioning Process for Materials Licensees，Final Report：UREG-1757 Vol.1，Rev.2［R］. Washington DC：Division of Waste Management and Environmental Protection，Office of Nuclear Material Safety and Safeguards，U.S.Nuclear Regulatory Commission.

［2］IAEA.Decommissioning of Nuclear Power Plants，Research Reactors and Other Nuclear Fuel Cycle Facilities：Specific Safety Guide：IAEA SSG-47［S］. VIENNA International Atomic Energy Agency，2018.

［3］IAEA. Safety Assessment for the Decommissioning of Facilities Using Radioactive Material：Safety Guide：IAEA WS-G-5.2［S］. VIENNA：

International Atomic Energy Agency，2008.

［4］IAEA.Safety Assessment for Decommissioning：IAEA SRS No.77［R］. VIENNA：International Atomic Energy Agency，2013.

［5］IAEA.Standard Format and Content for Safety Related Decommissioning Documents：IAEA SRS No.45［R］. VIENNA：International Atomic Energy Agency，2005.

［6］某地下某设施地下管网退役安全分析报告［R］. 绵阳：中国工程物理研究院，2005.

［7］某设施 315 工号退役安全分析报告［R］. 绵阳：中国工程物理研究院，2005.

［8］某设施退役放射性废物运输安全分析报告［R］. 北京：中核清原环境技术工程有限责任公司，2017.

［9］刘志辉，李小龙，蒋婧，等. 核设施退役安全分析报告格式与内容：核与辐射安全中心技术规范：NSC-GF-063-2019［R］. 北京：生态环境部核与辐射安全中心，2019.

第4章 环境影响评价文件

4.1 环境影响评价概述

4.1.1 定义

环境影响评价广义指对拟议中的人为活动（包括建设项目、资源开发、区域开发、政策、立法、法规等）可能造成的环境影响，包括环境污染和生态破坏，也包括对环境的有利影响进行分析、论证的全过程，并在此基础上提出采取的防治措施和对策。

狭义指对拟议中的建设项目在兴建前即可行性研究阶段，对其选址、设计、施工等过程，特别是运营和生产阶段可能带来的环境影响进行预测和分析，提出相应的防治措施，为项目选址、设计及建成投产后的环境管理提供科学依据

4.1.2 简述

环境影响评价是建立在环境监测技术、污染物扩散规律、环境质量对人体健康影响、自然界自净能力等基础上发展而来的一门科学技术，其功能包括判断功能、预测功能、选择功能和导向功能。

《中华人民共和国环境影响评价法》(2003 年 9 月 1 日施行，2018 年修正）规定：环境影响评价，是指对规划和建设项目实施后可能造成的环境影响进行分析、预测和评估，提出预防或者减轻不良环境影响的对策和措施，进行跟踪监测的方法与制度。法律强制规定环境影响评价为指导人们开发活动的必须行为，成为环境影响评价制度，是贯彻“预防为主”环境保护方针的重要手段。

环境影响评价按时间顺序分为环境现状评价、环境影响预测与评价及环境影响后评价；按评价对象分为规划和建设项目环境影响评价；按环境要素分为大气、地面水、地下水、土壤、声、固体废物和生态环境影响评价等。

环境影响评价的基本内容包括：建设方案的具体内容，建设地点的环境本底状况，项目建成实施后可能对环境产生的影响和损害，防止这些影响和损害的对策措施及其经济技术论证。

4.1.3 常用术语

（1）环境要素。环境要素也称作环境基质，是构成人类环境整体的各个独立的、性质不同的而又服从整体演化规律的基本物质组分。通常是指自然环境要素，包括大气、水、生物、岩石、土壤以及声、光、放射性、电磁辐射等。环境要素组成环境的结构单元，环境结构单元组成环境整体或称为环境系统。

（2）环境遥感。用遥感技术对人类生活和生产环境以及环境各要素的现状、动态变化发展趋势，进行研究的各种技术和方法的总称。具体地说，是利用光学的、电子学的仪器从高空（或远距离）接收所测物体的反射或辐射电磁波信息。经过加工处理成为能识别的图像或能用计算机处理的信息，以揭示环境如大气、陆地、海洋等的形状、种类、性质及其变化规律。

（3）环境灾害。由于人类活动引起环境恶化所导致的灾害，是除自然变异因素外的另一重要致灾原因。其中气象水文灾害包括：洪涝、酸雨、干旱、霜冻、雪灾、沙尘暴、风暴潮、海水入侵。地质地貌灾害包括地震、崩塌、雪崩、滑坡、泥石流、地下水漏斗、地面沉降。

（4）环境区划。环境区划分为环境要素区划、环境状态与功能区划、综合环境区划等。

（5）环境背景值。环境中的水、土壤、大气、生物等要素，在其自身的形成与发展过程中，还没有受到外来污染影响时形成的化学元素组分的正常含量，又称环境本底值。

（6）环境自净。进入到环境中的污染物，随着时间的变化不断降解和消除的现象。

（7）水源地保护。为保证饮用水质量对水源区实施的法律与技术措施。

（8）水质布点采样。为了反映水环境质量而确定监测采样点位、采集水样的全过程。

（9）水质监测。采用物理、化学和生物学的分析技术，对地表水、地下水、工业和生活污水、饮用水等水质进行分析测定的分析过程。

（10）水质模型。天然水体质量变化规律描述或预测的数学模型。

（11）生态影响评价。通过定量地揭示与预测人类活动对生态的影响及其对人类健康与经济发展的作用分析，来确定一个地区的生态负荷或环境容量。

（12）生物多样性。一定空间范围内各种各样有机体的变异性及其有规律地结合在一起的各种生态复合体总称。包括基因、物种和生态系统多样性三个层次。

（13）生物监测。利用生物个体、种群或群落对环境质量及其变化所产生的反应和影响来阐明环境污染的性质、程度和范围，从生物学角度评价环境质量的性质、程度和范围，从生物学角度评价环境质量的过程。

（14）生态监测。是观测与评价生态系统的自然变化及对人为变化所做出的反应，是对各类生态系统结构和功能的时空格局变量的测定。

（15）背景噪声。除研究对象以外所有噪声的总称。

（16）大气污染。由于人类活动或自然过程引起某种物质进入大气或由它转化而成的二次污染达到一定浓度和持续时间，足以对人体健康、动植物、材料、生态或环境要素产生不良影响或效应的现象。

（17）大气样品采样。采集大气中污染物的样品或受污染空气的样品，以获得大气污染的基本数据。

（18）大气质量评价。根据人们对大气质量的具体要求，按照一定的环境标准、评价标准和采用某种评价方法对大气质量进行定性或定量评估。

4.1.4 分类

按照评价对象，环境影响评价可以分为：

（1）规划环境影响评价；

（2）建设项目环境影响评价。

按照环境要素，环境影响评价可以分为：

（1）大气环境影响评价；

（2）地表水环境影响评价；

（3）声环境影响评价；

（4）生态环境影响评价；

（5）固体废物环境影响评价。

按照时间顺序，环境影响评价一般分为：

（1）环境质量现状评价；

（2）环境影响预测评价；

（3）环境影响后评价。

环境影响后评价是在规划或开发建设活动实施后，对环境的实际影响程度进行系统调查和评估。检查减少环境影响措施的落实程度和效果，验证环境影响评价结论的正确可靠性，判断评价提出的环保措施的有效性，对一些评价时尚未认识到的影响进行分析研究，并采取补救措施，消除不利影响。

4.1.5 技术原则

环境影响评价是一种过程，这种过程重点在决策和开发建设活动开始前，体现出环境影响评价的预防功能。决策后或开发建设活动开始，通过实施环境监测计划和持续性研究，环境影响评价还在延续，不断验证其评价结论，并反馈给决策者和开发者，进一步修改和完善其决策和开发建设活动。为体现实施环评的这种作用，在环境影响评价的组织实施中必须坚持可持续发展战略和循环经济理念，严格遵守国家的有关法律、法规和政策，做到科学、公正和实用，并应遵循以下基本技术原则：

（1）与拟议规划或拟建项目的特点相结合；

（2）符合国家的产业政策、环保政策和法规；

（3）符合流域、区域功能区划、生态保护规划和城市发展总体规划，布局合理；

（4）符合清洁生产的原则；

（5）符合国家有关生物化学、生物多样性等生态保护的法规和政策；

（6）符合国家资源综合利用的政策；

（7）符合国家土地利用的政策；

（8）符合国家和地方规定的总量控制要求；

（9）符合污染物达标排放和区域环境质量的要求；

（10）正确识别可能的环境影响；

（11）选择适当的预测评价技术方法；

（12）环境敏感目标得到有效保护，不利环境影响最小化；

（13）替代方案和环境保护措施、技术经济可行。

4.2　环境影响评价相关的法规标准

4.2.1 《中华人民共和国环境保护法》

《中华人民共和国环境保护法》是为保护和改善环境、防治污染和其他公害、保障公众健康、推进生态文明建设、促进经济社会可持续发展，制定的法律。由中华人民共和国第十二届全国人民代表大会常务委员会第八次会议于 2014 年 4 月 24 日修订通过，自 2015 年 1 月 1 日起施行。与环境影响评价相关的条款具体如下：

第十九条　编制有关开发利用规划，建设对环境有影响的项目，应当依法进行环境影响评价。

未依法进行环境影响评价的开发利用规划，不得组织实施；未依法进行环境影响评价的建设项目，不得开工建设。

第五十六条　对依法应当编制环境影响报告书的建设项目，建设单位应当在编制时向可能受影响的公众说明情况，充分征求意见。

负责审批建设项目环境影响评价文件的部门在收到建设项目环境影响报

告书后，除涉及国家秘密和商业秘密的事项外，应当全文公开；发现建设项目未充分征求公众意见的，应当责成建设单位征求公众意见。

第六十一条 建设单位未依法提交建设项目环境影响评价文件或者环境影响评价文件未经批准，擅自开工建设的，由负有环境保护监督管理职责的部门责令停止建设，处以罚款，并可以责令恢复原状。

第六十三条 企业事业单位和其他生产经营者有下列行为之一，尚不构成犯罪的，除依照有关法律法规规定予以处罚外，由县级以上人民政府环境保护主管部门或者其他有关部门将案件移送公安机关，对其直接负责的主管人员和其他直接责任人员，处十日以上十五日以下拘留；情节较轻的，处五日以上十日以下拘留：

（一）建设项目未依法进行环境影响评价，被责令停止建设，拒不执行的；

…………

4.2.2 《中华人民共和国放射性污染防治法》

《中华人民共和国放射性污染防治法》是为了防治放射性污染，保护环境，保障人体健康，促进核能、核技术的开发与和平利用，制定的法律。由第十届全国人民代表大会常务委员会第三次会议于 2003 年 6 月 28 日通过，自 2003 年 10 月 1 日起施行。与环境影响评价相关的条款具体如下：

第十八条

核设施选址，应当进行科学论证，并按照国家有关规定办理审批手续。在办理核设施选址审批手续前，应当编制环境影响报告书，报国务院环境保护行政主管部门审查批准；未经批准，有关部门不得办理核设施选址批准文件。

第二十条

核设施营运单位应当在申请领取核设施建造、运行许可证和办理退役审批手续前编制环境影响报告书，报国务院环境保护行政主管部门审查批准；未经批准，有关部门不得颁发许可证和办理批准文件。

第二十九条

生产、销售、使用放射性同位素和加速器、中子发生器以及含放射源的射线装置的单位，应当在申请领取许可证前编制环境影响评价文件，报省、自治区、直辖市人民政府环境保护行政主管部门审查批准；未经批准，有关部门不得颁发许可证。

第三十四条

开发利用或者关闭铀（钍）矿的单位，应当在申请领取采矿许可证或者办理退役审批手续前编制环境影响报告书，报国务院环境保护行政主管部门审查批准。

开发利用伴生放射性矿的单位，应当在申请领取采矿许可证前编制环境影响报告书，报省级以上人民政府环境保护行政主管部门审查批准。

第四十四条

国务院核设施主管部门会同国务院环境保护行政主管部门根据地质条件和放射性固体废物处置的需要，在环境影响评价的基础上编制放射性固体废物处置场所选址规划，报国务院批准后实施。

第五十条

违反本法规定，未编制环境影响评价文件，或者环境影响评价文件未经环境保护行政主管部门批准，擅自进行建造、运行、生产和使用等活动的，由审批环境影响评价文件的环境保护行政主管部门责令停止违法行为，限期补办手续或者恢复原状，并处一万元以上二十万元以下罚款。

第五十六条

产生放射性固体废物的单位，不按照本法第四十五条的规定对其产生的放射性固体废物进行处置的，由审批该单位立项环境影响评价文件的环境保护行政主管部门责令停止违法行为，限期改正；逾期不改正的，指定有处置能力的单位代为处置，所需费用由产生放射性固体废物的单位承担，可以并处二十万元以下罚款；构成犯罪的，依法追究刑事责任。

4.2.3 《中华人民共和国核安全法》

《中华人民共和国核安全法》是为保障核安全，预防与应对核事故，安全利用核能，保护公众和从业人员的安全与健康，保护生态环境，促进经济社会可持续发展而制定。经 2017 年 9 月 1 日第十二届全国人民代表大会常务委员会第二十九次会议通过，由全国人民代表大会常务委员会于 2017 年 9 月 1 日发布，自 2018 年 1 月 1 日起施行。与环境影响评价相关的条款具体如下：

第二十五条　核设施建造前，核设施营运单位应当向国务院核安全监督管理部门提出建造申请，并提交下列材料：

（一）核设施建造申请书；

（二）初步安全分析报告；

（三）环境影响评价文件；

（四）质量保证文件；

（五）法律、行政法规规定的其他材料。

第三十条　核设施退役前，核设施营运单位应当向国务院核安全监督管理部门提出退役申请，并提交下列材料：

（一）核设施退役申请书；

（二）安全分析报告；

（三）环境影响评价文件；

（四）质量保证文件；

（五）法律、行政法规规定的其他材料。

4.2.4 《中华人民共和国环境影响评价法》

《中华人民共和国环境影响评价法》是为了实施可持续发展战略，预防因规划和建设项目实施后对环境造成不良影响，促进经济、社会和环境的协调发展，制定的法律。由第九届全国人民代表大会常务委员会第三十次会议于 2002 年 10 月 28 日修订通过，自 2003 年 9 月 1 日起施行。现行版本为 2018 年 12 月 29 日，第十三届全国人民代表大会常务委员会第七次会议第二次修正。

核设施退役基于该法的相关要求开展环境影响评价工作。该法共包括六章七十三条，章目录如下：

第一章　总　则

第二章　规划的环境影响评价

第三章　建设项目的环境影响评价

第四章　法律责任

第五章　附　则

具体条款及内容详见附录 1。

4.2.5 《建设项目环境影响评价分类管理名录（2021 年版）》

为了实施建设项目环境影响评价分类管理，根据《中华人民共和国环境影响评价法》的有关规定，制定《建设项目环境影响评价分类管理名录（2021 年版）》（生态环境部令第 16 号），于 2020 年 11 月 5 日由生态环境部部务会议审议通过，现予公布，自 2021 年 1 月 1 日起施行。《建设项目环境影响评价分类管理名录》（环境保护部令第 44 号）及《关于修改〈建设项目环境影响评价分类管理名录〉部分内容的决定》（生态环境部令第 1 号）同时废止。

名录表中第“五十五、核与辐射”栏第 167～170 款等明确了核动力厂、核燃料设施、放射性污染治理项目及废物管理设施、铀矿开采及地质勘查等退役相关环境影响评价文件编制的类别等，具体如下：

项目类别		报告书	报告表	登记表	本栏目环境敏感区含义
167	核动力厂（核电厂、核热电厂、核供汽供热厂等）；反应堆（研究堆、实验堆、临界装置等）；核燃料生产、加工、贮存、后处理设施；放射性污染治理项目	新建、扩建、退役	主生产工艺或安全重要构筑物的重大变更，但源项不显著增加；次临界装置的新建、扩建、退役	核设施控制区范围内新增的不带放射性的实验室、试验装置、维修车间、仓库、办公设施等	
168	放射性废物贮存、处理、处置设施	新建、扩建、退役；放射性废物处置设施的关闭	独立的放射性废物贮存设施	/	
169	铀矿开采、冶炼；其他方式提铀	新建、扩建、退役	其他（含工业试验）	/	
170	铀矿地质勘查、退役治理	/	全部	/	

4.2.6 《核电厂环境影响报告书的格式和内容》

为了贯彻《中华人民共和国环境保护法》《中华人民共和国放射性污染防治法》《中华人民共和国环境影响评价法》和《建设项目环境保护管理条例》，结合核电发展的具体情况，规范核电厂建设项目环境影响评价工作，制定环境影响评价技术导则《核电厂环境影响报告书的格式和内容》（HJ 808—2016

代替 NEPA-RG1，1988）。本标准规定了核电厂建设项目环境影响报告书的编制要求。本标准的附录为规范性附录。本标准首次发布于 1988 年。本次为第一次修订。本标准由环境保护部核电安全监管司提出。本标准由环境保护部核设施安全监管司、科技标准司组织制订。本标准环境保护部于 2016 年 06 月 24 日批准。本标准自 2016 年 10 月 01 日起实施。

该标准规定了核电厂建设项目选址阶段、建造阶段和运行阶段环境影响报告书的编制要求，其适用于中华人民共和国境内的陆地固定式核电厂（大于 300 MW 电功率）建设项目的环境影响评价工作，其他核动力厂可参照执行。分为前言、适用范围、术语和定义、工作阶段、规范性技术要求及附录等，具体内容详见附录 2。

值得一提的是，该标准名称中并未分阶段，但在适用范围中限定了适用阶段。通常，同类相关标准或技术文件会注明其他阶段（如退役阶段）可参照执行，但该标准并未明确，同时也未明确除核电厂外的其他核设施环境影响评价工作是否参照执行。为此，有必要制定核电厂退役阶段环境影响报告书的格式和内容的相关标准或技术文件。

4.2.7 《退役安全有关文件的标准格式与内容》(SRS 45)

2005 年，国际原子能机构（IAEA）发布了安全报告丛书第 45 号——《退役安全有关文件的标准格式与内容》(SRS 45 报告)，提供了退役计划及附带安全相关文件的内容与格式方面的信息。该安全报告包括与各类核设施（包括核电厂、后处理设施、高校实验室和制造工厂）有关的信息。通过分级方法应用于安全报告，核设施所有人能为监管机构提供必要信息，以便监管机构确定所开展的退役活动是否得到恰当的安全评估。

该报告的第 3 章第 10 部分为环境评估，其主要内容如下：

环境评估通常是一份单独文件，以引用和概述形式纳入退役计划。退役计划应提供评估结论。由于环境评估通常是一份单独文件，且其中一部分信息与退役计划存在重复现象，因此，若直接纳入退役计划，重复部分可以删除。

本底数据

本节应提供退役项目的目标和范围。此外，本节应确定退役项目须遵守的环境保护法律、法规或其他要求。

项目描述

本节应确定拟执行且可能导致设施向环境释放污染物及影响当地环境的退役任务。本节应说明可能涉及的潜在释放途径，并评估各任务的潜在释放。本节应说明关于放射性核素的潜在释放形式（即空中排放、液体排放、固体排放或气体排放）和化学形式。

环境保护计划

本节应说明拟使用的监测计划，以确保环境保护计划得到恰当履行。本节应提供场内和场外监测站及取样点的位置地图或总平面图，包括所有释放的监测。本节应提供各位置使用的设备描述及其能力与检测限制。本节应规定监测频率，即过滤器、放射量测定器的更换频率及样品采取频率。本节应说明拟采取的样品类型，并提供样品分析程序。本节应说明确定环境介质中所含放射性核素的本底与基线浓度时采用的程序。本协议应提供场址或场址各区域及周边区域的平均本底值。

废水监测计划

本节应确定由退役活动产生的废水中含有或预计含有的放射性核素。本节应提供所有废水排放点的地图、平面图或描述。本节应充分详细地说明排放点的取样程序及样品分析程序，以确保所采取的样品能代表排放点的释放物。本节应提供设备的最小可测活度。此外，本节应提供废水样品的采集频率。本节应提供环境监测记录及报告程序。

废水控制计划

本节应说明拟使用的控制措施，以将退役活动期间排入环境的放射性物质量降至最低。本节应提供行动基准汇总表并说明在行动基准超出限值时采取的措施。本节应说明对环境外部的池塘、污泥贮留地和水池适用的漏检系统。本节应提供可确保排入污水系统的放射性物质得到控制与维持（保持在相关要求规定的水平内）的程序。本节应预估公众受到的废水剂量，并说明预估公众剂量所使用的方法。

4.3 编制实践

4.3.1 某微堆退役环境影响报告书目录

2007 年 8 月，我国某微型中子源反应堆（简称微堆）申请退役，其退役报告与环境影响报告书合二为一，该报告的目录如下：

1 总论

1.1 微堆概况

1.2 退役目的和编制依据

1.2.1 退役目的

1.2.2 编制依据

1.2.2.1 文件依据

1.2.2.2 采用的法规、标准

1.3 退役范围和目标

1.3.1 退役范围

1.3.2 退役目标

1.3.2.1 退役目标

1.3.2.2 退役的程序步骤

1.3.2.3 退役终态描述

1.4 设计原则

1.5 初态特性调查概述

1.5.1 特性调查分析结果

1.5.2 放射性和有害废物存量

1.6 辐射照射控制限值

1.6.1 职业照射剂量限值

1.6.2 公众照射剂量限值

1.6.3 集体有效剂量估算

1.7 退役方案和废物管理概述

1.7.1　微堆退役方案概述
1.7.2　废物管理概述
1.8　安全分析和环境影响评价概述
1.8.1　安全分析概述
1.8.2　环境影响评价概述
2　场址及环境
2.1　场址的自然环境
2.1.1　地理位置
2.1.2　自然环境
2.2　场址的社会环境
2.3　环境现状监测与调查
3　微堆运行史及设施现状
3.1　微堆运行史
3.2　反应堆本体和辅助系统的概况及现状
3.2.1　反应堆本体
3.2.2　辅助系统
3.2.3　实验室总体布置和建构筑物现状
4　退役初态特性调查及废物存量
4.1　概述
4.2　退役初态特性调查结果
4.2.1　源项计算
4.2.2　现场测量和采样分析
4.2.3　初步结论
4.3　放射性和有害废物存量
5　微堆退役的实施方案
5.1　概述
5.1.1　微堆退役实施方案考虑的因素
5.1.2　退役的步骤
5.2　微堆退役方案
5.2.1　退役前期工作

5.2.2 退役实施方案
5.2.2.1 去污
5.2.2.2 堆水池内系统的拆除
5.2.2.3 堆水池外其他辅助系统和设备的拆除
5.2.2.4 废物坑及其内部废物的清理
5.2.2.5 公用系统的拆除
5.3 场址清理
5.3.1 清理目的和范围
5.3.2 清理的原则和目标
5.3.3 清理方案
5.4 终态放射性特性调查
5.4.1 终态放射性特性调查
5.4.1.1 原则
5.4.1.2 内容及目标
5.4.1.3 无限制开放遵循的标准
5.4.1.4 终态放射性特性调查工艺
5.4.2 终态放射性特性调查报告大纲
5.5 建（构）筑物后期处理
5.6 退役实施时物流和人流安排
5.6.1 物流
5.6.2 人流
5.7 主要设备
6 放射性废物管理
6.1 原则
6.2 放射性废物分类
6.3 放射性废物的处理
6.3.1 放射性气载废物处理
6.3.2 放射性液体废物处理
6.3.3 放射性固体废物处理
6.4 放射性废物的包装

6.5　放射性废物的贮存
6.6　放射性废物运输
6.7　放射性废物的处理处置
7　辐射防护
7.1　辐射防护主要要求
7.2　辐射防护原则
7.3　辐射源项
7.4　退役过程中工作人员受到的辐射剂量
7.5　辐射监测系统
7.5.1　设计说明
7.5.1.1　工艺辐射测量
7.5.1.2　工作场所辐射测量
7.5.1.3　工作场所气溶胶采样监测
7.5.1.4　卫生出入口工作人员表面污染测量
7.5.1.5　工作人员个人剂量监测
7.5.1.6　环境监测和场址清理阶段最终放射性调查
8　质量保证
8.1　质量保证大纲
8.1.1　概述
9　退役项目管理和安全保卫
9.1　退役项目管理
9.2　安全保卫
9.2.1　安全
9.2.2　保卫
10　微堆退役的安全分析
10.1　退役前期工作阶段的安全分析和安全措施
10.1.1　退役前期工作阶段的安全分析
10.1.2　退役前期阶段的安全措施
10.2　退役实施阶段的安全分析和安全措施
10.2.1　去污阶段的安全分析

10.2.2　去污阶段的安全措施
10.2.3　拆除阶段的安全分析
10.2.4　拆除阶段的安全措施
10.3　退役过程事故分析
10.3.1　放射性废物失控
10.3.2　放射性污染扩大
10.3.3　拆除过程中起吊下筒脱落
10.3.4　个人剂量超标
10.3.5　工业安全
10.4　结论
11　环境影响评价
11.1　编制目的
11.2　自然环境和社会环境（略）
11.3　退役前环境现状监测量与调查
11.4　微堆退役设施概述
11.5　设施污染源调查
11.6　退役方案的描述
11.6.1　前期的准备工作
11.6.2　去污阶段
11.6.3　拆除工作
11.6.3.1　堆水池内系统的拆除
11.6.3.2　辅助系统及其设备的拆除
11.6.3.3　废物坑及其内部废物的拆除
11.6.3.4　公用系统的拆除
11.6.3.5　建筑物的去污和清理
11.7　退役过程中的放射性源项及环境影响评价
11.7.1　气载释放源项的确定
11.7.2　大气弥散因子
11.7.3　剂量估算模式
11.7.4　剂量估算结果

11.7.5 液态排放的环境影响
11.7.6 事故条件下对环境的影响
11.8 退役后场址的最终状态及放射性废物的最终处理处置
11.8.1 场址的最终状态
11.8.2 退役产生放射性废物的处理处置
11.9 结论
12 应急预案
12.1 引言
12.2 应急组织和职责
12.2.1 应急组织
12.2.2 应急组织责任人
12.2.3 责任替代
12.2.4 应急组织的职责
12.2.4.1 应急指挥中心职责
12.2.4.2 响应行动组职责
12.2.4.3 技术监测组职责
12.2.4.4 后勤保障组职责
12.2.4.5 安全保卫组职责
12.2.4.6 卫生医疗组职责
12.3 应急计划区
12.4 应急事件及应急响应
12.4.1 应急事件
12.4.2 应急响应
12.4.3 通知与联络
12.5 应急设施与设备
12.5.1 应急指挥中心
12.5.2 应急设备
12.5.3 微堆值班室
12.5.4 交通与通讯
13 退役进度和安排

13.1　放射性区域操作的人数和时间

13.2　退役时间进度安排

4.3.2　某化工厂退役治理工程环境影响报告书目录

2009 年 7 月，我国某化工厂申请退役治理，该厂主要从事稀土冶炼及产品深加工，生产期间在厂区内遗留了近万立方米的放射性废物，对当地环境造成一定的影响。该项目为伴生放射性矿物资源冶炼加工厂场址的退役，因当时国内的环境影响评价导则未涉及该类项目，环境影响报告书的编制参考《核技术利用设施环境影响报告书（表）的内容与格式（报批稿）》，该报告书的主要目录如下：

1　概述

1.1　项目名称、性质

1.1.1　项目名称

1.1.2　项目性质

1.2　退役原因

1.3　退役范围和目标

1.3.1　退役范围

1.3.2　退役目标

1.4　编制依据

1.5　采用标准

1.6　评价范围、控制与保护目标

1.6.1　评价范围

1.6.2　退役治理管理目标值

1.6.2.1　剂量约束值

1.6.2.2　土壤中放射性核素的残留水平

1.6.2.3　建筑（构）物表面污染控制值

1.6.2.4　废钢铁再利用

1.6.3　放射性固体废物分类

2　拟退役场址的环境状况

2.1　自然环境状况

2.1.1　地理位置
2.1.2　场址周边环境情况
2.1.3　地形地貌
2.1.4　地质
2.1.5　土质和土壤
2.1.6　地下水
2.1.7　水文
2.1.8　气象气候
2.2　社会环境状况
2.2.1　人口
2.2.2　社会经济概况
2.2.2.1　农业
2.2.2.2　工业
2.2.3　发展目标
3　运行历史
3.1　运行简史
3.2　生产规模
3.3　生产工艺
3.4　生产过程中的三废及其处理情况
3.4.1　废气
3.4.2　废水
3.4.3　固体废物
4　辐射环境质量现状
4.1　监测方案
4.2　监测布点
4.3　监测分析方法
4.4　评价依据
4.5　监测结果与评价
5　退役治理工程源项调查
5.1　退役项目

5.2　源项调查方案
5.2.1　调查项目
5.2.2　监测分析方法及仪表
5.2.2.1　监测分析方法
5.2.2.2　监测仪表
5.2.2.3　监测点的布设及采样
5.2.2.3.1　厂区建筑物内 γ 剂量率
5.2.2.3.2　土壤及渣土样品
5.2.2.3.3　地下水、地表水样品
5.2.2.3.4　空气
5.3　源项调查结果
5.3.1　主工艺建（构）筑物及设施
5.3.1.1　稀土研究所
5.3.1.2　二车间
5.3.1.3　三车间
5.3.1.4　500 t 彩粉车间
5.3.1.5　15 号厂房
5.3.1.6　一车间
5.3.1.7　四车间
5.3.1.8　彩电粉车间
5.3.1.9　28 号厂房
5.3.1.10　灯粉车间及库房
5.3.1.11　机修车间主任
5.3.2　其他辅助用房及设施
5.3.3　废物堆放场
5.3.3.1　500 t 彩粉车间南侧废物堆放场及地基填埋物
5.3.3.2　一车间北侧废物堆放场
5.3.4　墙基
5.3.5　源项调查结果汇总表
6　退役工程治理方案

6.1　概述
6.1.1　治理目标
6.1.2　制定治理方案的原则
6.2　治理方案和内容
6.2.1　建（构）筑物治理方案和内容
6.2.1.1　治理方案
6.2.1.2　治理内容
6.2.2　厂区内的污染设备、器材以及管道治理方案和内容
6.2.2.1　治理方案
6.2.2.2　治理内容
6.2.3　厂区内堆放的水泥箱体和硝酸钍等治理方案和内容
6.2.3.1　治理方案
6.2.3.2　治理内容
6.2.4　厂区内废物堆放场治理方案和内容
6.2.4.1　治理方案
6.2.4.2　治理内容
6.2.5　污染场地和道路治理方案和内容
6.2.5.1　治理方案
6.2.5.2　治理内容
6.2.6　废物分拣
6.2.7　废物的监测
6.2.8　废物包装
6.3　退役放射性废物量统计和去向
6.3.1　退役放射性废物量统计
6.3.2　废物的最终去向
7　退役治理期间的环境影响
7.1　辐射环境影响
7.1.1　公众剂量
7.1.1.1　γ外照射
7.1.1.2　粉尘吸入内照射

7.1.1.2.1　源项
7.1.1.2.2　计算模式
7.1.1.2.3　计算结果
7.1.1.3　厂区氡、钍析出造成的内照射
7.1.1.3.1　源项
7.1.1.3.2　计算模式
7.1.1.3.3　计算结果
7.1.1.4　小结
7.1.2　施工人员剂量
7.1.2.1　γ外照射
7.1.2.1.1　源项
7.1.2.1.2　计算模式
7.1.2.1.3　计算结果
7.1.2.2　氡、钍子体吸入内照射
7.1.2.2.1　源项
7.1.2.2.2　计算模式
7.1.2.2.3　计算结果
7.1.3　治理过程中的事故分析和影响
7.1.3.1　事故分析
7.1.3.2　事故影响
7.2　非放环境影响
7.2.1　大气环境影响分析
7.2.1.1　粉尘
7.2.1.1.1　施工扬尘的来源
7.2.1.1.2　施工扬尘影响分析
7.2.1.2　汽车尾气
7.2.2　噪声影响分析
7.2.2.1　噪声源
7.2.2.2　预测模式
7.2.2.3　评价标准

7.2.2.4　预测结果及评价
7.2.3　施工期地表水环境影响分析
7.2.4　小结
8　终态环境影响
8.1　终态景象
8.2　终态的环境影响分析
8.2.1　γ外照射剂量
8.2.1.1　氡子体析出造成的内照射
8.2.1.1.1　源项
8.2.1.1.2　计算模式
8.2.1.1.3　计算结果
8.3　小结
9　环境监测
9.1　退役过程中的环境监测
9.1.1　监测目的
9.1.2　监测方案
9.2　退役最终状态的环境监测
9.2.1　监测目的
9.2.2　监测方案
9.3　质量保证
9.3.1　目的
9.3.2　质量保证要求
9.3.2.1　样品采集的质量控制
9.3.2.2　分析测量的质量控制
9.3.2.3　数据处理的质量控制
9.3.2.4　质量管理
10　结论与承诺
10.1　结论
10.1.1　退役治理的必要性
10.1.2　退役最终目标

10.1.3　退役治理方案的合理可行
10.1.4　放射性废物的最终去向
10.1.5　退役治理的环境影响评价结论
10.1.6　极低废物转运至上海老港垃圾填埋场处置的环境影响评价结论
10.1.7　低放和中放废物运输的环境影响评价结论
10.1.8　退役终态的环境影响评价结论
10.2　承诺
11　附件

4.3.3　某研究堆第一阶段退役环境影响报告书目录

2020 年 11 月，我国某研究院申请其所属某研究堆第一阶段退役，该项目编制了第一阶段退役环境影响报告书，包括十二章，具体章节目录如下：

1　概述
1.1　×××研究堆退役概述
1.1.1　×××研究堆退役背景
1.1.2　×××研究堆退役的必要性
1.1.3　×××研究堆退役的规划符合性分析
1.1.4　小结
1.2　×××研究堆退役总体规划
1.2.1　退役策略
1.2.2　退役目的
1.2.3　退役范围
1.2.4　退役目标
1.2.5　退役终态
1.2.6　场址复用计划
1.2.7　退役实施总体路线比较
1.2.8　×××研究堆退役实施规划
1.2.9　×××研究堆退役放射性废物产生与处理
1.3　第一阶段退役基本情况
1.4　第一阶段退役目标、内容与深度

1.4.1　第一阶段退役目标
1.4.2　第一阶段退役的总体内容
1.4.3　第一阶段退役范围
1.4.4　第一阶段退役深度
1.4.5　第一阶段退役技术路线
1.5　第一阶段退役进度安排
1.6　主要经济技术指标
1.7　编制依据
1.7.1　法律法规
1.7.2　技术导则与标准
1.7.3　其他文件
1.8　第一阶段退役的评价重点
1.8.1　关键放射性核素
1.8.2　评价内容及评价因子
1.9　评价标准及控制指标
1.9.1　放射性评价标准
1.9.2　非放射性评价标准
1.10　评价范围与评价工作等级
1.10.1　放射性评价范围
1.10.2　非放射性环境影响评价范围
2　厂址与环境
2.1　地理位置
2.1.1　地理位置
2.1.2　项目位置
2.2　自然环境状况
2.2.1　地形地貌
2.2.2　地质与地震
2.2.3　气候气象
2.2.4　地表水
2.2.5　地下水

2.3　社会环境概况
2.3.1　工业
2.3.2　交通
2.3.3　农业
2.3.4　畜牧业
2.3.5　人口分布及饮食习惯
2.3.6　军事设施
2.3.7　名胜古迹
3　辐射环境现状
3.1　环境监测计划
3.2　环境监测方法
3.3　辐射环境监测结果
3.3.1　γ 辐射剂量率
3.3.2　地下水中放射性核素活度浓度
3.3.3　植物中放射性核素活度浓度
3.3.4　土壤中放射性比活度
3.3.5　沉降灰中放射性活度浓度
3.3.6　气溶胶监测结果
3.3.7　空气中 ^{3}H 监测结果
3.3.8　结果评价
3.4　非辐射环境质量现状
3.4.1　环境空气质量
3.4.2　地表水
3.4.3　声环境
4　×××研究堆概况
4.1　×××研究堆及辅助工程
4.1.1　建（构）筑物
4.1.2　反应堆工艺回路系统
4.1.3　热室
4.1.4　实验装置

4.1.5　相关配套设施
4.2　运行历史及运行期间的环境质量
4.2.1　运行历史
4.2.2　运行期间的环境质量
5　×××研究堆退役的放射性特性调查
5.1　源项调查方案
5.1.1　堆本体源项调查方案
5.1.2　回路系统和部件源项调查方案
5.1.3　建（构）筑物源项调查方案
5.1.4　仪器仪表
5.1.5　放射性盘存量估算方法
5.2　×××研究堆退役的放射性特性总体描述
5.2.1　放射性总盘存量调查结果
5.2.2　堆本体
5.2.3　系统和部件放射性污染源项测量结果
5.2.4　建（构）筑物放射性污染源项测量结果
5.2.5　土壤放射性源项
5.2.6　其他有毒有害物质
5.2.7　小结
5.3　第一阶段退役范围的源项调查结果
5.3.1　728 高温高压考验回路系统
5.3.2　冷中子源系统
5.3.3　二次水系统
5.3.4　仪控电系统设备部件
5.3.5　乏燃水池
5.3.6　本阶段需要清理的废物
5.3.7　废液
5.3.8　含氚重水
5.3.9　其他放射性废物
5.3.10　建筑物

6　第一阶段退役方案
6.1　第一阶段退役实施方案内容
6.2　退役方案比较
6.2.1　退役方案选择
6.2.2　废物清理方案
6.2.3　去污方案
6.2.4　拆除解体
6.2.5　建筑物拆毁
6.2.6　乏燃料水池淤泥固化方案
6.2.7　乏燃料水池水处理
6.2.8　固体废物水泥固定装置布置方案
6.2.9　重水净化方案
6.3　结论
7　第一阶段退役工程分析
7.1　第一阶段退役活动
7.1.1　工程实施配套条件建设
7.1.2　源项调查
7.1.3　去污
7.1.4　拆除解休
7.1.5　建筑物拆毁
7.2　第一阶段退役实施过程的污染源项
7.2.1　废气
7.2.2　废液
7.2.3　固体废物
7.2.4　噪声
7.3　辐射防护与安全
7.3.1　辐射防护目标
7.3.2　放射性危害因素分析
7.3.3　辐射防护措施
7.3.4　辐射监测

7.3.5　辐射安全机构及监测设备

7.3.6　非放射性安全与措施

8　第一阶段退役废物管理

8.1　放射性废气

8.2　废水处理

8.2.1　含氚重水

8.2.2　低放废液

8.2.3　含氚废机油处理

8.3　固体废物

8.3.1　固体废物整备与处理

8.3.2　废物暂存

8.3.3　废物运输

9　第一阶段退役实施的环境影响评价

9.1　放射性废物的影响

9.1.1　放射性气载流出物的影响

9.1.2　放射性液态流出物的影响

9.1.3　放射性固体废物的影响

9.2　非放射性废物的影响

9.2.1　废气

9.2.2　固体废物

9.2.3　噪声

10　第一阶段退役实施的事故工况的环境影响

10.1　事故分析

10.1.1　排风系统及配套设施故障事故

10.1.2　过滤器失效事故

10.1.3　火灾事故

10.1.4　地震

10.1.5　洪水

10.1.6　小结

10.2　事故源项

10.3 事故后果
10.3.1 大气弥散条件和计算模式
10.3.2 照射途径
10.3.3 事故剂量估算
10.3.4 小结
10.4 事故应急与防范
10.4.1 组织机构
10.4.2 事故防范措施
10.4.3 报告制度
11 第一阶段退役的环境监测和实施后特性调查
11.1 环境监测
11.1.1 辐射环境监测
11.1.2 工作场所监测
11.1.3 个人剂量监测和放射体检
11.1.4 卫生出入口污染监测
11.1.5 流出物监测
11.1.6 监测设备
11.2 放射性废物监测
11.2.1 放射性废物分拣
11.2.2 废物现场检测
11.2.3 清洁解控废物判断
11.2.4 装箱废物检测（γ 核素测量）
11.3 第一阶段实施后的特性调查
11.3.1 调查范围
11.3.2 调查目的
11.3.3 调查方法及要求
11.3.4 采用的仪器仪表
11.3.5 编制特性调查报告
11.3.6 调查结果审核
11.4 监测的质量保证

11.4.1　组织机构
11.4.2　人员资格
11.4.3　质量控制
12　结论与建议
12.1　结论
12.1.1　×××研究堆退役符合国家某研究院长远规划
12.1.2　×××研究堆第一阶段退役方案比较
12.1.3　第一阶段退役实施的环境影响
12.1.4　第一阶段退役目标
12.1.5　环境影响评价结论
12.2　建议

4.4　小结

我国《环境保护法》《放射性污染防治法》《核安全法》等明确规定，核设施选址、设计、施工、运行及退役应当依法进行环境影响评价，且为提交的必要材料之一。《环境影响评价法》明确了开展环境影响评价的相关要求；同时，2020 年发布的《建设项目环境影响评价分类管理名录（2021 年版）》进一步明确了核设施退役不同情况环境影响评价文件的编制类型等。

2016 年原环境保护部发布的环境影响评价技术导则《核电厂环境影响报告书的格式和内容》（HJ 808—2016 代替 NEPA-RG1，1988），规定了核电厂建设项目选址阶段、建造阶段和运行阶段环境影响报告书的编制要求及格式和内容。但该标准仅适用于选址、建造和运行阶段，且未说明其他阶段（如退役阶段）可参照执行；也未明确除核电厂外的其他核设施环境影响评价工作是否参照执行。

基于上述情况，我国先前及现阶段申请退役的生产线、研究堆等，退役环境影响评价文件的格式和内容并未参照《核电厂环境影响报告书的格式和内容》，致使格式与内容不统一，甚至差异较大。

综上，结合我国核设施退役及环境影响评价实践，充分借鉴国际良好经验，尽早完成核设施退役环境影响报告书的格式和内容等标准或技术文件的编制及发布是必要的，也是亟须的。

附录 1:《中华人民共和国环境影响评价法》(2018 年修正版)

第一章　总　则

第一条　为了实施可持续发展战略，预防因规划和建设项目实施后对环境造成不良影响，促进经济、社会和环境的协调发展，制定本法。

第二条　本法所称环境影响评价，是指对规划和建设项目实施后可能造成的环境影响进行分析、预测和评估，提出预防或者减轻不良环境影响的对策和措施，进行跟踪监测的方法与制度。

第三条　编制本法第九条所规定的范围内的规划，在中华人民共和国领域和中华人民共和国管辖的其他海域内建设对环境有影响的项目，应当依照本法进行环境影响评价。

第四条　环境影响评价必须客观、公开、公正，综合考虑规划或者建设项目实施后对各种环境因素及其所构成的生态系统可能造成的影响，为决策提供科学依据。

第五条　国家鼓励有关单位、专家和公众以适当方式参与环境影响评价。

第六条　国家加强环境影响评价的基础数据库和评价指标体系建设，鼓励和支持对环境影响评价的方法、技术规范进行科学研究，建立必要的环境影响评价信息共享制度，提高环境影响评价的科学性。

国务院生态环境主管部门应当会同国务院有关部门，组织建立和完善环境影响评价的基础数据库和评价指标体系。

第二章　规划的环境影响评价

第七条　国务院有关部门、设区的市级以上地方人民政府及其有关部门，对其组织编制的土地利用的有关规划，区域、流域、海域的建设、开发利用规划，应当在规划编制过程中组织进行环境影响评价，编写该规划有关环境影响的篇章或者说明。

规划有关环境影响的篇章或者说明，应当对规划实施后可能造成的环境影响作出分析、预测和评估，提出预防或者减轻不良环境影响的对策和措施，作为规划草案的组成部分一并报送规划审批机关。

未编写有关环境影响的篇章或者说明的规划草案，审批机关不予审批。

第八条　国务院有关部门、设区的市级以上地方人民政府及其有关部门，对其组织编制的工业、农业、畜牧业、林业、能源、水利、交通、城市建设、旅游、自然资源开发的有关专项规划（以下简称专项规划），应当在该专项规划草案上报审批前，组织进行环境影响评价，并向审批该专项规划的机关提出环境影响报告书。

前款所列专项规划中的指导性规划，按照本法第七条的规定进行环境影响评价。

第九条　依照本法第七条、第八条的规定进行环境影响评价的规划的具体范围，由国务院生态环境主管部门会同国务院有关部门规定，报国务院批准。

第十条　专项规划的环境影响报告书应当包括下列内容：

（一）实施该规划对环境可能造成影响的分析、预测和评估；

（二）预防或者减轻不良环境影响的对策和措施；

（三）环境影响评价的结论。

第十一条　专项规划的编制机关对可能造成不良环境影响并直接涉及公众环境权益的规划，应当在该规划草案报送审批前，举行论证会、听证会，或者采取其他形式，征求有关单位、专家和公众对环境影响报告书草案的意见。但是，国家规定需要保密的情形除外。

编制机关应当认真考虑有关单位、专家和公众对环境影响报告书草案的意见，并应当在报送审查的环境影响报告书中附具对意见采纳或者不采纳的说明。

第十二条　专项规划的编制机关在报批规划草案时，应当将环境影响报告书一并附送审批机关审查；未附送环境影响报告书的，审批机关不予审批。

第十三条　设区的市级以上人民政府在审批专项规划草案，作出决策前，应当先由人民政府指定的生态环境主管部门或者其他部门召集有关部门代表和专家组成审查小组，对环境影响报告书进行审查。审查小组应当提出书面审查意见。

参加前款规定的审查小组的专家，应当从按照国务院生态环境主管部门的规定设立的专家库内的相关专业的专家名单中，以随机抽取的方式确定。

由省级以上人民政府有关部门负责审批的专项规划，其环境影响报告书的审查办法，由国务院生态环境主管部门会同国务院有关部门制定。

第十四条 审查小组提出修改意见的，专项规划的编制机关应当根据环境影响报告书结论和审查意见对规划草案进行修改完善，并对环境影响报告书结论和审查意见的采纳情况作出说明；不采纳的，应当说明理由。

设区的市级以上人民政府或者省级以上人民政府有关部门在审批专项规划草案时，应当将环境影响报告书结论以及审查意见作为决策的重要依据。

在审批中未采纳环境影响报告书结论以及审查意见的，应当作出说明，并存档备查。

第十五条 对环境有重大影响的规划实施后，编制机关应当及时组织环境影响的跟踪评价，并将评价结果报告审批机关；发现有明显不良环境影响的，应当及时提出改进措施。

第三章 建设项目的环境影响评价

第十六条 国家根据建设项目对环境的影响程度，对建设项目的环境影响评价实行分类管理。

建设单位应当按照下列规定组织编制环境影响报告书、环境影响报告表或者填报环境影响登记表（以下统称环境影响评价文件）：

（一）可能造成重大环境影响的，应当编制环境影响报告书，对产生的环境影响进行全面评价；

（二）可能造成轻度环境影响的，应当编制环境影响报告表，对产生的环境影响进行分析或者专项评价；

（三）对环境影响很小、不需要进行环境影响评价的，应当填报环境影响登记表。

建设项目的环境影响评价分类管理名录，由国务院生态环境主管部门制定并公布。

第十七条　建设项目的环境影响报告书应当包括下列内容：

（一）建设项目概况；

（二）建设项目周围环境现状；

（三）建设项目对环境可能造成影响的分析、预测和评估；

（四）建设项目环境保护措施及其技术、经济论证；

（五）建设项目对环境影响的经济损益分析；

（六）对建设项目实施环境监测的建议；

（七）环境影响评价的结论。

环境影响报告表和环境影响登记表的内容和格式，由国务院生态环境主管部门制定。

第十八条　建设项目的环境影响评价，应当避免与规划的环境影响评价相重复。

作为一项整体建设项目的规划，按照建设项目进行环境影响评价，不进行规划的环境影响评价。

已经进行了环境影响评价的规划包含具体建设项目的，规划的环境影响评价结论应当作为建设项目环境影响评价的重要依据，建设项目环境影响评价的内容应当根据规划的环境影响评价审查意见予以简化。

第十九条　建设单位可以委托技术单位对其建设项目开展环境影响评价，编制建设项目环境影响报告书、环境影响报告表；建设单位具备环境影响评价技术能力的，可以自行对其建设项目开展环境影响评价，编制建设项目环境影响报告书、环境影响报告表。

编制建设项目环境影响报告书、环境影响报告表应当遵守国家有关环境影响评价标准、技术规范等规定。

国务院生态环境主管部门应当制定建设项目环境影响报告书、环境影响报告表编制的能力建设指南和监管办法。

接受委托为建设单位编制建设项目环境影响报告书、环境影响报告表的技术单位，不得与负责审批建设项目环境影响报告书、环境影响报告表的生态环境主管部门或者其他有关审批部门存在任何利益关系。

第二十条　建设单位应当对建设项目环境影响报告书、环境影响报告表的内容和结论负责，接受委托编制建设项目环境影响报告书、环境影响报告表的技术单位对其编制的建设项目环境影响报告书、环境影响报告表承担相应责任。

设区的市级以上人民政府生态环境主管部门应当加强对建设项目环境影响报告书、环境影响报告表编制单位的监督管理和质量考核。

负责审批建设项目环境影响报告书、环境影响报告表的生态环境主管部门应当将编制单位、编制主持人和主要编制人员的相关违法信息记入社会诚信档案，并纳入全国信用信息共享平台和国家企业信用信息公示系统向社会公布。

任何单位和个人不得为建设单位指定编制建设项目环境影响报告书、环境影响报告表的技术单位。

第二十一条 除国家规定需要保密的情形外，对环境可能造成重大影响、应当编制环境影响报告书的建设项目，建设单位应当在报批建设项目环境影响报告书前，举行论证会、听证会，或者采取其他形式，征求有关单位、专家和公众的意见。

建设单位报批的环境影响报告书应当附具对有关单位、专家和公众的意见采纳或者不采纳的说明。

第二十二条 建设项目的环境影响报告书、报告表，由建设单位按照国务院的规定报有审批权的生态环境主管部门审批。

海洋工程建设项目的海洋环境影响报告书的审批，依照《中华人民共和国海洋环境保护法》的规定办理。

审批部门应当自收到环境影响报告书之日起六十日内，收到环境影响报告表之日起三十日内，分别作出审批决定并书面通知建设单位。

国家对环境影响登记表实行备案管理。

审核、审批建设项目环境影响报告书、报告表以及备案环境影响登记表，不得收取任何费用。

第二十三条 国务院生态环境主管部门负责审批下列建设项目的环境影响评价文件：

（一）核设施、绝密工程等特殊性质的建设项目；

（二）跨省、自治区、直辖市行政区域的建设项目；

（三）由国务院审批的或者由国务院授权有关部门审批的建设项目。

前款规定以外的建设项目的环境影响评价文件的审批权限，由省、自治区、直辖市人民政府规定。

建设项目可能造成跨行政区域的不良环境影响，有关生态环境主管部门对该项目的环境影响评价结论有争议的，其环境影响评价文件由共同的上一级生态环境主管部门审批。

第二十四条　建设项目的环境影响评价文件经批准后，建设项目的性质、规模、地点、采用的生产工艺或者防治污染、防止生态破坏的措施发生重大变动的，建设单位应当重新报批建设项目的环境影响评价文件。

建设项目的环境影响评价文件自批准之日起超过五年，方决定该项目开工建设的，其环境影响评价文件应当报原审批部门重新审核；原审批部门应当自收到建设项目环境影响评价文件之日起十日内，将审核意见书面通知建设单位。

第二十五条　建设项目的环境影响评价文件未依法经审批部门审查或者审查后未予批准的，建设单位不得开工建设。

第二十六条　建设项目建设过程中，建设单位应当同时实施环境影响报告书、环境影响报告表以及环境影响评价文件审批部门审批意见中提出的环境保护对策措施。

第二十七条　在项目建设、运行过程中产生不符合经审批的环境影响评价文件的情形的，建设单位应当组织环境影响的后评价，采取改进措施，并报原环境影响评价文件审批部门和建设项目审批部门备案；原环境影响评价文件审批部门也可以责成建设单位进行环境影响的后评价，采取改进措施。

第二十八条　生态环境主管部门应当对建设项目投入生产或者使用后所产生的环境影响进行跟踪检查，对造成严重环境污染或者生态破坏的，应当查清原因、查明责任。对属于建设项目环境影响报告书、环境影响报告表存在基础资料明显不实，内容存在重大缺陷、遗漏或者虚假，环境影响评价结论不正确或者不合理等严重质量问题的，依照本法第三十二条的规定追究建设单位及其相关责任人员和接受委托编制建设项目环境影响报告书、环境影响报告表的技术单位及其相关人员的法律责任；属于审批部门工作人员失职、渎职，对依法不应批准的建设项目环境影响报告书、环境影响报告表予以批准的，依照本法第三十四条的规定追究其法律责任。

第四章　法律责任

第二十九条　规划编制机关违反本法规定，未组织环境影响评价，或者组织环境影响评价时弄虚作假或者有失职行为，造成环境影响评价严重失实的，对直接负责的主管人员和其他直接责任人员，由上级机关或者监察机关依法给予行政处分。

第三十条　规划审批机关对依法应当编写有关环境影响的篇章或者说明而未编写的规划草案，依法应当附送环境影响报告书而未附送的专项规划草案，违法予以批准的，对直接负责的主管人员和其他直接责任人员，由上级机关或者监察机关依法给予行政处分。

第三十一条　建设单位未依法报批建设项目环境影响报告书、报告表，或者未依照本法第二十四条的规定重新报批或者报请重新审核环境影响报告书、报告表，擅自开工建设的，由县级以上生态环境主管部门责令停止建设，根据违法情节和危害后果，处建设项目总投资额百分之一以上百分之五以下的罚款，并可以责令恢复原状；对建设单位直接负责的主管人员和其他直接责任人员，依法给予行政处分。

建设项目环境影响报告书、报告表未经批准或者未经原审批部门重新审核同意，建设单位擅自开工建设的，依照前款的规定处罚、处分。

建设单位未依法备案建设项目环境影响登记表的，由县级以上生态环境主管部门责令备案，处五万元以下的罚款。

海洋工程建设项目的建设单位有本条所列违法行为的，依照《中华人民共和国海洋环境保护法》的规定处罚。

第三十二条　建设项目环境影响报告书、环境影响报告表存在基础资料明显不实，内容存在重大缺陷、遗漏或者虚假，环境影响评价结论不正确或者不合理等严重质量问题的，由设区的市级以上人民政府生态环境主管部门对建设单位处五十万元以上二百万元以下的罚款，并对建设单位的法定代表人、主要负责人、直接负责的主管人员和其他直接责任人员，处五万元以上二十万元以下的罚款。

接受委托编制建设项目环境影响报告书、环境影响报告表的技术单位违反国家有关环境影响评价标准和技术规范等规定，致使其编制的建设项目环境影响报告书、环境影响报告表存在基础资料明显不实，内容存在重大缺陷、遗漏或者虚假，环境影响评价结论不正确或者不合理等严重质量问题的，由设区的市级以上人民政府生态环境主管部门对技术单位处所收费用三倍以上五倍以下的罚款；情节严重的，禁止从事环境影响报告书、环境影响报告表编制工作；有违法所得的，没收违法所得。

编制单位有本条第一款、第二款规定的违法行为的，编制主持人和主要编制人员五年内禁止从事环境影响报告书、环境影响报告表编制工作；构成犯罪的，依法追究刑事责任，并终身禁止从事环境影响报告书、环境影响报告表编制工作。

第三十三条　负责审核、审批、备案建设项目环境影响评价文件的部门在审批、备案中收取费用的，由其上级机关或者监察机关责令退还；情节严重的，对直接负责的主管人员和其他直接责任人员依法给予行政处分。

第三十四条　生态环境主管部门或者其他部门的工作人员徇私舞弊，滥用职权，玩忽职守，违法批准建设项目环境影响评价文件的，依法给予行政处分；构成犯罪的，依法追究刑事责任。

第五章　附　则

第三十五条　省、自治区、直辖市人民政府可以根据本地的实际情况，要求对本辖区的县级人民政府编制的规划进行环境影响评价。具体办法由省、自治区、直辖市参照本法第二章的规定制定。

第三十六条　军事设施建设项目的环境影响评价办法，由中央军事委员会依照本法的原则制定。

第三十七条　本法自 2003 年 9 月 1 日起施行。

附录 2:《核电厂环境影响报告书的格式和内容》（HJ 808—2016）

1　适用范围

本标准规定了核电厂建设项目选址阶段、建造阶段和运行阶段环境影响报告书的编制要求。

本标准适用于中华人民共和国境内的陆地固定式核电厂（大于 300 MW

电功率）建设项目的环境影响评价工作，其他核动力厂可参照执行。

2　术语和定义

下列术语和定义适用于本标准。

2.1　流出物 effluents

指实践中的源向环境中排放的满足相关标准要求，并获得监管部门批准的含有极少量放射性物质的气、液态流。

2.2　环境保护设施 environment protection facilities

指为使在生产过程中所产生并对环境造成影响的物质达到回收利用标准或排放要求所需的设备和装置，以及必要的流出物和环境监测设备。

2.3　配套工程（设施）associated projects（facilities）

指为建设项目主体工程配套建设的各种服务性设施，如进厂道路和应急道路、环境实验室和前沿站、大件码头、供电线路、水库等。

2.4　辐射环境影响 radiation environment impact

指核电厂释放的气、液态放射性物质，以及放射性固体废物对周围环境和公众造成的辐射影响。

2.5　非辐射环境影响 non-radiation environment impact

指核电厂对周围环境和公众造成的除辐射环境影响以外的影响，主要包括土地和人口、热排放、非放射性有毒物质、冷却塔及热羽排放、噪声、电磁等方面的影响。

3　工作阶段

关于核电厂建设项目的环境影响评价，按照《中华人民共和国放射性污染防治法》的规定，核电厂营运单位应当在申请选址审批、建造许可证和首次装料批准书前，分别编制选址阶段、建造阶段和运行阶段的环境影响报告书。

4　规范性技术要求

4.1　环境影响因素和评价指标

4.1.1　影响因素

在环境状况调查和工程分析的基础上，结合核电厂施工建设期和运行期的特点进行环境影响因素识别。环境影响因素应从辐射、大气、水、声、土壤、生态、电磁等方面进行识别。

4.1.2　评价指标

根据环境影响因素识别结果，结合工程特点，确定核电厂建设项目产生的气、液态流出物和固体废物的放射性特性以及其他污染物的污染因子，再结合区域环境特征，筛选环境要素的评价指标。

4.2　评价标准

4.2.1　辐射环境影响的评价标准

给出辐射环境影响的评价标准，如核电厂运行状态下公众个人的年有效剂量约束值，气载流出物的年排放量控制值，液态流出物的年排放量控制值和排放浓度控制值，环境介质中的核素浓度控制值，以及核电厂事故工况下的公众辐射剂量控制值等。

多堆厂址应考虑本期工程与已有工程之间的关系，说明全厂址的公众年有效剂量约束值及年排放量控制值。

4.2.2　非辐射环境影响的评价标准

给出地方环境保护部门批复（或确认）的非辐射环境影响评价标准，如受纳水体的水质标准（含温升）以及大气、声、电磁等环境质量标准，生产废水和生活污水的排放标准以及大气污染物、厂界噪声等的排放标准。

4.3　评价范围

辐射环境影响评价的范围一般是指以主要的气载流出物排放点或反应堆中心位置点为中心，半径为 80 km 内的区域。

非辐射环境影响评价的范围按照有关环境影响评价技术导则规定的影响评价工作等级确定。

4.4　环境保护措施

按照技术先进、适用、有效的原则，分析论证拟采取措施的技术可行性、经济合理性、长期稳定运行和达标排放的可靠性，满足环境质量与污染物排放总量控制和浓度控制的可行性。

4.5　评价技术要求

4.5.1　选址阶段

选址阶段环境影响报告书，主要通过资料调研、实地调查或实验等手段，获得核电厂厂址所在区域和可能受影响区域的环境特征资料，特别是关于厂址地理位置、周围区域人口分布、土地利用与资源概况、水体利用与资源概况、气象、水文，以及地形地貌等环境资料，并根据参考核电厂（或原型堆）的数据资料，评估核电厂的潜在环境影响。这个阶段评价的重点，是从保护环境的角度，通过分析与厂址所在区域的发展规划、环境保护规划、环境功能区划、生态功能区划、水功能区划和土地利用规划等的相容性，判定所选厂址的适宜性，并对核电厂的工程设计提出环境保护方面的要求。

4.5.2 建造阶段

建造阶段环境影响报告书，主要根据实地调查和实验的手段，获得核电厂厂址所在区域和可能受影响地区的环境特征资料，并根据核电厂的设计资料、气载和液态流出物的设计排放量、放射性固体废物的设计产生量，以及环境保护设施的设计资料，评估核电厂的潜在环境影响。这个阶段评价的重点，是论证核电厂的工程设计能否满足环境保护的要求，从设计上保证环境保护设施得到落实。

4.5.3 运行阶段

运行阶段环境影响报告书，主要根据实地调查和实验的手段，获得核电厂厂址所在区域和可能受影响地区的环境特征资料，并根据核电厂的最终设计，特别是关于环境保护设施（含应急设施）的性能，评估核电厂的潜在环境影响。阐述与环境保护有关的核电厂实际设计资料、环境保护设施的性能以及申请气、液态流出物排放量有关的内容。按照监测技术规范，制定完整详细的流出物监测和环境监测计划。提供核电厂运行前环境调查结果，重点是辐射环境本底（现状）的调查结果。这个阶段的评价重点，是实现气、液态流出物年排放量申请值的优化，检验核电厂建设和环境保护措施是否符合国家和地方的有关规定和要求。

附录 3:（规范性附录）核电厂环境影响报告书的格式和内容

第一章 概 述

A.1.1 建设项目名称和建设性质

说明核电厂的名称与营运单位，以及项目的建设性质。

A.1.2　建设项目的规模和厂址总体规划

说明核电厂的堆型、功率，以及厂址总体规划的装机容量。说明项目建设模式以及各期工程与总体规划之间的相互关系。

A.1.3　建设项目经费和环保设施投资

在选址阶段，说明核电厂建设经费的筹措方式。

在建造阶段和运行阶段，说明核电厂建设经费、环境保护设施经费以及占总经费比例，并列表给出各项环境保护设施建设投资估算。

A.1.4　建设目的

从电力需求、环境效益和其他主要方面，描述建设项目的目的和意义。

A.1.5　建设项目的进度

在选址阶段，说明项目的建设进度计划。

在建造阶段，说明项目的建设进度计划，以及环境保护设施建设进度计划。

在运行阶段，说明项目的建设进度计划，以及环境保护设施完工时间计划。

A.1.6　环境影响报告书编制依据

列出项目所在区域的发展规划、环境保护规划、环境功能区划、生态功能区划、水功能区划和土地利用规划等。

列出环境影响评价所依据的国家和地方主要法规、技术标准和导则，以及相关技术专题论证和研究报告。

列出核电厂营运单位为满足公众健康和环境保护要求，向国家和地方相关部门申请的各种许可文件和其他批准文件，以及协商讨论的情况和意向性文件。一般可不列出文件的全文，但应清楚明确地注明文件的出处以及与环境保护有关的主要结论性意见。

A.1.7　评价标准

A.1.7.1　辐射环境影响的评价标准

给出运行状态下公众个人的年有效剂量约束值、气载流出物的年排放量控制值、液态流出物的年排放量控制值和排放浓度控制值、环境介质中的核素浓度控制值。在运行阶段，还应根据核电厂流出物排放量的优化结果，明确流出物排放量的申请值。

在选址阶段，给出选址假想事故的个人有效剂量和集体有效剂量接受准则；在建造阶段和运行阶段，给出设计基准事故的个人有效剂量接受准则。

多堆厂址应考虑本期工程与已有工程之间的关系，说明全厂址的公众年有效剂量约束值及年排放总量控制值。

A.1.7.2　非辐射环境影响的评价标准

给出地方环境保护部门批复（或确认）的非辐射环境影响评价标准，包括环境质量标准和排放标准，如受纳水体的水质标准（含温升）以及大气、声、电磁等环境质量标准，生产废水和生活污水的排放标准以及大气污染物、厂界噪声等的排放标准。

A.1.8　工程组成

说明项目主体工程以及配套工程或设施的组成。

对于获准已单独开展环境影响评价的配套工程或设施，应列出其环境影响评价的结论性意见和审批文件。

A.1.9　环境保护措施

介绍拟采取的环境保护措施，并按照技术先进、适用、有效的原则，分析论证拟采取措施的技术可行性、经济合理性、长期稳定运行和达标排放的可靠性，满足环境质量与污染物排放总量控制和浓度控制的可行性。

A.1.10　评价范围

辐射环境影响评价的范围指以主要的气载流出物排放点或反应堆中心位置点为中心，半径为 80 km 内的区域。

非辐射环境影响评价的范围按照有关环境影响评价技术导则规定的影响评价工作等级确定。

A.1.11　环境影响报告书批复的落实情况

在建造阶段和运行阶段，说明上一个阶段环境影响报告书批复的落实情况。

第二章　厂址与环境

A.2.1　厂址地理位置

A.2.1.1　厂址位置

描述核电厂厂址所在的地理位置（省、市、县、乡、村）；给出本期工程各反应堆堆址的经纬度或工程坐标；给出厂址周围主要城镇的方位与距离。

给出包含厂址半径 80 km 范围的适当比例的平面图，图上应能清楚标示出核电厂位置、厂址周围主要城镇的位置。

A.2.1.2　厂址边界、非居住区和规划限制区

描述核电厂场地规划与征地情况；说明本期工程征地面积与施工区面积；给出适当比例的厂区平面图，图上应清楚标示出核电厂地产边界或征地红线、本期工程厂址边界、非居住区边界，并说明各边界的大小及其确定依据。若非居住区延伸至水域时，还应对非居住区边界内的水域部分进行必要的说明。

说明规划限制区边界的大小及其确定依据。给出适当比例尺平面图，图上应清楚标示出规划限制区外边界、进厂道路和应急道路。

对于厂区边界内的管辖权和非居住区的有效控制，在选址阶段，列出地方政府对征地、移民安置、非居住区边界等确认的意向性支持文件；在建造阶段和运行阶段，列出地方政府对征地、移民安置、非居住区边界等具有法律效力的正式许可文件，文件中应明确厂区的管辖权。

对于规划限制区的设置与有效管理，在选址阶段，列出省级地方政府有关部门的意向性支持文件；在建造阶段和运行阶段，列出省级地方政府具有法律效力的正式许可文件，文件中应明确规划限制区的规划限制条款。

A.2.2　人口分布与饮食习惯

A.2.2.1　厂址半径 15 km 范围内的人口分布

在选址阶段，厂址半径 5 km 范围内的人口分布情况，通过收集资料或实地走访调查获得；在建造阶段和运行阶段，通过实地走访调查获得。

说明厂址半径 5 km 范围内的人口分布详细情况，包括人口总数、陆域面积平均人口密度、自然村数量和最近自然村的位置与人口数量。在建造阶段，还应说明核电厂搬迁人口迁移进展情况；在运行阶段，还应说明核电厂搬迁人口安置位置所在的子区和安置人口数目等情况。

列表给出厂址半径 5 km 范围内所有自然村的位置与人口数量。给出厂址半径 5 km 范围内适当比例平面图（图中应标示出 64 个子区：径向分别以 1、2、3、5 km 为半径；辐向划分为 16 个方位），图上应清楚标示出所有自然村的位置。

说明厂址半径 5 km 范围内所涉及行政村的暂住人口与流动人口的有关情况，包括暂住人口与流动人口的统计口径、人口性质（经商、旅游、务工等）、暂住人口与流动人口的数量、主要活动位置及季节性变化特点等，并结合当

地发展规划，说明该范围内可能存在的人口机械增长的趋势与状况。

明确厂址半径 5 km 范围内是否存在 1 万人以上的乡镇。

在建造阶段和运行阶段，还应说明厂址半径 5 km 范围内与上一个阶段相比在人口总数、自然村数量、公共设施规模与人口数量等方面的变化情况，并结合当地发展规划与规划限制区的有效管理状况，分析规划限制区范围内的人口机械增长情况与趋势。

说明厂址半径 10 km 范围内的学校、医院、疗养院、敬老院、监狱和企事业单位等公共设施的有关情况，包括这些设施的位置、规模和人口数量，并结合当地发展规划，说明该范围内可能存在的人口机械增长状况。

明确厂址半径 10 km 范围内是否存在 10 万人以上的城镇。

说明厂址半径 15 km 范围内的人口分布状况，包括人口总数、陆域面积平均人口密度、行政村数量、最近行政村与最大行政村位置及人口数量。列表给出厂址半径 15 km 范围内千人以上行政村位置与人口数量。给出厂址半径 15 km 范围适当比例平面图（图中应标示出 48 个子区：径向分别以 5、10、15 km 为半径，辐向划分为 16 个方位），图上应清楚标示出千人以上行政村的位置。

说明厂址半径 15 km 范围所涉及乡镇、街道的暂住人口与流动人口的有关情况，包括暂住人口与流动人口的统计口径、人口性质（经商、旅游、务工等）、暂住与流动人口的数量、主要活动位置及季节性变化特点等，并应结合当地的发展规划，说明该范围内可能存在的人口机械增长的趋势与状况。

A.2.2.2 厂址半径 80 km 范围内的人口分布

说明厂址半径 80 km 范围内人口分布状况，包括人口总数、陆域面积平均人口密度，10 万人以上城镇的数量及最近城镇和最大城镇的位置与人口数量。列表给出厂址半径 80 km 范围内 10 万人以上城镇位置与人口数量。给出厂址半径 80 km 范围适当比例的平面图（图中应标示出 192 个子区：径向分别以 1、2、3、5、10、20、30、40、50、60、70、80 km 为半径，辐向以罗盘方位为扇形区中心线，划分为 16 个方位），图上应清楚标示出 10 万人以上城镇的位置。

说明厂址半径 80 km 范围内未来人口预测的基准年、人口预测模型与人口预测参数，并说明人口预测模型和人口预测参数选取的合理性与保守性。

描述厂址半径 80 km 范围内本期工程首台机组运行第 1 年、首台机组寿期内每隔 10 年的预期人口总数，列表并图示给出上述范围内 192 个子区的预期人口分布情况。

A.2.2.3　居民的年龄构成及饮食习惯和生活习性

厂址半径 5 km 范围内居民的年龄构成及饮食习惯和生活习性，在选址阶段，通过收集资料或实地走访调查获得；在建造阶段和运行阶段，通过实地走访调查获得。

说明厂址半径 5 km 范围内各年龄组的人口数和比例。

说明并列表给出厂址半径 5 km 范围内各年龄组、不同职业居民、可能的关键居民组（应考虑到 5 km 范围外可能涉及的关键居民组）的最大年消费量和人均年消费量，以及来自本子区和其他子区的份额。

说明并列表给出厂址半径 5 km 范围内各年龄组、不同职业居民、可能关键人群组（应考虑到 5 km 范围外可能涉及的关键人群组）的生活习性。

说明厂址半径 80 km 范围内居民的年龄构成。

说明并列表给出厂址半径 80 km 范围内城乡居民、各年龄组的最大年消费量和人均年消费量，以及来自本子区和其他子区的份额（若城市和农村居民上述情况分别大致相同，则可给出他们各自的平均数据）。

说明并列表给出厂址半径 80 km 范围内城乡居民、各年龄组的生活习性。

A.2.3　土地利用及资源概况

A.2.3.1　土地和水体的利用

描述厂址半径 10 km 范围内土地利用和厂址半径 15 km 范围内水体利用的现状及规划情况。对于濒临江、河的厂址，还应说明液态流出物排放口上游 10 km 至下游 80 km 范围内两侧沿岸水体利用的现状及规划情况。对于濒临湖泊或水库的厂址，还应说明湖泊或水库沿岸水体利用的现状及规划情况。

土地利用应说明土地类型，包括耕地、湿地、园地、林地、草地、商服用地、工矿仓储用地、住宅用地、公共管理与公共服务用地、特殊用地、其他土地等。

水体利用应说明地表水和地下水的利用情况。地表水应说明类型、水量、用途、分布以及水环境功能区划，地下水应说明类型、水量、用途、居民取水点的位置、饮水量及人数等。如果地表水为居民生活饮用水源，应说明取水口距厂址的距离及相对位置、饮用水量和居民数量。灌溉水应说明灌溉面积和水量、灌溉方式、灌溉作物的品种及产量等。

说明厂址半径 10 km 范围内陆域和厂址半径 15 km 范围内水域的自然保护区、自然遗迹、人文遗迹、风景名胜区以及湿地等生态敏感区的现状及规划情况。对于濒临江、河的厂址，还应说明液态流出物排放口上游 10 km 至下游 80 km 范围内与受纳水体有关的水生态敏感区的现状及规划情况。对于濒临湖泊或水库的厂址，还应说明与湖泊或水库受纳水体有关的水生态敏感区的现状及规划情况。

说明核电厂工程可能占用土地和水体的面积及类型。

在建造阶段和运行阶段，还应说明评价范围内土地和水体利用现状与上一个阶段相比的变化情况，必要时分析变化原因。

A.2.3.2 陆生资源及生态概况

说明厂址半径 10 km 范围内的陆生资源及陆生生态现状，包括农牧业资源、林业资源和自然资源的开发情况，以及陆生生态系统状况等。

农业生产状况应说明评价区域内粮食、油料、蔬菜（叶类、根茎类、果实类）、瓜果以及饲料作物的生长期、种植面积、单位面积产量和总产量。要说明农产品的贮存期、本地消费量，以及外销的大致去向等。

牧业生产状况应说明评价区域内牧场和饲养场的数量和分布，畜禽饲养方法和饲料消费量、畜禽数量或存栏量、产肉量、产奶量、产蛋量，以及畜禽产品的储存期和本地消费量和外销的大致去向等。

林业资源应说明评价区域内的林地类型、分布、面积、覆盖率和林木蓄积量等。自然资源开发应说明矿藏资源和其他资源的种类、分布、储量与开发情况等。

陆生生态系统状况应说明评价区域内的生态景观、生态系统类型、植被类型、物种多样性、重要生境与重要生物群落、生物种群、关键种、土著种、建群种、特有种、优势种、重要经济物种等情况。重点说明自然保护区、历史古迹、风景名胜区、湿地等生态敏感区和珍稀濒危物种保护状况等。

列表给出厂址半径 10 km 范围内 16 个方位距反应堆最近的种植区、饲养场、自然保护区和珍稀动植物栖息地等。

在建造阶段和运行阶段，还应说明评价范围内陆生资源及陆生生态与上一个阶段相比的变化情况，必要时分析变化原因。

A.2.3.3 水产资源及生态概况

描述厂址半径 15 km 范围内的水产资源及水生生态现状及规划情况。对于濒临江、河的厂址，还应说明液态流出物排放口上游 10 km 至下游 80 km 范围内与受纳水体有关的水产资源及水生生态现状及规划情况。对于濒临湖泊或水库的厂址，还应说明与受纳水体有关的水产资源及水生生态现状及规划情况。

水产资源状况包括捕捞品种、捕捞量和主要经济鱼类；人工养殖场的数量、分布、养殖品种和产量等。说明主要人工养殖区与厂址的相对位置，包括方位和距离。

水生生态状况包括水体的物理化学性质、水体营养状态，以及来自陆地的点源和非点源污染状况；水域中的微生物、浮游植物、浮游动物、底栖生物、潮间带生物、游泳动物、污损生物等的种类、分布与数量，以及生物多样性和遗传多样性等。

描述主要经济鱼类和保护性水生生物的生活习性和活动区，包括栖息地、产卵场、索饵场、越冬场、洄游通道等；说明主要经济鱼类和保护性水生生物活动区、其他自然保护区、风景旅游区等生态敏感目标与厂址的相对位置，包括方位和距离。

在建造阶段和运行阶段，还应说明评价范围内水产资源及水生生态与上一个阶段相比的变化情况，必要时分析变化原因。

A.2.3.4 工业、交通及其他相关设施

描述厂址半径 15 km 范围内的工业、交通及其他相关设施的有关情况，包括这些设施的分布、规模、未来发展状况等，并给出与上述设施相关的外部人为事件安全评价的主要评定结论。

A.2.4 气象

A.2.4.1 区域气候

描述厂址所在区域气候的一般特征，包括天气特征（高压、低压系统以及锋系），一般气流类型，风、温度、湿度和降水特征，以及天气大尺度与当地气象条件的关系。结合厂址周边气象台（站）气象观测资料，给出最近 30 年以上的各气象要素（风、温度、湿度、气压、日照、降水、结冰、云、雾、

雷电等）的统计平均值、极值、年际变化。提供气象台（站）的位置、类型和环境特征，以及观测和记录气象数据的有关情况。

A.2.4.2 设计基准气象参数

描述厂址代表性气象观测台（站）最近 30 年以上记录数据的统计分析结果（常规气象）以及其他相关资料的分析结果（极端气象现象）。

在建造阶段和运行阶段，还应给出设计基准气象参数。

A.2.4.3 当地气象条件

说明中小尺度气候特征与厂址当地气象条件的关系。

在选址阶段，给出至少最近一年逐时的厂址代表性气象观测台（站）或厂址实测气象观测结果；在建造阶段，给出至少最近一年逐时的厂址实测气象观测结果；在运行阶段，给出至少最近两年逐时的厂址实测气象观测结果。提供的气象要素包括温度、露点、湿度的月平均值和极值，风速的平均值和极值、风速和风向随高度、时间的变化特征；降水的月平均值、降水小时数、年降雨量、风玫瑰图、降水风玫瑰图。描述低空风场和温度场的特征。

A.2.4.4 大气稳定度

给出大气稳定度特征，说明所使用的资料来源、稳定度分类方法及适用性。

A.2.4.5 联合频率

给出地面上方 10 m（或气载流出物排放口高度）处不同风向（16 个方位）、风速、稳定度的三维联合频率，以及不同风向（16 个方位）、风速、稳定度和雨况（有雨和无雨）的四维联合频率表，并在表中给出各风速档的平均风速。

A.2.4.6 混合层高度及扩散参数值

给出不稳定和中性稳定度条件下大气混合层高度的值，说明估算混合层高度的方式和资料来源。给出各类大气稳定度下适宜于表征该厂址和周围环境特征的大气扩散参数值，并说明其适用性。

描述核电厂周围地形、水域及其他因素（如逆温、山谷风、海陆风环流、热力内边界层等）可能对大气弥散条件的影响。

在建造阶段和运行阶段，给出为得到放射性物质大气输运和弥散规律所进行的模拟实验或其他大气扩散实验的结果。

A.2.4.7　运行前的厂址气象观测

在选址阶段，描述厂址代表性气象观测台（站）或厂址气象观测系统。说明气象观测场所的环境，并在地形图上标出其位置，说明与拟建核电机组的位置关系。说明气象观测计划，包括观测项目、观测位置和高度、观测所使用的仪器和性能。

在建造阶段和运行阶段，描述厂址气象观测系统。说明气象观测系统的选址依据和观测场所的环境，并在地形图上标出其位置，说明与拟建核电机组的位置关系。说明气象观测计划，包括观测项目、观测位置和高度，观测所使用的仪器和性能，定标和维修程序，数据的联合获取率，数据的输出和记录系统及分析程序。

A.2.5　水文

A.2.5.1　地表水

描述厂址半径 15 km 范围内地表水体的类型和基本特征，包括江、河、湖、海、水库等自然水体和人工水体，说明其水系分布、汇水区域，以及水体与厂址的相对位置。详细描述与核电厂生活、生产用水和排水有相互关系的水体。

描述厂址水文观测站、厂址周边或者上、下游水文参证站等的基本情况，包括位置、观测要素、观测时间，以及相关关系和代表性等。描述其他针对厂址开展的水下地形观测和水文观测等情况。

（1）对于濒临江、河的厂址，应描述流域及支流的基本概况；丰水期、平水期和枯水期的划分；水体的水深、流量、水温分层情况及水流状况；岸线（滩槽）特征、水下地形、沿岸水体的功能区划和利用情况等。描述厂址上下游观测站资料情况，厂址上下游水利工程基本特征以及调度运行情况。提供受纳水体下列水文参数的平均值和极值：水位、流量、流速、流向、水温、河宽、水深、水力坡度、糙率系数、含沙量和悬移质组成及颗粒级配、床沙组成及颗粒级配、输沙量等，这些参数应能够反映受纳水体不同水文条件下的水体特征。

（2）对于濒临湖泊或水库的厂址，应描述受纳水体的基本概况；丰水期、平水期和枯水期的划分；湖泊或水库的面积和形状；入湖、库和出湖、库的水量及变化情况；湖泊或水库的水深、水温分层情况及水流状况；水库的调度与运行方式、水位变化特征；岸线（滩槽）特征和水下地形；沿岸水体的功能区划和利用情况等。提供受纳水体下列水文参数的平均值和极值：面积、水位、流量、流速流向及分布、水深、糙率系数、水温、含沙量和悬移质组成及颗粒级配、床沙组成及颗粒级配等，这些参数应能够反映受纳水体不同水文条件下的水体特征。

（3）对于濒临海洋或河口的厂址，应描述工程海域或河口的基本情况；潮汐性质及类型，潮差和涨、落潮历时；潮流、余流性质及类型；水温分层情况；波浪特征；岸线特征、水下地形与冲淤现状；沿岸水体的功能区划和利用情况等。提供受纳水体下列水文参数的平均值和极值：潮位、海流（包括潮流和余流）、流速和流向及其持续时间、水温、盐度、波浪、糙率系数、含沙量和悬移质组成及颗粒级配、床沙组成及颗粒级配等，这些参数应能够反映受纳水体不同水文条件下的水体特征。

在选址阶段，应给出各水文要素、水动力条件、河势演变情况及趋势等的初步分析；在建造阶段和运行阶段，应给出各水文要素、水动力条件及河势演变情况及趋势等的定量评价。

A.2.5.2 地下水

选址阶段要求：

描述厂址半径 5 km 范围内的地下水基本特征，包括地下水类型、水量、水位、地下水径流、补给与排泄途径以及水文地质单元的有关情况。

描述厂址半径 5 km 范围内地下水的弥散特征，包括不同水文地质单元间的水力联系、水力坡度、地下水的流向和流速、含水层的孔隙度、隔水层的特性与分布等。

图示并说明厂址周围半径 5 km 范围内地下水的使用情况，并应说明地下水体与生活、生产等用水的相互关系。

定性分析由于厂区场地平整造成的地下水基本特征的可能变化。

建造阶段和运行阶段要求：

描述厂址半径 5 km 范围内的水文地质条件，包括包气带岩性、构造和厚度；含水层的岩性组成、厚度、渗透系数和富水程度；隔水层的岩性组成、厚度、渗透系数；地下水类型、地下水补给、径流和排泄条件；地下水的水位、水质、水量、水温等。

描述厂址半径 5 km 范围内地下水的弥散特征，包括包气带降水入渗量、有效孔隙度、密度、吸附系数；不同含水层之间的水力联系，含水层的水力坡度、渗透系数、有效孔隙度、密度、吸附系数；隔水层的特性与分布以及地下水物理、化学特性等。

提供水文地质要素图，包括水文地质柱状图、地下水等水位线图和地下水水化学图等，标注并说明地下水流向、含水层的位置、厚度、岩性、渗透性、隔水层的位置、岩性和厚度等水文地质信息。

图示并说明厂址半径 5 km 范围内地下水利用情况，包括集中式工农业生产用水、生活饮用水取水点位置、取水量、取水层位；民用水井位置、井口标高、水位埋深、井深。并应说明地下水体与生活、生产等用水的相互关系。

在建造阶段，还应评价核电厂建造施工活动所造成的地下水基本特征的可能变化；在运行阶段，还应预测核电厂运行对地下水的可能影响以及地下水动态变化规律。

A.2.5.3　洪水

描述可能对核电厂产生影响的洪水特征，以及设计基准洪水初步评定的主要结论性意见。

A.2.6　地形地貌

描述厂址半径 5 km 范围内地形地貌，给出适当比例的地形地貌图，并在图上标示出核岛位置。

在建造和运行阶段，还应描述核电厂厂坪开挖或基坑负挖情况及其他人工地貌。

第三章　环境质量现状

A.3.1　辐射环境质量现状

A.3.1.1　辐射环境本底（现状）调查

在选址阶段和建造阶段，开展至少一个季度的辐射环境本底（现状）初步调查。调查环境 γ 辐射水平和主要环境介质（空气、地表水、地下水、受纳水体、土壤、底泥等）中的放射性核素活度浓度。

在运行阶段，对于厂址首台机组，开展至少最近两年的辐射环境本底调查；对于同一厂址后续建造的机组，开展至少最近一年的辐射环境现状调查。

调查环境γ辐射水平和环境介质（空气、地表水、地下水、受纳水体、土壤、底泥和生物等）中的放射性核素活度浓度。

说明辐射环境本底（现状）的调查方案，包括调查范围、调查内容及布点原则，给出监测、取样布点图（或航测路线图）。列表说明样品类型、取样量、取样位置和频次。列表说明样品的分析核素、分析方法和标准、分析仪器、分析样品量及最小探测限。

描述调查区域内已存在的核设施、核技术利用、铀（钍）矿和伴生放射性矿的开发利用等情况。

说明环境γ辐射空气吸收剂量率；列表给出γ辐射空气吸收剂量率、累积剂量的测量值和标准差；给出环境γ辐射水平的分布。说明环境介质中核素的放射性水平；列表给出环境介质中核素的活度浓度的测量值和标准差；给出环境土壤中天然放射性核素的分布。

描述辐射环境本底（现状）调查的质量保证的相关内容。说明调查方案、样品的采集、处理和分析测量以及数据处理全过程的质量控制措施；说明调查单位的资质、人员资格、组织管理、实验室比对等质量管理情况。

A.3.1.2　辐射环境质量评价

根据辐射环境本底（现状）调查结果，评价厂址所在区域的辐射环境质量现状，给出结论性评价意见。

对于同一厂址后续建造的机组，分析已运行机组近年来的流出物监测和环境监测数据，并结合厂址辐射环境现状水平，分析辐射环境质量变化趋势。

A.3.2　非辐射环境质量现状

A.3.2.1　大气环境质量现状调查与评价

说明厂址半径5 km范围内的环境空气保护目标、调查季节的气象条件（主导风向、平均风速）及大气污染源情况。

说明环境空气质量调查的监测时间、监测范围、监测项目及监测布点原则和监测布点图。列表说明监测方法和检出限，采样位置及其环境特征和气象条件（地面风向、风速），监测因子和采样频率。

列表给出监测点监测因子的质量浓度统计分析结果，说明并列表给出最大质量浓度值占相应标准质量浓度限值的百分比和超标率。

说明环境空气保护目标、进场道路和应急道路沿线、施工场地等的环境空气质量。如果调查区域内已有其他大气污染源，收集其大气环境现状监测资料。

描述质量保证的相关内容。

描述厂址半径 5 km 范围内的环境空气质量现状，分析存在的环境问题。

A.3.2.2　声环境质量现状调查与评价

说明厂址半径 5 km 范围内的声环境敏感目标、地形地貌特征及噪声源情况。

说明声环境质量调查的监测时间、监测范围、监测布点原则和监测布点图。列表说明监测点的位置及其环境特征、气象条件（地面风向、风速）、监测因子和采样时间。

列表给出各监测点昼间、夜间的噪声级，图示给出调查区域内的声环境功能区划以及敏感目标的分布情况。

说明声环境敏感目标、进场道路和应急道路沿线、施工场地及场（或厂）界的声环境质量以及占相应标准限值的百分比。如果调查区域内已有其他噪声源，收集其声环境现状监测资料。

说明质量保证的相关内容。

描述厂址半径 5 km 范围内不同类别的声环境功能区昼间、夜间的声环境质量现状，分析存在的环境问题。

A.3.2.3　受纳水体环境质量现状调查与评价

说明厂址半径 15 km 范围内的环境保护目标、环境功能区划（或水环境保护目标）、地形岸线规模特征及水体污染源。对于濒临江、河厂址，说明核电厂总排放口上游 10 km 至下游 80 km 范围内的环境保护目标。

说明受纳水体环境质量的调查时间、调查范围、调查内容及监测布点原则和监测布点图。图示给出水域环境功能区划、陆源排污口和取样点位。对于采用一次循环冷却方式的厂址，还应说明水温的监测方案。

说明水环境保护目标、环境功能区的水质以及占相应标准限值的百分比。对于调查区域内其他水体污染源，收集其水体环境现状监测资料。

说明质量保证的相关内容。

说明评价范围内不同类别的水环境功能区的水质现状，分析存在的环境问题。

A.3.2.4　电磁环境现状调查与评价

说明厂址区域的敏感目标和环境特征，以及其他电磁场设施（设备）情况。

说明电磁环境调查的监测范围、监测内容、监测时间、监测布点原则。图示给出敏感点、场内输电线路廊道、开关站和变电站站址和监测点位等。列表说明电磁环境监测点的位置和环境特征、监测因子和评价标准。

说明并列表给出电磁环境质量现状的监测结果。如果调查区域内已有其他电磁场设施（设备），收集其电磁环境现状监测资料。

说明质量保证的相关内容。

说明厂址区域的电磁环境现状，分析存在的环境问题。

第四章　核电厂

A.4.1　厂区规划及平面布置

A.4.1.1　厂区规划

简要给出厂区布置的设计原则，说明核电厂不同功能区的规划及布置。

A.4.1.2　厂区平面布置

给出厂区总体规划图和平面布置图。标明各类构（建）筑物，特别是反应堆、流出物排放点、取水口和排水口、冷却塔、固体废物暂存库等重要设施的位置。

从环境保护角度，说明利用现有的地形和植被条件布置各类设施的合理性。给出本厂址规划的绿地用地率。

A.4.1.3　排放口布置

说明核电厂（包括核岛、常规岛、放射性废物厂房等）流出物排放口的布置情况。

在建造阶段和运行阶段，还应说明其他非放射性物质（如生活污水、雨水等）排放口的布置情况。

说明排放口设置的合理性。

A.4.2　反应堆和蒸汽-电力系统

A.4.2.1　概述

给出核电厂的反应堆和发电机组数及单机容量、热效率、年燃料消耗量等主要参数，简要给出核电厂安全设计概况。在建造阶段和运行阶段，还应给出反应堆-蒸汽发生器系统流程图。

A.4.2.2　核岛

给出核岛厂房布置示意图。给出堆芯部件（主要为燃料组件）及其相关部件的简要说明。在建造阶段和运行阶段，还应给出堆本体剖视简图。

给出主冷却系统和核辅助系统功能的简要说明。在建造阶段和运行阶段，还应给出主冷却系统和核辅助系统流程简图。

A.4.2.3　常规岛

给出蒸汽-电力转换系统功能说明，简要说明汽轮机和凝汽器的特性。在建造阶段和运行阶段，还应给出蒸汽-电力转换系统流程简图。

A.4.3　核电厂用水和散热系统

A.4.3.1　核电厂用水

说明用水的来源及其流量随季节变化的情况。

说明核电厂的用水系统，描述核电厂各种运行工况下日最大和平均用水量及耗水指标。

在建造阶段和运行阶段，还应给出核电厂用水系统的性能参数和流程图；给出核电厂工业用淡水的平衡图，并分析工业用水（包括间接冷却水、设备冷却水和工艺用水等）的重复利用率。

A.4.3.2　核电厂散热系统

说明核电厂取排水系统和循环水冷却系统，及其相关系统的组成，并给出系统流程图。

A.4.4　输电系统

描述输电系统，包括接入系统、启备电源系统、开关站和升压站等。

在建造阶段和运行阶段，还应给出输电系统的主要设计参数（如架线类型、架设高度、相序、线间距、导线结构、额定工况等）。

A.4.5　专设安全设施

结合核电厂设计特点，描述与事故后果分析相关的专设安全设施的系统设计和性能。

A.4.6　放射性废物管理系统和源项

A.4.6.1　放射性源项

给出堆芯燃料中总裂变产物放射性活度的假设条件、计算模式和参数及结果。

给出一、二回路冷却剂中放射性核素（包括 ^{3}H 和 ^{14}C）活度浓度的假设条件、计算模式和参数及结果。

A.4.6.2　放射性废液管理系统及排放源项

描述放射性废液处理系统，包括收集、处理、贮存和排放含有放射性物质液体的各子系统。说明在运行状态下，系统控制、收集、输送、贮存和处理放射性废液的能力，并提供系统工艺流程及监测仪表简图。

描述放射性废液的来源和处理方式，提供核电厂放射性废液的产生、迁移和排放的衡算简图。

列表给出放射性废液的种类、性质、流量、去污因子和滞留时间。给出液态流出物的排放情况（包括排放点、排放方式、核素种类、排放量的设计值和预期值）、计算模式和参数。

A.4.6.3　放射性废气管理系统及排放源项

描述放射性废气管理系统，包括收集、处理、贮存和排放含有放射性物质气体/微粒的各子系统。

说明在运行状态下，系统控制、收集、输送、贮存和处理放射性废气、微粒的能力，并提供系统工艺流程及监测仪表简图。

描述放射性废气的来源和处理方式，提供核电厂放射性废气的产生、迁移和排出的衡算简图。

列表给出放射性废气的种类、性质、流量、去污因子和滞留时间。给出气载流出物的排放情况（包括排放高度、温度和排气速率、理化形态、排放量的设计值和预期值）、计算模式和参数。

A.4.6.4　放射性固体废物管理系统及废物量

描述放射性固体废物管理系统，包括收集、暂存、整备和临时贮存固体放射性废物的各子系统/厂房。说明核电厂在运行状态下，放射性固体废物处理系统的收集、整备（含固化）及暂存能力。

提供系统收集、整备、贮存和运输的工艺及监测仪表简图。

描述固体废物的来源及处理方法。列表给出各种固体废物的种类、产生量的设计值和预期值；整备后最终产生量的设计值和预期值；放射性废物（如废树脂、废过滤器芯和浓缩液等）整备前后的活度水平。

在选址阶段和建造阶段，给出放射性固体废物最小化的考虑；在运行阶段，描述放射性固体废物最小化的具体措施，给出放射性固体废物最小化的管理目标值。

对一址多堆的核电厂，还应描述固体废物的统一管理。

描述放射性固体废物最终处置的初步方案。

A.4.6.5　乏燃料贮存系统

描述乏燃料贮存系统。说明乏燃料暂存设施的贮存容量和贮存方式。分析核电厂运行及换料时，乏燃料贮存系统中放射性核素的活度浓度及从乏燃料释放的气载放射性核素的释放量。给出乏燃料贮存系统的冷却净化系统和通风系统的工艺流程图。

A.4.7　非放射性废物处理系统

A.4.7.1　化学污染物

描述核电厂运行过程中随冷却水或其他排放水释放到环境中的化学物质的排放情况，包括回收、利用和处理等措施。提供包含化学物质使用及排放的工艺流程简图。列表给出主要化学物质的名称、性质、用途、年使用量（包括平均使用量和最大使用量）、排放浓度、排放方式、排放去向、年排放总量及达标排放等情况。

A.4.7.2　生活废物

描述核电厂运行期间生活废物的种类、来源、收集、处理及处置。说明生活污水的产生量、处理工艺及达标排放等情况。

A.4.7.3　其他废物

描述核电厂运行期间其他废物的种类、来源、收集、处理及处置（排放）等情况。固体废物（包括危险废物和一般工业废物等）需说明其产生量、处理及处置等情况。

列表给出其他废物的种类、性质、产生量、产生浓度、消减量（处理量）、排放量、排放浓度、排放方式、排放去向及达标排放等情况。

A.4.8　放射性物质厂内运输

描述运进和运出核电厂的放射性物质的运输方案或方式，包括种类、总重量、数量、活度浓度、年总活度、包装方式和年发运次数等基本情况。

第五章 核电厂施工建设过程的环境影响

A.5.1 土地利用

说明核电厂施工建设对土地利用的影响，包括建筑材料供应区（如砂石料厂）的开辟、临时和永久道路的建造、土石方的开挖与回填、建（构）筑物的建造等陆域施工活动所产生的影响。

说明核电厂施工建设占用土地的情况，说明核电厂及相关设施的使用面积及占用土地的类型，并说明哪些是永久性占地、哪些是临时占地。说明该建设项目的土地利用是否满足国家和地方土地利用计划和政策，是否存在冲突，以及如何解决该冲突。

描述陆域施工活动对自然环境的影响，包括对地形地貌、水土流失、生态、大气环境、声环境、水环境等可能造成的影响，以及产生的固体废弃物对环境的影响。

描述陆域施工活动对社会环境的影响，包括对厂区周围历史古迹、考古场地、风景名胜和居民生产、生活等可能造成的影响。

A.5.2 水的利用

说明核电厂建造施工活动对该区域内水体环境和水资源利用的影响，包括修筑围堰和暴雨地沟、疏浚作业、向水中填土、取直或挖深水道、修建护坡或码头、修建水库、修建取排水构筑物等水工设施对厂址周边水体环境和水资源利用的影响。

说明上述活动对航运、防洪堤坝、景观等的影响。说明上述活动产生的污染物排放量和排放方式以及占用生物生境情况，分析对水环境和生态的影响。

说明核电厂建设期间的供水水源并分析对周围水用户的影响，说明水资源利用的合理性。

A.5.3 施工影响控制

提供核电厂施工建设过程的监控计划。应依据建造计划和具体施工方案，有针对性地提出具有可操作性的环境管理措施和详细的监测计划。

描述为减少或防止核电厂施工建设过程中不利影响所采取的措施。这些不利影响包括噪声、尘土、侵蚀、洪水泛滥、水位变化、河道堵塞、交通道路的破坏等。描述应包括水土保持方案、景观修复计划、节水措施，以及保护天然河道、湖泊、野生生物资源和文物古迹等所采取的措施。

描述核电厂施工建设期间生产和生活废物的产生量、种类、来源、收集、处理及处置。说明生产废水和生活污水的产生量、处理工艺及达标排放等情况。

在建造阶段和运行阶段，还应说明核电厂施工建设过程减少或防止不利影响所采取的措施的有效性，并说明应采取的补救措施。

第六章　核电厂运行的环境影响

A.6.1　散热系统的环境影响

A.6.1.1　散热系统方案

选址阶段要求：

开展核电厂散热系统的循环冷却方式的比选与论证。

描述确定散热系统循环冷却方式（一次循环冷却方式、二次循环冷却方式）的原则，比选的主要指标和评估方法。

说明比选论证时散热系统工程的布置方案，并给出工程的设计参数。从环境影响的角度，如受纳水体的扩散条件、大气扩散条件，以及与环境容量、生态保护、水域环境功能区划、水体功能区划相符性等，论证拟采取的循环冷却方式的合理性和可行性。

详细描述推荐循环冷却方式的初步方案和可减缓不利影响的替代方案。

建造阶段要求：

开展核电厂散热系统工程方案的优化论证。

描述散热系统（循环冷却水的取排水工程或二次循环冷却系统）的工程方案。给出散热系统的工程方案总平面布置图，以及工程的设计参数，包括工程的取排水量及温排水的温升，以及二次循环冷却系统的相关性能参数。

运行阶段要求：

散热系统的方案和设计参数的确认。

描述散热系统的工程方案。

提供散热系统的工程方案总平面布置图，以及工程的设计参数，包括工程的取排水量及温排水的温升，以及二次循环冷却系统的相关性能参数。

A.6.1.2 散热系统对水体的物理影响

A.6.1.2.1 散热系统设施对水体的物理影响

描述取排水构筑物与设施。分析取排水构筑物与设施、取排水系统运行所致的物理影响，包括对水体岸线侵蚀、底部冲刷、混浊、泥沙淤积和热分层模式的改变，以及工程附近水体的水动力条件的变化。

A.6.1.2.2 温排水对水体的物理影响

描述温排水对受纳水体温升影响的预测方法及其模式与参数。

描述温排水引起受纳水体的温升分布，包括温升随时间（不同季节、不同潮期）、空间（水平、垂向）的变化、温排水混合区的形状与面积。以图表形式给出最大温升、平均温升等温升线及其包络范围，及温排水混合区范围。

如果厂址附近区域内已有其他热污染源（包括同一厂址已运行机组），说明与已有其他热污染源可能产生的叠加影响。收集其水温监测资料，并对预测结果进行适当修正。

说明温排水所致受纳水体的温升与水体环境功能区划、海洋功能区划的相容性。

说明为减少温排水物理影响所采取的措施。

A.6.1.3 取排水系统对水体水生生物的影响

A.6.1.3.1 取排水工程对水生生物的影响

描述取水系统的组成。描述取水流量与流速、流场分布。

分析取水系统对水生生物的截留、撞击和夹带，以及取排水工程等对浮游生物、游泳动物、底栖生物的影响，评价所造成的影响程度。

说明降低或减少不利影响所采取的工程措施。

A.6.1.3.2 温排水对水生生物的影响

从温排水导致受纳水体温升及水温稳定性改变的角度，分析温排水对水生生物以及生态系统的影响。

分析对浮游生物、游泳动物、底栖生物、潮间带生物等的影响，评价所造成的影响程度。

描述厂址附近水产养殖现状，分析温排水对厂址附近水产养殖的影响。

说明减少对水生生物不利影响的计划和措施。

A.6.1.4　散热系统对声环境的影响

适用于采取冷却塔散热系统。

描述散热系统及其相关设施的噪声源（声源种类、数量、空间位置、噪声级、频率特性、发声持续时间和对敏感目标的作用时间段等），并在标有比例尺的图中标识固定声源的具体位置。给出敏感目标（或声环境功能区）的预测值，给出厂界的噪声最大值及位置。

针对噪声影响的最大预测值，根据项目所在区域的环境特征，提出噪声防治措施，明确防治措施的最终降噪效果和达标分析，以满足厂界和厂界外敏感目标（或声环境功能区）的环境噪声排放要求。

A.6.1.5　散热系统对大气环境的影响

适用于采取二次循环冷却方式的散热系统。

夹带在冷却水中的废热在散热装置内与空气进行热交换，传输给空气并散入大气。分析可能引起的局地气象现象（如下雾、结冰、降水变化、温度改变）等。分析局地气象现象对附近土壤、建筑物，以及公路、机场安全等的影响。

说明烟羽与大气中其他流出物混合而可能产生协同作用的影响。

A.6.2　正常运行的辐射影响

A.6.2.1　流出物排放源项

说明核电厂正常运行状态下气、液态途径环境释放采用的流出物排放源项，包括排放量、核素组成、排放方式及其他参数。

对于同一厂址后续建造的机组，还应说明该厂址已有机组采用的流出物排放源项，包括排放量、核素组成、排放方式及其他参数。

估算环境介质中的放射性核素浓度、公众的最大个人剂量和非人类生物的辐射剂量时，在选址阶段和建造阶段，采用流出物排放源项设计值；在运行阶段，采用流出物排放源项的申请值。

分析关键人群组、关键核素、关键照射途径时，采用流出物排放源项预期值。

A.6.2.2　照射途径

A.6.2.2.1　气载途径

从气载流出物排放源项开始，给出输送过程、输送介质、环境利用因子、照射方式，最终到人的照射途径示意图和文字描述。

描述气载流出物对公众的照射途径，至少应考虑的途径有：空气浸没外照射，地面沉积物外照射，吸入空气内照射，食入作物（蔬菜、粮食、水果等）和动物产品（肉、奶等）的内照射。

A.6.2.2.2　液态途径

从液态流出物排放源项开始，给出输送过程、输送介质、环境利用因子、照射方式，最终到人的照射途径示意图和文字描述。

描述液态流出物对公众的照射途径，至少应考虑的途径有：饮用水的内照射，食入水生生物的内照射，食入用水灌溉的作物（蔬菜、粮食、水果等）的内照射，食入与液态排放有关的动物产品（肉、奶等）的内照射，岸边沉积物外照射，水浸没外照射（包括水上活动外照射）。

A.6.2.2.3　其他途径

确定厂址周围区域是否存在可能达到或超过上述途径的个人有效剂量10%的其他照射途径。当存在这样的途径时，必须加以考虑并进行描述。

A.6.2.3　计算模式与参数

描述用于估算大气弥散因子和水体稀释因子、环境介质中放射性核素浓度，以及个人有效剂量和集体有效剂量的模式、假设和有关参数。如模式中考虑了放射性核素的沉积和积累等效应，其相应的模式也应加以说明。

给出公众位置、人口分布、食物生产加工以及消费等与受照途径相关的数据。

在选址阶段，模式参数可使用缺省值，但应说明其适用性。

在建造阶段和运行阶段，模式参数应尽量使用厂址特定的参数。使用缺省值时，应说明其适用性。

A.6.2.4　大气弥散和水体稀释

给出各子区不同类别核素（如惰性气体、碘和粒子态核素）的年均大气弥散因子和年均相对干、湿沉积因子。

给出受纳水体中各子区的水体稀释因子。

A.6.2.5　环境介质中的放射性核素浓度

给出空气中主要核素年均放射性活度浓度的最大值及子区位置。

给出受纳水体中主要核素年均放射性核素浓度的最大值及子区位置，如为间歇性排放，应估算峰值浓度和年平均浓度。

对于同一厂址后续建造的机组，还应给出厂址所有机组所致的环境介质中的放射性核素浓度。

A.6.2.6　公众的最大个人剂量

给出气、液态途径各年龄组的公众最大个人剂量。

对于同一厂址后续建造的机组，还应给出厂址所有机组所致的公众最大个人剂量。

A.6.2.7　非人类生物的辐射剂量

结合厂址环境条件，确定具有代表性的指示生物。

描述非人类生物辐射剂量学分析方法以及评价模式和参数，并估算对非人类生物的辐射剂量。

对于同一厂址后续建造的机组，还应给出厂址所有机组对非人类生物的辐射剂量。

A.6.2.8　关键人群组、关键核素、关键照射途径

给出气、液态途径的各子区内、各年龄组的个人有效剂量。在子区中最大个人有效剂量出现位置处，给出气、液态途径中各核素、各照射途径对各年龄组所致的个人有效剂量及其贡献份额。

给出气、液态途径各核素通过各种照射途径所致的集体有效剂量及其贡献份额。

确定关键人群组、关键核素和关键照射途径，说明关键人群组的位置、人数和主要特征（如年龄、职业等）。

对于同一厂址后续建造的机组，还应给出厂址所有机组的关键人群组、关键核素和关键照射途径。

A.6.2.9　辐射影响评价

给出流出物的排放量和排放浓度的概括性分析和评价。

给出流出物排放对公众和非人类生物所致辐射影响的概括性分析和评价。

A.6.3　其他环境影响

A.6.3.1　化学污染物的环境影响

说明核电厂工艺系统中化学污染物（如化学物质、生物杀伤剂等）的产

生与排放过程。

描述用于估算污染物在环境中浓度的模式、假设及其参数。说明这些模式、假设和参数的适用性。

估算化学污染物在环境中的浓度增量分布、最大浓度及其出现的地点，并与环境背景值、国家环境质量标准比较，评价化学污染物排放对环境的影响。

A.6.3.2　其他污染物的环境影响

说明核电厂生产废水和生活污水的产生、处理与排放过程，并估算其对环境的影响。

说明固体废弃物对环境的影响

说明厂界噪声和电磁等对环境的影响。

A.6.4　初步退役计划（仅适用于建造阶段和运行阶段）

在建造阶段，需要将设施设计、建造、运行和退役作为一个整体，对将来核电厂的退役加以考虑，说明初步的退役计划。初步退役计划应包括环境本底辐射水平或辐射环境水平现状（包括建筑材料中的天然放射性水平）调查、退役策略、退役技术研究、废物管理措施、退役经费安排、知识管理、记录保存等多方面的内容。

在运行阶段，按照最终设计和实际建造情况，对初步退役计划进行更新。

第七章　核电厂事故的环境影响和环境风险

A.7.1　核电厂放射性事故和后果评价

在选址阶段，对核电厂选址假想事故的放射性后果进行分析和评价，以论证厂址非居住区边界和规划限制区边界的适宜性。

在建造阶段和运行阶段，对核电厂设计基准事故的放射性后果进行分析和评价，以论证电厂专设安全设施设计性能的有效性。如果反应堆堆芯向环境释放的源项或非居住区边界与选址阶段发生变化时，应对非居住区大小的适宜性进行复核与说明。

A.7.1.1　事故描述和事故源项

A.7.1.1.1　事故描述

在选址阶段，描述核电厂选址假想事故。

在建造阶段和运行阶段，根据对核电厂安全特性、专设安全设施功能及裂变产物行为的分析，确定潜在的初始事故谱及其发生的频率，划分事故工况并确定要进行事故评价的设计基准事故，并对评价的设计基准事故进行描述，其内容包括事故的起因、事故的过程和事故的后果，以及采取的工程安全措施。

A.7.1.1.2　事故源项

描述计算事故释放源项所用的假设、参数、方法及其依据，并列表给出事故源项，包括核素名称、理化形态、释放的时间特征，以及释放的数量。

A.7.1.2　事故后果计算

A.7.1.2.1　事故大气弥散条件

描述计算大气弥散因子的方法、模式和参数及其适用性。提供事故工况下在不同时间间隔、不同方位上非居住区边界和规划限制区边界的大气弥散因子。

在选址阶段，大气弥散因子计算应采用安全评价中的下述方法：

（1）若厂址气象观测资料（至少一个整年的逐时气象数据）可用时，事故后果分析选择全厂址 95%概率水平和各方位 99.5%概率水平中较大的大气弥散因子。

（2）若厂址气象观测资料不可用时，可假定保守的气象条件计算大气弥散因子。

在建造阶段和运行阶段，大气弥散因子的计算应利用厂址气象观测资料（在建造阶段，采用最近一年的逐时气象数据；在运行阶段，采用最近两年的逐时气象数据），选择全厂址 95%概率水平和各方位 99.5%概率水平中较大的大气弥散因子（保守值）以及全厂址 50%概率水平的大气弥散因子（现实值）两组大气弥散因子进行后果评价。

A.7.1.2.2　事故剂量

描述计算事故剂量采用的模式、参数及其依据，并说明计算模式的适用性。

在选址阶段，选址假想事故向环境的释放主要考虑烟云浸没外照射和空气吸入内照射两个途径，并计算给出在不同时间间隔、不同方位上非居住区边界和规划限制区外边界的个人有效剂量，以及厂址 80 km 范围内的集体有效剂量。

在建造阶段和运行阶段，设计基准事故向环境的释放主要考虑烟云浸没外照射、空气吸入内照射和地面沉积外照射三个途径，并计算给出各种设计基准事故在不同时间间隔、不同方位上非居住区边界和规划限制区外边界所致的个人有效剂量和甲状腺当量剂量。

A.7.1.3　事故后果评价

在选址阶段，将选址假想事故剂量的计算结果与核电厂的环境辐射防护标准进行比较，明确非居住区边界和规划限制区边界的形状和大小，说明该厂址设置非居住区和规划限制区的可行性。

在建造阶段和运行阶段，将设计基准事故剂量的计算结果与核电厂的环境辐射防护标准进行比较，说明该厂址设置非居住区和规划限制区的适宜性。

A.7.2　严重事故（仅适应于建造阶段和运行阶段）

A.7.2.1　事故描述

描述严重事故序列、堆芯损伤、严重事故进展、安全壳响应和释放类别。

基于严重事故的概率风险分析，列表给出事故释放序列、堆芯损伤频率、事故释放源项（包括核素名称、释放的时间特征、理化形态、释放比例和释放的数量）。

A.7.2.2　事故后果

描述用于严重事故环境后果评价所采用的模式、参数及其依据。

严重事故向环境释放的照射途径主要考虑烟云浸没外照射、地面沉积外照射、空气吸入内照射，及污染食物和水的摄入内照射。

结合事故后果评价大气弥散因子的概率水平，给出选定的严重事故分别在事故后的两天、一周、一月和一年内不同距离超越指定有效剂量的概率。

A.7.2.3　严重事故预防和缓解方案

描述严重事故预防和缓解方案，包括防止实际的堆芯损伤或者在发生实际的堆芯损伤时限制安全壳释放，以及防止放射性废液的产生或者限制其环境释放，以减少严重事故放射性风险所采取的应急措施。

基于放射性废液的滞留和包容等工程措施性能，确定可能的事故释放景象和环境释放途径，分析环境事故后果。

A.7.3　场内运输事故

描述放射性物质在厂内运输可能发生的事故（包括运进核电厂的新燃料运输事故、从核电厂运出的乏燃料运输事故，以及固体废物运输事故等）。

A.7.4　其他事故

根据核电厂建设和运行期间的实际情况，对易燃易爆化学品的爆炸、火灾、危险化学品泄漏等事故，以及可能发生的其他事故后果和环境影响进行分析和评价。

A.7.5　事故应急

在选址阶段，应描述执行应急计划的初步可行性，说明不存在妨碍区域人群隐蔽、撤离以及应急时所需外部资源进出的不利厂址条件，应考虑如下与厂址相关的重要因素：

——区域人口密度和分布；

——厂址距 1 万人以上的乡镇和 10 万人以上的城镇的距离；

——难以撤离或隐蔽的特殊人群，例如医院或监狱中的人群；

——特殊的地形特征，如岛、山和河流等；

——当地运输和交通网络特征；

——可能存在潜在危险的工业设施；

——对于可能的放射性核素释放敏感的农业活动；

——可能同时发生的外部事件，如灾难性外部事件或可预见的自然现象（如雾或雪）。

在建造阶段，应描述应急组织，工程设计上所涉及的应急设施、设备，应急可能涉及的范围和组织安排等内容。

在运行阶段，应描述应急计划的主要结论性内容，主要涉及环境和公众因素等方面。

第八章　流出物监测与环境监测

A.8.1　辐射监测

A.8.1.1　流出物监测

选址阶段要求：

提出流出物监测的设想。

建造阶段要求：

详细描述气、液态流出物监测系统的设计，包括在线连续监测系统的监测通道设置、监测项目、探测器类型、量程；取样监测系统的监测项目、分析核素的种类、分析测量方法及设计的最小可探测限。

给出标有监测点和取样点的平面示意图。说明流出物监测取样代表性及冗余性。

说明为配合地方环保部门监督性监测工作所做的考虑。

运行阶段要求：

描述气、液态流出物监测系统，并说明在建造阶段的设计基础上所做的修改和补充。

描述监测大纲，包括在线连续监测项目、探测器类型、标定核素、量程和报警阈值；取样监测的监测项目、取样方法和频度、样品的制备方法、分析的核素种类、分析测量方法及实际的最小可探测限。

给出监测及排放控制的流程图。

描述流出物排放量的统计方法。

说明为配合地方环保部门监督性监测工作所做的安排。

A.8.1.2 辐射环境监测

选址阶段要求：

提出运行期间辐射环境监测的设想。

建造阶段要求：

描述运行期间辐射环境监测的初步方案，包括监测范围、布点原则、监测项目。

对于同一厂址后续建造的机组，还需描述对厂址现有机组监测方案针对性调整的考虑。

运行阶段要求：

详细描述运行期间环境监测方案，说明监测范围、布点原则。列表给出监测项目、监测点位、监测频度、对照点位置，并提供各监测项目的布点图。

描述针对关键居民组、关键核素和关键照射途径的监测内容。

列表给出分析项目的测量分析方法、实测的最小可探测限。

对于同一厂址后续建造的机组，还需描述环境监测方案在前期监测方案基础上所做的调整，以及运行后监测大纲定期优化计划。

A.8.1.3　应急监测

在选址阶段，提出应急监测的设想。

在建造阶段，描述应急监测的初步方案以及仪器设备配备方案。

在运行阶段，详细描述应急监测方案，以及仪器设备及其他资源的配备情况。

A.8.2　其他监测

A.8.2.1　热影响监测

选址阶段要求：

提出运行前和运行期间热影响监测的设想。

建造阶段要求：

描述运行前热影响监测的初步方案。

运行阶段要求：

描述运行期间热影响监测方案和实施计划。

监测方案应包括监测方式、布点、监测仪器、监测频率、取样时间、持续时间、数据分析程序等。

A.8.2.2　化学污染物和生活污水监测

在选址阶段，提出化学污染物和生活污水监测的设想。

在建设阶段，描述化学污染物和生活污水监测的初步方案。

在运行阶段，详细描述化学污染物和生活污水监测方案，说明布点原则，列表给出取样地点和频度、监测分析项目、分析方法，并给出布点图。

A.8.2.3　气象观测（仅适用于建造阶段和运行阶段）

简要说明气象观测系统的选址依据和观测场所的环境，并在地形图上标出其位置，说明与拟建核电机组的位置关系。详细说明现场气象观测计划，包括观测项目、观测位置和高度。描述厂址气象观测系统所使用的仪器和性能、定标和维修程序、数据的联合获取率、数据的输出和记录系统及分析程序。

A.8.2.4　水文观测（仅适用于建造阶段和运行阶段）

在建造阶段，描述运行期间水文观测的初步方案，应包括受纳水体水文要素和水下地形观测，以及厂址区域地下水观测。

在运行阶段，描述运行期间水文观测计划，应包括受纳水体水文要素和水下地形观测，以及厂址区域地下水观测。简述运行期间水文观测站的位置、观测内容、观测方法和观测频率。

A.8.2.5 生态监测（仅适用于运行阶段）

描述运行期间受纳水体生态监测方案，包括重要物种、生物群落的分布，及其栖息地的监测。

监测方案应包括监测的要素和参数的列表，包括每一要素的行动或报告水平。

给出观测点、取样的类型、取样的频度和持续时间，以及取样的原理、取样目的和取样设备。大纲中还应包括样品分析程序、数据分析和报告程序。

运行期间生态监测应可提供充足的数据来确定热排放等对生态环境的影响。如果厂址附近存在可能受影响的特殊或重要生态敏感区，描述其详细的监测计划及实施时间表。

A.8.2.6 噪声监测（仅适用于运行阶段）

描述运行期间厂界噪声和冷却塔噪声监测方案，列表给出监测地点、监测频度和监测方法，并给出布点图。

A.8.2.7 电磁环境监测（仅适用于运行阶段）

描述运行期间电磁环境监测方案，列表给出监测点、监测频度、监测方法，并给出布点图。

A.8.3 监测设施

A.8.3.1 流出物实验室

选址阶段要求：

提出流出物监测实验室建设的设想。

建造阶段要求：

描述流出物监测实验室的设计方案（面积、功能设置等）、仪器设备配置方案（数量、性能参数等），分析设计监测能力是否满足流出物监测的需求。

描述流出物监测实验室建设及设备采购、安装和调试的进度计划。

描述监督性流出物监测设施。

运行阶段要求：

描述流出物监测实验室的面积、功能设置、设备配置的数量、性能参数。

描述流出物监测实验室建设、安装和调试的完成情况。

描述监督性流出物监测设施。

A.8.3.2　环境监测设施

选址阶段要求：

提出环境监测设施建设的设想。

建造阶段要求：

描述环境实验室的拟建位置。

分析环境监测需求，给出环境实验室的设计方案（面积、功能设置等）、仪器设备配置方案（数量、性能参数等），给出环境实验室建设及设备采购、安装进度计划。

分析移动监测需求。给出环境监测车的配置以及车载仪器设备的配置方案，给出环境监测车的配置以及车载仪器设备采购、安装进度计划；描述其他移动监测设备的配置方案。

描述厂区内、外辐射与气象监测系统的初步配置方案，给出连续监测子站位置图，列表给出厂区内、外连续监测子站的位置（包括位置名称、方位、距离），描述选定站点位置的理由，描述各站设备配置数量及性能等情况，给出厂区内、外连续监测系统建设及设备采购、安装进度计划。

描述地下水监测井的设置方案。

描述监督性监测设施建设方案，给出监督性监测设施建设及设备采购、安装进度计划。

运行阶段要求：

描述环境实验室的位置、面积、功能设置、仪器设备配置数量及性能等的实际情况。

描述环境监测车的配置以及车载仪器设备的配置的实际情况；描述其他移动监测设备的配置情况。

列表给出厂区内、外连续监测站的位置，给出分布图（距离和方位），描述各站设备配置数量及性能等情况。

描述地下水监测井的设置情况。

描述监督性监测设施。

A.8.4 质量保证

选址阶段要求：

提出质量保证的设想。

建造阶段要求：

描述质量保证的初步方案。

运行阶段要求：

详细描述质量保证体系，包括管理组织、人员资格和培训，以及异常结果识别和处理的质量管理制度等。给出流出物监测和环境监测质量保证体系图及质量保证文件的目录。

详细描述运行期间的环境监测、流出物监测、应急监测和非放监测的质量保证计划。描述从方案制订、布点、样品采集、处理、分析测量、数据处理、结果评价到完成报告的全过程的质量控制措施，描述内部和外部的质保措施，提供实验室间的比对情况。

第九章 公众参与

A.9.1 公众参与概况

A.9.1.1 公众参与方案

选址阶段要求：

描述公众参与工作目标、公众参与方案的内容、制定该方案的一些基本考虑以及方案的执行情况等。

公众参与方案应明确公众参与过程的相关细节，具体包括确定公众参与对象的原则和标准，参与对象的选取方式、地域、数量分布，拟征求意见的事项及其确定依据。列出与核电厂建设和运行存在相关利益或承担环境风险的单位和社区组织，以及其他关心核电建设的有关组织，并适当介绍该区域内公众个体的情况，说明公众意见调查的广泛性与代表性。

建造阶段和运行阶段要求：

仅需说明与上一个阶段相比公众参与方案的变化情况。

A.9.1.2 信息公告

说明信息公告发布的次数、时间和形式，环境影响报告书全本公开的方式、征求意见期限等。

以附件的形式列出信息公告的内容。

信息公告和环境影响报告书应采用便于公众获得的方式进行发布。

A.9.1.3　公众意见调查

说明公众意见调查的内容和方法，调查内容主要包括与厂址适宜性相关的问题。调查方法主要包括问卷调查和座谈会等，必要时考虑听证会。以附件的形式列出各种方式公众意见调查的记录性材料。

在选址阶段，调查内容侧重与厂址适宜性相关的问题。

在建造阶段和运行阶段，侧重环境保护设施在设计上的落实和征地移民安置情况等相关的问题。

A.9.1.4　公众沟通

说明核电厂为使公众更好地了解项目所开展的公众沟通活动，包括公众沟通的形式、过程、效果等。

A.9.2　公众意见的分析和评述

公众意见包括公众意见调查和公众沟通等活动中公众所表达的意见和建议。

描述公众意见的收集与分析处理情况，按照公众参与方案把收集的公众意见与建议完整地归纳整理出来，并以图表的形式给出。应包括对公众意见是否采纳的说明，不采纳应给出不采纳的理由。

列出公众意见调查主体对象及其基本情况。

对所有公众意见，分别按“有关单位、专家、公众”进行归类与统计分析，并在归类分析的基础上进行综合评述，公众指受核电厂建设和运行影响的公众，包括利益相关者。

A.9.3　专家咨询和公众意见信息反馈

说明意见和建议的落实和反馈的情况。

给出核电厂环境影响评价公众参与的相关附件，应包括公众代表名单（含单位名称、个人姓名、性别、年龄、文化程度、职业、联系方式、受影响类别等信息）、发布的公告、全文公示截图、宣传资料、开展活动的现场图片、信函等的复印件、调查问卷样本、会议纪要、听证会笔录、引用文献资料及其他必要文件资料等。

第十章　厂址比选（仅适用于新厂址的选址阶段）

A.10.1　选址过程

针对至少两个候选厂址，简述厂址选择过程及选址遵循的基本原则，特别要说明选址过程中对核电厂与环境相容性的考虑、选址过程的阶段划分，并提供选址阶段相关主管部门的审查意见。

A.10.2　候选厂址评价与比选

说明对候选厂址评价所依据的规范标准以及调查评价工作的有关情况。描述候选厂址的建厂条件和环境特征。

列表对候选厂址特征进行比较，比较内容至少应包括人口分布、交通、土地和水体利用、自然环境、大气扩散、水体扩散、工程水文、工程地质和地震等。

通过各候选厂址的比较，说明各候选厂址的有利、不利条件及其适宜性，根据本期工程初步可行性研究报告的有关结论，提出推荐厂址。

A.10.3　推荐厂址评价

说明对推荐厂址进行评价的基本结论以及可能存在的不利条件和重要环境问题，并说明拟采取的措施及其可行性与法规依据。

第十一章　利益代价分析

A.11.1　利益分析

A.11.1.1　运行带来的直接利益

通过计算提供产品所产生的直接经济利益，定量说明核电厂运行所产生的经济效益。分析的指标包括上网售电、供热等产生的工业产值，上缴国家和地方的税金等。

A.11.1.2　建设和运行带来的间接利益

主要分析核电厂建设和运行产生的社会效益以及环境效益。

社会效益主要对当地金融、交通、教育、文化等相关产业的发展、技术进步、就业改善、地域发展潜力增加、当地道路或其他设施的建立和改进、能源结构的优化等方面的影响进行论述。环境效益主要论述与燃煤发电设施相比二氧化硫、二氧化碳、烟尘等污染物排放减少所带来的效益。

A.11.2　代价分析

A.11.2.1　直接代价

主要分析预测核电厂建设项目环境保护的费用，包括建设期用于环境保护的基本建设投入和运行期用于环境保护管理、治理、生态恢复、环境修复和环保设施运行的费用。建设期的环保投资包括环保设施投资和绿化投资两部分，其中环保设施投资包括废物处理处置系统、流出物监测和环境监测系统、环境整治、施工期环保投入等，明确此部分投资占项目总投资费用的比例。运行期的环保费用包括乏燃料处理处置基金、中低放废物处理处置费、退役基金等。

A.11.2.2　间接代价

主要定性分析核电厂建设项目可能的间接影响所产生的代价。如在周边规划限制区内，对开发项目或活动受规划限制条件制约所产生的影响；由于流出物排放和温排水可能引起的长期生态问题；对局地气候的影响；淡水供应的负担；局地周边交通的阻塞等。影响的外部代价（如生产率丧失、野生动物栖息地的丧失）。为缓解不利影响而采用的所有替代方案的代价。

第十二章　结论与承诺

A.12.1　核电厂建设项目

用结论性语言简述核电厂建设项目的建设地点、规模、安全性和可接受性。

A.12.2　环境保护设施

对核电厂环境保护设施（包括三废治理设施，以及流出物监测设施和环境监测设施等）的设置及性能，给出结论性的评价意见。

A.12.3　放射性排放

对核电厂放射性排放是否符合国家相关法规标准的结论性评价意见。

A.12.4　辐射环境影响评价结论

对照国家的有关标准和规定，给出核电厂正常运行状态和事故工况下对公众的辐射影响的结论性评价意见。

给出核电厂运行对环境影响的关键居民组、关键核素和关键照射途径。

对核电厂正常运行状态下对非人类生物的辐射影响，给出结论性的评价意见。

说明事故工况下厂址的适宜性和执行应急计划的可行性。

A.12.5 非辐射环境影响评价结论

对照国家和地方环境保护标准，给出核电厂除辐射外的有害因素对环境质量影响的结论性评价意见。

A.12.6 公众参与和调查结论

说明采用的公众参与方式，以及公众意见与调查的反馈情况，给出公众对建设项目的结论性评价意见。

A.12.7 承诺

说明在环境保护方面存在的不足，以及拟采取的改进措施和计划。

参考文献

［1］建设项目环境影响评价分类管理名录（2021 年版）［EB/OL］.［2020-11-30］. http://www.mee.gov.cn/ xxgk2018/xxgk/xxgk02/202012/t20201202_811053.html.

［2］IAEA.Standard Format and Content for Safety Related Decommissioning Documents：IAEA SRS No.45［R］. VIENNA：International Atomic Energy Agency，2005.

［3］IAEA. Safety Assessment for Decommissioning：IAEA SRS No.77［R］. VIENNA：International Atomic Energy Agency，2013.

［4］上海微堆退役报告（环境影响报告书）［R］. 北京：核工业第二研究设计院，2007.

［5］上海跃龙化工厂退役治理工程环境影响报告书［R］. 北京：中国原子能科学研究院，2009.

［6］某研究堆第一阶段退役环境影响报告书目录［R］. 北京：中国原子能科学研究院，2020.

第5章 质量保证文件

5.1 核设施退役的质量特性

核设施退役是一个多阶段的过程，大体可以分为四个阶段：退役计划制订阶段、施工设计和技术准备阶段、退役施工阶段和完工验收阶段。核设施退役的质量管理根据目前得到普遍认可的广义质量定义的内涵，有如下几个方面。

安全性：是核设施退役最主要的质量特性。安全性内涵很广。从对象上分既指工作人员的职业安全，又指公众安全和环境安全；从时间概念上来分，既考虑当代的安全，又考虑未来的安全；从安全的性质来分既考虑辐射安全和核安全，又包括常规工业安全。总而言之，没有核设施退役的安全性，也就没有核设施退役的质量。

经济性：包括核设施退役作业的经济和人力资源的投入，又包括退役作业产生的放射性废物处理和处置费用。

社会性：核设施退役作业过程中，作业人员不可避免地会受到辐射照射；在当今的经济和技术条件下核设施退役不可能使污染场址恢复到原来的天然水平，必然会有一定量的放射性污染物和其他有害物质残留在原来的场址；核设施退役过程中必然会有一部分放射性物质释放到环境中；除了放射性自然衰变以外，核设施退役过程并不能消除放射性，只能是以一种更安全的方式来保存放射性物质，使其释放到环境的方式、量和速度是可以接受的；另外，退役作业中还会产生大量的清洁解控物料，可重新流入社会再循环使用。因此，无论是退役作业人员，清洁解控物料使用人员，还是原场址的放射性和其他有害物质残留水平、退役作业放射性物质向环境释放水平、最终的退役废物处置方式涉及的相关人群，均会承受一定的心理压力。当然，如果为了尽量减少人员的心理负担而过度地使用社会资源也会引起其他社会团体的不满。

政治性：因国家政策、法规、经济和技术的差异，核设施退役质量要求不尽相同，在一定的政治场合可将差异用于攻击对方社会和政治制度的手段。

核设施退役的质量特性就是核设施退役的安全性、经济性、社会性和政治性的高度综合，不同特性是相互影响的。核设施退役良好质量是在一定的社会经济、技术和政治条件下综合考虑其特性后的最优化结果。

5.2 退役质量相关的法规标准

5.2.1 《中华人民共和国核安全法》

《中华人民共和国核安全法》第十七条规定：核设施营运单位和为其提供设备、工程以及服务等的单位应当建立并实施质量保证体系，有效保证设备、工程和服务等的质量，确保设备的性能满足核安全标准的要求，工程和服务等满足核安全相关要求。

［释义］

质量保证体系指为使物项或服务与规定的质量要求相符合并提供足够的置信度所必需的一系列有计划的系统化的活动。通过有效管理达到质量要求，其途径包括对要完成的任务做透彻的分析、确定所要求的技能、选择和培训合适的人员、使用适当的设备和程序、创造良好的开展工作的环境、明确承担任务者的个人责任等。核设施质量保证应于选址、设计、建造、制造、调试、运行、退役等各个阶段。

5.2.2　核电厂质量保证安全规定及配套文件

1991 年，国家核安全局发布了《核电厂质量保证安全规定》（HAF003），该规定对陆上固定式热中子反应堆核电厂的质量保证提出了必须满足的基本要求。该规定提出的质量保证原则，除适用于核电厂外，也适用于其他核设施。为了保证核电厂的安全，必须制定和有效地实施核电厂质量保证总大纲和每一项工作（例如厂址选择、设计、制造、建造、调试、运行和退役）的质量保证分大纲。

该规定对核电厂的厂址选择、设计、制造、建造、调试、运行和退役期间的质量保证大纲的制定和实施提出了原则和目标。该原则和目标适用于对安全重要物项和服务的质量具有影响的各种工作，例如设计、采购、加工、制造、装卸、运输、贮存、清洗、土建施工、安装、试验、调试、运行、检查、维护、修理、换料、改进和退役。

该规定共包括十三章，具体章节如下：

第一章　引言

1.1　概述

1.2　范围

1.3　责任

第二章　质量保证大纲

2.1　概述

2.2　程序、细则及图纸

2.3　管理部门审查

第三章　组织

3.1　责任、权限和联络

3.2　单位间的工作接口

3.3　人员配备与培训

第四章　文件控制

4.1　文件的编制、审核和批准

4.2　文件的发布和分布

4.3　文件变更的控制

第五章　设计控制
5.1　概述
5.2　设计接口的控制
5.3　设计控制
5.4　设计的变更
第六章　采购控制
6.1　概述
6.2　对供方的评价和选择
6.3　对所购物项和服务的控制
第七章　物项控制
7.1　材料、零件和部件的标识和控制
7.2　装卸、贮存和运输
7.3　维护
第八章　工艺过程控制
第九章　检查和试验控制
9.1　检查大纲
9.2　试验大纲
9.3　测量和试验设备的标定和控制
9.4　检查、试验和运行状态的显示
第十章　对不符合项的控制
第十一章　纠正措施
第十二章　记录
12.1　质量保证记录的编写
12.2　质量保证记录的收集、贮存和保管
第十三章　监查
13.1　概述
13.2　监查的计划安排

名词解释

该规定的附录Ⅰ 核电厂质量保证安全导则目录，具体如下：

HAD003/01　核电厂质量保证大纲的制定

HAD003/04　核电厂质量保证记录制度

HAD003/03　核电厂物项和服务采购中的质量保证

HAD003/07　核电厂建造期间的质量保证

HAD003/09　核电厂调试和运行期间的质量保证

HAD003/06　核电厂设计中的质量保证

HAD003/02　核电厂质量保证组织

HAD003/08　核电厂物项制造中的质量保证

HAD003/05　核电厂质量保证监查

HAD003/10　核燃料组件采购、设计和制造中的质量保证

2020 年 12 月，生态环境部核电安全监管司发布了《核电厂质量保证大纲的格式和内容（试行）》（核电函〔2020〕31 号）技术文件，主要是为了指导和规范核电厂营运单位在建造和运行阶段项目质量保证大纲的编制工作。该技术文件适用于压水堆核电厂，其他类型核动力厂也可参考。

该文件依据《核电厂质量保证安全规定》（HAF003）以及 HAD003 系列导则编制，吸收了国内核电厂质量保证活动及相关审评监督的良好实践经验，参考了美国核管会标准审查大纲（SRP）17.1、17.3 及 17.5 章节，美国机械工程师协会（ASME）的《核设施质量保证大纲要求》（NQA-1）以及国际原子能机构（IAEA）的《核电厂和其他核设施安全的质量保证安全丛书》（50-C/SG-Q）。

该技术文件共包括十四章，其前十三章与《核电厂质量保证安全规定》（HAF003）一致，增加了第十四章“防造假机制/制度”。

该技术文件的具体内容详见附录 1。

5.2.3 《国防科技工业军用核设施质量保证规定》

2005 年，为规范国防科技工业军用核设施质量保证工作，保障军用核设施的安全，国防科学技术工业委员会根据《国防科技工业军用核设施安全监督管理规定》，制定《国防科技工业军用核设施质量保证规定》（科工法〔2005〕311 号）。

该规定共七章五十八条，具体章节如下：

第一章　总则
第二章　质量保证体系的建立
第一节　质量保证组织机构及其职责
第二节　质量保证人员的选择和培训
第三节　质量保证文件构成
第三章　质量控制的实施
第一节　文件控制
第二节　设计控制
第三节　采购控制
第四节　物项控制
第五节　工装和测试器具控制
第六节　场地与环境控制
第七节　过程控制
第八节　检验、测量和试验控制
第九节　不符合项控制
第十节　记录和报告制度
第四章　验证
第一节　质量控制监督
第二节　质量保证监查
第五章　持续改进
第一节　纠正预防措施
第二节　质量趋势分析和质量保证趋势分析
第三节　内部审查
第六章　法律责任
第七章　附则

该规定的具体内容详见附录 2。

5.2.4 《核设施退役质量保证要求》

2015 年，我国实施了核行业标准《核设施退役质量保证要求》（EJ/T

20049—2015），该标准主要参考了国际原子能机构 SS-50-SG-Q14《核电厂及其他核设施质量保证安全规定及导则》的导则 14“退役的质量保证要求”，以及 ASME NQA-1-2004 中有关退役中质量保证检查的要求。同时，借鉴了国外核设施退役质量保证工作的经验、资料，适当考虑了我国核设施退役工程实践的实际情况。

该标准规定了民用核设施退役策划管理过程和退役活动实施过程的质量保证基本要求。其适用于民用核设施营运单位及退役实施组织关于退役的质量保证大纲的建立和实施。也适用于退役时对安全质量有重要影响的活动，如设计、试验、拆除、辐射防护及放射性废物管理等。其他核设施相关活动可参照执行。

该标准包括六章及五个附录，具体章节目录如下：

1　范围

2　规范性引用文件

3　术语和定义

4　管理要求

4.1　质量保证大纲

4.2　分级

4.3　组织

4.4　接口

4.5　由运行向退役的移交

4.6　培训和考核

4.7　退役策略

4.8　退役计划

4.9　文件控制和记录

4.10　不符合（项）控制与纠正措施

4.11　安全保卫

4.12　工业

4.13　防火

4.14　应急计划与准备

4.15 人因
5 实施
5.1 部门负责人和任务负责人
5.2 工作策划与控制
5.3 交接班
5.4 退役工作包的安全评价
5.5 设计、采购和建造
5.6 验证
5.7 现场管理与保洁
5.8 监视和测量设备
5.9 标识与标牌
5.10 设备状态与控制
5.11 燃料卸出
5.12 放射性废物
5.13 退役相关系统和设备的维护
5.14 辐射安全
5.15 环境监测
5.16 退役反馈信息的审查
5.17 搬运、贮存和保管
5.18 退役工程总结报告
6 评定
6.1 管理者自我评审定
6.2 独立评定
附录 A（资料性附录）需要制定程序的核设施退役活动
附录 B（资料性附录）用于从运行到退役阶段的组织机构图
附录 C（资料性附录）运营单位实施退役的组织机构
附录 D（资料性附录）专业退役组织参与完成核设施退役时的组织机构
附录 E（资料性附录）核设施退役各阶段质量保证检查要点

5.2.5 《生产堆退役质量保证》

1994 年，我国发布了核行业标准《生产堆退役质量保证》（EJ/T 876—1994），该标准规定了生产堆退役质量保证工作必须满足的基本要求。其适用于生产堆退役质量保证大纲的制定和实施，也适用于生产堆退役时安全重要活动的质量有影响的各项工作，例如，设计、试验、去污、拆除、辐射防护及放射性废物管理等。

该标准分为五部分，具体章节目录如下：

1　主要内容与适用范围
2　引用标准
3　术语
4　一般要求
4.1　总论
4.2　质量保证大纲
4.3　组织机构
4.4　文件管理
4.5　不符合项及纠正措施的管理
4.6　质量保证记录
4.7　质量保证监查
5　详细要求
5.1　设计控制
5.2　采购控制
5.3　物项控制
5.4　退役作业控制
5.4.1　计划和准备
5.4.2　退役的分级和管理
5.4.3　去污
5.4.4　辐射防护
5.4.5　保安制度
5.4.6　检查和试验控制

5.5　检查和试验控制

5.3　编制实践

5.3.1　某可燃毒物棒生产线退役质量保证大纲

2020 年，我国某研究院可燃毒物棒生产线申请退役，按照国家相关规定，该项目编制了质量保证大纲（B 版 2020 年 12 月）。

该大纲共包括十六章，三个附录，具体章节目录及附录如下：

1. 引言

1.1　概述

1.2　范围

1.3　责任

2. 质量保证大纲

2.1　概述

2.2　程序、细则及图纸

2.3　管理部门审查（内部审查）

2.4　大纲的制定与管理

2.5　本章适用的管理程序

3. 组织

3.1　组织

3.2　职责

3.2.1　院长

3.2.2　院主管领导

3.2.3　科技处

3.2.4　技质处

3.2.5　安防处

3.2.6　四所长长

3.2.7　主管副所长

3.2.8　技术负责人
3.2.9　科技办
3.2.10　研建办
3.2.11　技质科
3.2.12　安防科
3.2.13　所办
3.2.14　物业部
3.2.15　分析化学研究室
3.2.16　材料化学与工艺研究室
3.2.17　陶瓷材料研究室
3.2.18　一所
3.2.19　分包单位
3.3　接口
3.3.1　外部接口
3.3.2　内部接口
3.4　人员的选择与培训
3.5　本章适用的管理程序
4. 文件控制
4.1　概述
4.2　文件的编制、审核和批准
4.3　文件的发布和分发
4.4　文件的变更控制
4.5　受控文件的标识、复制、废止与处置、保存和归档
4.6　外来文件的管理
4.7　本章适用的管理程序
5. 设计控制
5.1　要求
5.2　设计输入控制
5.3　设计输出
5.4　设计验证

5.5 设计修改和变更
5.6 设计接口控制
5.7 本章适用的管理程序
6. 采购控制
6.1 概述
6.2 对供方的评价和选择
6.3 采购计划
6.4 采购文件
6.5 对所购物项和服务的控制
6.6 物项和服务的验收
6.6.1 通过检查和确认合格证书
6.6.2 通过收货检查
6.6.3 源地验证
6.6.4 服务的验收
6.7 本章适用的管理程序
7. 物项控制
7.1 概述
7.2 物项的识别
7.3 物项的包装、装卸和运输
7.4 物项的贮存、维护和发放
7.5 本章适用的管理程序
8. 工艺和测试器具控制
8.1 控制要求
8.2 本章适用的管理程序
9. 场地和环境控制
9.1 控制要求
9.2 本章适用的管理程序
10. 过程控制
10.1 概述
10.2 基本要求

10.3　质量控制点设置及见证要求
10.4　程序和工作细则
10.5　培训和人员资格
10.6　本章适用的管理程序
11. 检验、测量和试验控制
11.1　概述
11.2　检验、测量控制
11.3　本章适用的管理程序
12. 不符合项控制
12.1　概述
12.2　不符合项的识别和标识
12.3　不符合项的分类
12.4　不符合项的报告
12.5　不符合项的审查
12.6　不符合项的处置和验证
12.7　本章适用的管理程序
13. 纠正和预防措施
13.1　概述
13.2　纠正（预防）措施要求
13.3　纠正（预防）措施计划制定和实施
13.4　纠正（预防）措施验证
13.5　本章适用的管理程序
14. 质量趋势分析和质量保证趋势分析
14.1　要求
14.2　趋势分析内容及频度
14.3　本章适用的管理程序
15. 记录
15.1　概述
15.2　记录的分类

15.3　记录的收集、保管

15.4　本章适用的管理程序

16. 监查和监督

16.1　概述

16.2　质量保证监查

16.3　质量控制监督

16.4　本章适用的管理程序

附录 A：某可燃毒物棒生产线退役职责分配表。

附录 B：控制大纲依据的法规及导则。

1.《中华人民共和国环境保护法》（中华人民共和国主席令第 9 号，2014）；

2. 《中华人民共和国安全生产法》（中华人民共和国主席令第 13 号，2014）；

3.《中华人民共和国放射性污染防治法》（中华人民共和国主席令第 6 号，2013）；

4.《中华人民共和国核安全法》（中华人民共和国主席令第 73 号，2017）；

5.《中华人民共和国消防法》（中华人民共和国主席令第 6 号，2008）；

6.《国防科技工业军用核设施质量保证规定》（科工法〔2005〕311 号）；

7.《放射性废物的分类》环境保护部　工业和信息化部　国家国防科技工业局公告　2017 第 65 号）；

8. GB 6067—2010　起重机械安全规程；

9. GB 11806—2019　放射性物品运输安全规程；

10. GB 11928—1989　低、中水平放射性固体废物暂时贮存规定；

11. GB 11930—1989　操作开放型放射性物质的辐射防护规定；

12. GB 11271—1991　低、中水平放射性固体废物包装安全标准；

13. GB 13367—1992　辐射源和实践；

14. GB 14500—2002　放射性废物管理规定；

15. GB 18871—2002　电离防护与辐射源安全基本标准；

16. GB/T 19597—2004　核设施退役安全要求。

附录 C：大纲程序

5.3.2　某重水研究堆退役质量保证大纲

2020 年 12 月，我国某研究院为有效地贯彻质量方针，实现质量目标，依据《核电厂质量保证安全规定》及其相关导则的要求，该院在现行质量、环境和职业健康安全管理体系的基础上，依据院《质量手册》《环境和职业健康安全管理手册》等相关文件规定，组织制订并实施《某重水研究堆退役质量保证大纲》（A 版），以建立健全组织体系，明确各部门和各类人员的职责；制订必要的程序和细则；以确保影响退役实施质量的各项活动都由合格的人员、按照有效的程序和使用合适的设备去完成，同时进行必要的验证，证实各项工作满足了规定的质量要求。

该大纲共包括十三章，两个附录，具体章节目录及附录如下：

1　引言

1.1　概述

1.2　范围

1.3　责任

2　质量保证大纲

2.1　概述

2.2　程度、细则及图纸

2.3　管理部门审查

3　组织

3.1　概述

3.2　职责与权限

3.2.1　院长

3.2.2　主管项目院领导

3.2.3　主管技术院领导

3.2.4　其他院领导

3.2.5　综合计划处

3.2.6　质量管理处

3.2.7　安防环保处

3.2.8　保卫处

3.2.9　院其他职能处室
3.2.10　退役治理工程技术中心
3.2.10.1　中心主任
3.2.10.2　中心其他领导
3.2.10.3　计划管理办公室
3.2.10.4　安全质量办公室
3.2.10.5　综合管理办公室
3.2.10.6　反应堆退役部
3.2.10.6.1　室主任
3.2.10.6.2　室副主任
3.2.10.6.3　计划合同组
3.2.10.6.4　技术管理组
3.2.10.6.5　采购供应组
3.2.10.6.6　现场管理组
3.2.10.6.7　运行维护组
3.2.10.6.8　辐射防护组
3.2.10.6.9　综合管理组
3.2.10.6.10　安全质量组
3.2.10.7　供方
3.3　单位间的工作接口
3.3.1　内部接口
3.3.2　外部接口
3.4　人员配备与培训
4　文件控制
4.1　概述
4.2　文件的编制、审核和批准
4.3　文件的发布和分发
4.4　文件更改的控制
5　设计控制
5.1　概述

5.2　设计输入的控制
5.3　设计接口的控制
5.4　设计验证
5.5　设计输出
5.6　设计变更
6　采购控制
6.1　概述
6.2　采购文件的编制和审查
6.3　对供方的评价和选择
6.4　对所购物项和服务的控制
7　物项控制
7.1　概述
7.2　材料、零件和部件的标识和控制
7.3　装卸、贮存和运输
7.4　维护
8　工艺过程控制
9　检查和试验控制
9.1　概述
9.2　检查大纲
9.3　试验大纲
9.4　测量和试验设备标定
9.5　检查和试验状态的显示
10　不符合项控制
10.1　概述
10.2　不符合项的分类
10.3　对不符合项的审查和处理
10.3.1　供方源地发现的不符合项的报告、审查和处理
10.3.2　在收货检查或安装后试验验收中发现的不符合项的报告、审查和处理
10.3.3　现场施工中发现的由于其他责任单位的有关活动造成的不符合项的报告、审查和处理

11 纠正措施

12 记录

12.1 概述

12.2 记录的编写

12.3 记录的分类、收集、贮存和保管

13 监查

13.1 概述

13.2 监查的计划安排

附录 A 质量保证大纲程度目录

序号	文件编号	文件名称
1	Q/ZYY・ZSDTY・20101	《物项质量保证分级及要求》
2	Q/ZYY・QMSC0023	《管理部门审查程序（内部审查程序）》
3	Q/ZYY・QMSC0001	《各部门各类人员的质量职责》
4	Q/ZYY・ZSDTY・30201	《接口管理》
5	Q/ZYY・MSTC0006	《人力资源控制程序》
6	Q/ZYY・MSTC0001	《管理体系文件编写规定》
7	Q/ZYY・MSTC0002	《管理体系文件控制程序》
8	Q/ZYY・MSTC0003	《技术文件控制程序》
9	Q/ZYY・ZSDTY・40101	《文件控制》
10	Q/ZYY・ZSDTY・50101	《设计控制》
11	Q/ZYY・QMSC0014	《采购控制程序》
12	Q/ZYY・MSTG・TYZX03	《退役治理工程技术中心采购质量控制程序》
13	Q/ZYY・MSTG・TYZX04	《退役治理工程技术中心合同管理程序》
14	Q/ZYY・ZSDTY・60101	《重水研究堆退役采购管理程序》
15	Q/ZYY・ZSDTY・60102	《重水研究堆退役合同管理程序》
16	Q/ZYY・QMSC0015	《供方选择和评价程序》
17	Q/ZYY・QMSG0005	《标识和可追溯性控制程序》。
18	Q/ZYY・MSTC0009	《监视和测量设备控制程序》
19	Q/ZYY・QMSG0013	《监视和测量设备标识管理程序》
20	Q/ZYY・ZSDTY・10101	《重水研究堆退役不符合项管理规程》
21	Q/ZYY・MSTC0008	《纠正措施控制程序》
22	Q/ZYY・MSTC0004	《记录控制程序》
23	Q/ZYY・QMSC0022	《质量保证监查程序》

附录 B　某重水研究堆退役组织机构图

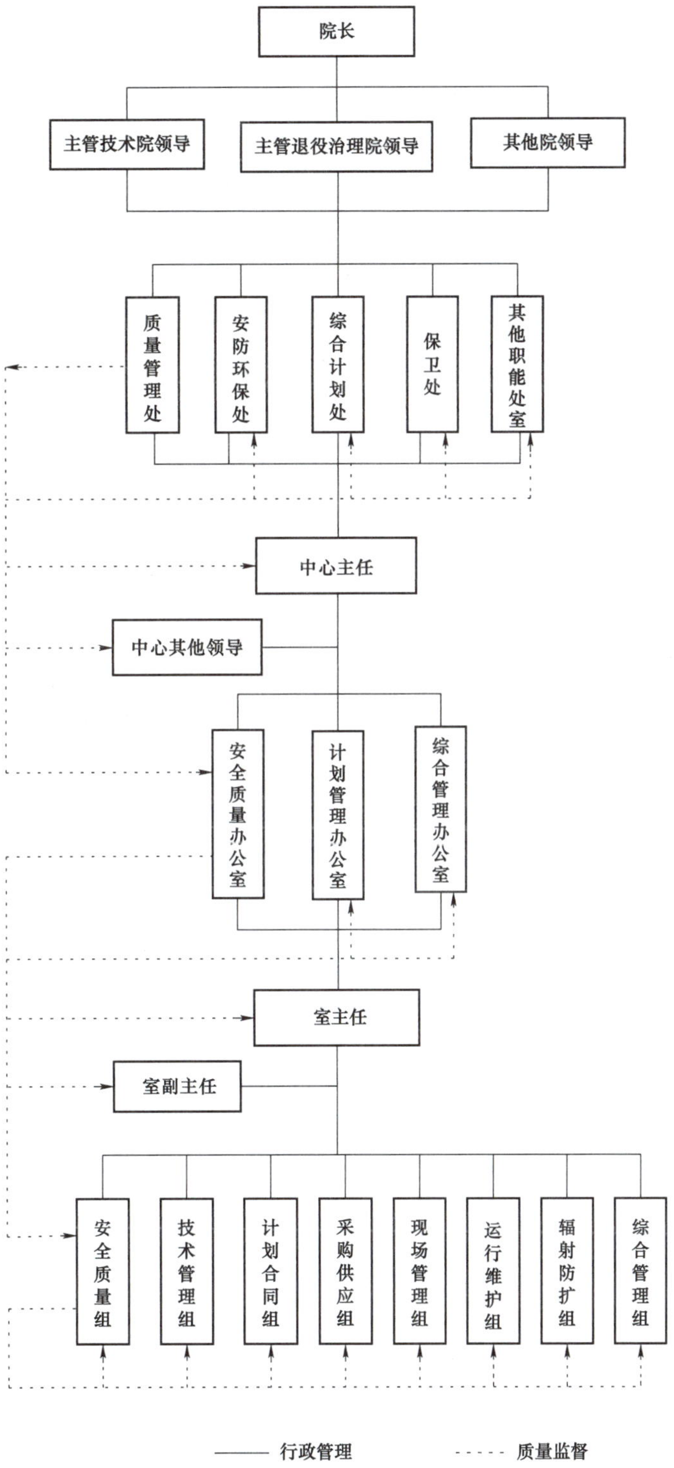

5.4 小结

我国《核安全法》明确规定，核设施退役应建立质量保证体系，申请退役许可应提交质量保证文件。同时，核安全法规《核电厂质量保证安全规定》（HAF103）明确了核电厂质量保证必须满足的基本要求，包括退役阶段，且适用于除核电厂外的其他核设施。

HAF103 的配套导则，HAD003/06、HAD003/07、HAD003/09 给出了核电厂设计、建造、调试和运行等阶段的具体质量保证要求，但未制定退役阶段质量保证导则。

同时，2020 年 12 月，生态环境部核电安全监管司发布了《核电厂质量保证大纲的格式和内容（试行）》（核电函〔2020〕31 号）技术文件，也仅规定了核电厂建造、运行阶段的质量保证大纲的格式和内容，其他寿期阶段（如退役）可参照执行。

针对军用核设施，国防科学技术工业委员会发布了质量保证规定，但未发布退役质量保证大纲的格式和内容的相关技术文件。

基于上述情况，我国先前及现阶段申请退役的生产线、研究堆等，退役质量保证大纲的编制，是以参照 HAF103 规定的章节及内容为主，结合各申请单位的实际情况进行的编制，导致章节构成不同，具体格式与内容有所差异。

综上，结合我国核设施退役实践，充分借鉴国际良好经验，尽早启动并编制核设施退役质量保证大纲的格式与内容等技术文件是必要的，也是亟须的。

附录 1:《核电厂质量保证大纲的格式和内容（试行）》

前　言

本文件为核电厂营运单位在建造阶段和运行阶段编制项目质量保证大纲提供指南。其他核动力厂和其他寿期阶段的核电厂可参照执行。

本格式和内容作为核电厂营运单位编制质量保证大纲的参考，各单位可根据实际情况进行调整，但应说明调整后的合理性、合规性和内容的完整性。

本文件依据《核电厂质量保证安全规定》（HAF003）以及 HAD003 系列导则编制，吸收了国内核电厂质量保证活动及相关审评监督的良好实践经验，参考了美国核管会标准审查大纲（SRP）17.1、17.3 及 17.5 章节，美国机械工程师协会（ASME）的核设施质量保证大纲要求（NQA-1）以及国际原子能机构（IAEA）的核电厂和其他核设施安全的质量保证安全丛书（50-C/SG-Q）。

质量保证政策声明

描述本单位质量保证政策声明并由法定代表人签署发布，政策声明中至少包括以下内容：

（1）明确质量保证的宗旨和政策。

（2）明确政策框架下的管理目标。

（3）承诺质量有关的程序与质量保证大纲保持一致，是强制执行的。

（4）承诺在本单位内营造良好的质量文化氛围。

（5）承诺建立防造假机制/制度。

（6）确保行使质量保证职能的部门/组织（以下简称质量保证职能部门）和人员具有足够的独立性并被授予充分的权限。

（7）将质量保证政策落实情况纳入管理部门审查（管理者自我评价）之中。

（8）明确制定和执行质量保证政策的责任者。

1　引言

本章包括以下方面的内容。

1.1　适用范围

描述质量保证大纲的适用范围，（如适用）包括：

（1）适用的安全重要物项和服务。

（2）对物项和服务质量有影响的工作或活动（如设计、采购、加工、制造、装卸、运输、贮存、清洁、土建施工、安装、试验、调试、运行、检查、维护、修理、换料、修改和退役等）。

（3）适用的时间阶段（建造、运行）。

（4）适用的组织和人员（如营运单位、设计者、建造者、制造者、运行者，以及其他提供物项或服务的供方）。

在“建造阶段”的质量保证大纲中，根据《核电厂调试程序》（HAD103/02）对机组装料前的调试工作进行相关的说明或给予承诺，以确保在机组调试开始前，该质量保证大纲中已规定了与调试相关的要求。

在“运行阶段”质量保证大纲中，描述机组装料后的调试工作，承诺所有的质量保证活动/要素的原则和要求，也适用于装料后的辐射防护、应急、放射性废物管理、环境监测、实物保护等方面。承诺在调试工作完成后，及时调整质量保证大纲，以与机组的运行状态相匹配。

1.2 责任

描述营运单位对质量保证大纲的责任：

（1）营运单位对核电厂核安全负有全面责任，对整个核电厂所有质量保证大纲的制定和实施负责。

（2）通过采取措施，确保供方根据所承担的任务或活动制定和实施质量保证大纲（如合同约定、明确审查主要供方的质量保证大纲的职能部门等）。

2 质量保证大纲

2.1 总体要求

至少包括以下方面的承诺或措施的描述：

（1）遵循的核质保法规、导则等。

（2）各级管理者按照核电厂各个阶段及其工作进度有效地实施质量保证大纲。

（3）表明“三个要求”的结合：一、管理者负责为实现既定目标提供计划、指导、资源和支持；二、工作执行者负责实现质量；三、工作验证者负责评定管理过程和工作执行情况的有效性。

（4）确保识别并符合已确认的工程规范、标准、技术规格书的要求和实践经验；确保阐明需达到的技术目标。

（5）确定所适用的物项、服务和过程，以及相应的控制和验证的方法或水平。

（6）根据已确定的物项对安全的重要性，明确控制和影响该物项质量活动的规定。

（7）实施绩效管理时，建立分层次的绩效目标和绩效指标，以对质量和质量趋势进行有效监控。

（8）对所有从事影响质量活动的人员的资格要求、培训及授权。

（9）承诺按照本大纲的要求进行计算机软件的开发、控制和应用，并说明如何满足质量保证要求的。

（10）定期对质量保证大纲进行评价，必要时进行修订。

（11）明确质量保证体系文件所用的语种。如需译成其他语言，如何确保译文由合格的人员进行审查，采取怎样的措施来验证译文是否准确表达了原文的内容和含义，以及如何使得文件使用者具备适当的语言能力。

描述在设计和建造活动逐步结束时，在调试期间以及电厂移交期间，质量有关活动的责任和控制是如何从供方向营运单位转移的。

2.2　质量保证体系文件

描述营运单位建立的质量保证体系文件的结构，以及各层次文件的范围，一般情况下可分为：

（1）层次 1——质量保证大纲说明/概述（包括质量保证政策声明）。

（2）层次 2——管理性文件，包括：

a. 管理程序（包括部门管理程序）；

b. 岗位规范/岗位说明书等。

（3）层次 3——详细的工作用文件，包括：

a. 工作细则；

b. 技术规程；

c. 图纸；

d. 计划和进度等。

各单位可根据实际情况对本单位质量保证体系文件的分层/分级进行描述，并承诺在质量保证大纲体系文件中体现适用的法规以及导则中的原则和要求。

2.3　程序、细则和图纸

描述对程序、细则和图纸的规定和控制措施，至少包括（承诺）以下事项：

（1）所有影响质量活动要制定成文的程序、细则和图纸。

（2）所有影响质量活动要按适用的书面程序、细则或图纸来完成。

（3）在程序、细则和图纸中包含适当的定量和（或）定性的验收准则。

（4）制定有计划地、系统地实施质量保证大纲的程序、细则和图纸。

（5）对于程序的编制要求，保证程序内容清楚、准确、便于使用，并以与对程序使用者所要求的专业技能水平相适应的方式编写。

（6）定期对程序进行审查并根据需要予以修订，并描述审查的频度、方法、责任者等。

2.4 管理部门审查（管理者自我评价）

描述对管理部门审查（管理者自我评价）的规定和控制措施，至少包括（承诺）以下方面：

（1）有计划地定期进行管理部门审查（管理者自我评价）。

（2）描述管理者是如何定期评价质量保证大纲/质量保证体系的状况和适用性、绩效管理情况、是否符合《核电厂质量保证安全规定》（HAF003）的，包括但不限于以下方面：

a. 评价的方式方法；

b. 评价的频度、确定评价频度的原则，该频度与大纲状况有关；

c. 评价的主要内容（至少包括 HAD003/01 的 3.4.3 节规定的内容）。

（3）必要时，制定纠正措施并进行跟踪验证。

2.5 运行组织的审查和独立审查（适用于运行阶段）

描述运行阶段的运行组织的审查和独立审查制度，包括：

（1）运行管理者对运行工作进行审查的措施；

（2）独立审查方面，如独立审查人员的组成、职责、资格要求，独立审查部门、独立审查机构等的工作机制和职责，以及审查事项等方面的内容。

3 组织

3.1 质量保证组织结构

承诺营运单位法定代表人承担本单位质量保证大纲的全面责任，并对整个核电厂所有与质量有关的活动（包括外委活动）负责。若法定代表人将质量保证大纲的制定、实施和批准委托给授权人员，则要予以说明，并附上授权书。

明确委托其他组织（主要供方）承担的工作，并描述其承担的工作范围。

描述营运单位对主要供方承担的工作进行监督管理的范围、程度和方法，以及营运单位内部对主要供方承担工作质量负责的部门/岗位。其中，确保营运单位质量保证职能部门或相关职能部门行使以下职能：

（1）审查主要供方的质量保证大纲并以文件形式认可；

（2）对供方所承担的质量保证大纲活动进行的监查或监督。

提供项目质量保证组织结构图，在图中标明：质量保证大纲范围内所有相关的组织机构（包括主要供方）；各组织机构间的责任线，包括行政管理线和联络与协调线。

描述质量保证大纲范围内、与组织结构图一致的所有相关部门和关键岗位的职责。职责描述要清晰、不重叠、不遗漏。

在“运行阶段”质量保证大纲中，还包括与机组运行阶段特定组织相关的内容描述：

（1）核电厂运行组织，包括人员的专业、经验和为运行值班人员提供技术支持等内容；

（2）运行组织的职责和权限，即正常和应急工况下，运行人员和提供及时支持的人员的职责和权限，以及职责和权限的转移等；

（3）控制室出入管理职责，包括正常和应急工况下人员进入控制室的要求；

（4）维修管理、变更/改造管理的职责及相关要求（主要涉及各质量保证活动/要素的适用范围、管理程序的制定及其清单等方面）。

承诺：当有必要验证工作是否满足规定的要求时，这种验证（除设计验证之外）只能由不直接负责该工作的人员进行，这些人员可以是质量保证职能部门的人员，也可以是其他部门中在质量保证方面培训合格的经授权人员。

描述为确保质量保证职能人员和部门有足够的权力和组织上的独立性（包括不受成本和进度的约束），以及这些人员能够识别质量问题，启动、建议或提供解决措施，验证解决措施的履行情况而采取的措施。

描述在遇到与质量或安全相悖的情况时，质量保证职能的人员或部门有权向足够高级别的管理者报告的承诺，并描述为落实该项承诺所采取的措施。

描述行使下列职责与权力且得到书面授权的职位或组织：对不符合、有缺陷或不满足规定要求的物项涉及的活动采取停工措施，或控制其进一步的加工、放行、安装或使用，直到作出适当的安排。描述质量保证职能的人员和其他部门（设计、采购、制造、施工、安装、调试等）人员之间有关质量问题分歧的解决方式。

描述将上述要求施加于供方和分供方，并确保其组织机构内质量保证职能的个人或小组有足够的权力和组织独立性而采取的措施。

3.2 接口控制

描述接口控制的基本原则和要求，至少包括（承诺）以下方面：

（1）识别接口的类型。

（2）接口协调和联络方法。

（3）明确以文件等方式进行信息交流。

（4）明确规定上述文件的类型，并控制其分发。

描述主要的内外部接口，包括营运单位与核安全监管部门，以及在设计、建造、调试和移交期间与建造单位、工程公司、设备供方等主要供方之间管理与技术方面的接口。

3.3 人员的配备、培训和资格授权管理

描述为挑选和培训从事影响质量活动的人员而制订的计划。

描述为确保这些人员达到并保持足够的业务熟练程度而制定的培训大纲和程序。

承诺从事特定任务所要求的学历、经验和业务熟练程度，对所有从事影响质量活动的人员进行资格考核。

承诺对负责执行影响质量活动的人员进行质量保证大纲概述，细则和程序的目的、范围，以及执行方面的教育。

承诺对验证影响质量活动的人员进行有关待执行活动的原理、技术和要求方面的培训。

描述营运单位对现场供方人员培训方面的监管措施。

4 文件控制

描述有关文件控制的内容，以及营运单位监督供方文件控制所采取的措施。

描述针对电子文件等不同存储媒介文件的控制措施，描述所采取的措施是如何满足以下控制要求的。

承诺及时编制竣工图纸和相关的文件，以精确反映电厂建造状态所体现

的实际设计，并制定相应的管理程序。

描述临时文件控制要求。

描述文件的归档和贮存要求。

4.1　文件的编制、审核和批准

描述受控文件的类型/范围。

承诺对所有影响质量的活动所需要的文件及其变更的编制、审核和批准进行控制，并描述为此制定的控制措施，其中至少包括（承诺）以下方面：

（1） 明确负责编制、审核和批准所有影响质量的活动的文件的个人或部门。

（2） 负责审核和批准的个人或部门有权查阅作为审核和批准依据的有关背景材料。

描述对程序进行质量保证审查的事项，并承诺该审查由有别于文件编审批人员并在质保方面有资格的部门或人员进行。

描述所采取的文件控制制度（如制定质量保证体系文件清单）。若采用文件清单的方式，则要标明文件清单中文件的现行版本，并及时更新和发布这份清单。

4.2　文件的发布和分发

承诺确保参与影响质量活动的人员能够了解并使用完成该项活动所需的正确、合适的文件。

描述已建立的文件发布和分发制度，该制度能够确保需要使用文件的人员能查阅或接收到最新版本的文件，如使用最新文件清单等。

承诺工作开始前工作执行场所应具备的文件可用，并制定相关管理程序。

承诺在工作场所及时撤除失效或已被替换的执行文件，以适用的修订版文件予以置换，以及对作废文件进行处理，并制定相应的管理程序。

4.3　文件变更

描述为文件变更控制而制定的管理程序，并描述程序中主要的规定和控制措施，其中至少包括（承诺）以下方面的内容：

（1） 按明文规定的程序对变更文件进行审核和批准。

（2） 由审核和批准原文件的同一组织/个人或者由专门指定的其他组织/个人对变更的文件进行审核和批准。

（3） 审核、批准组织/个人有权查阅作为批准依据的有关背景材料，并对原文件的要求和意图有足够的了解。

（4） 把文件的修订及其实际情况迅速通知所有有关的人员和组织。

5 设计控制

5.1 概述

描述设计控制的范围，如设计输入、设计分析和计算、设计输出、设计接口、设计验证和设计变更等。

适用时，明确本节规定的设计控制措施同样适用于：辐射防护，人因，防火，物理和应力分析，热工、水力、地震和事故分析，材料相容性，在役检查、维护和修理的可达性以及检查和试验的验收准则等方面。

描述承担设计活动的组织结构和职责分工，包括在设计文件编制、审核和批准方面的责任。

描述为确保设计活动以有计划、受控、有序方式进行而制定的规定或措施，其中至少包括（承诺）以下方面：

（1） 在设计文件中规定和描述适用规范标准的条款。

（2） 对已批准生效的设计文件中的错误和偏差的控制措施，包括文件记载、确保纠正所有错误和偏差的措施。

（3） 识别和控制对规定的设计要求和质量标准的变更和偏离的措施。

（4） 对安全重要构筑物、系统或部件的功能起重要作用的任何材料、零件、设备和工艺进行选择，并审查其适用性。

描述所有设计活动都形成文件，以能让未参加原设计的技术人员能进行充分评价的承诺。

承诺设计分析和计算用的计算机程序，在使用前经过验证和确认。

描述确保质量保证职能部门对设计图纸和规格书进行审查的控制措施，以确保文件的编制、审核和批准符合规定且包含必要的质量保证要求。

描述营运单位是如何对设计承担单位的设计活动进行监管的，包括责任部门，以及监管的范围、程度和方法。

承诺符合《核电厂设计的质量保证》（HAD003/06）的相关要求。

5.2 设计接口

描述对参与设计的组织和个人之间、交叉的技术专业之间的内外接口控制措施，其中至少包括（承诺）以下方面：

（1）识别和描述从事设计的各单位、各组成部门各技术专业之间的内部和外部接口。

（2）已建立的联络渠道。

（3）接口涉及的每个组织的责任，包括涉及接口文件的审核、批准、发布、分发和修订等。

（4）涉及设计接口的设计资料（包括设计变更）交流的方法。

（5）涉及设计接口的设计资料交流必须用文件记载并予以控制。

（6）为接口控制制定管理程序。

5.3　设计验证

描述为验证或校核设计文件技术适宜性而制定的规定或措施，其中至少包括（承诺）以下方面：

（1）为验证设计图纸和规格书的尺寸精度和完整性而进行的设计校核所制定的措施和管理程序。

（2）选择和确定设计验证方法的准则。

（3）由设计单位确定验证方法，并按规定的范围用文件给出设计验证结果。

（4）设计验证活动的相关要求，这些要求包括：

a. 验证者的资格要求，包括独立性。

b. 设计验证完成时限的要求。

c. 明确负责设计验证的组织，明确验证者的责任、被验证的范围和特性、证据记录的范围的要求等。

（5）在只通过试验作为验证方法时所遵循的规定，包括：

a. 何时以试验来进行验证的准则。

b. 原型机、部件或特性试验的完成时限。

c. 试验验证要在最苛刻的工况条件下进行。当不能在最苛刻设计工况下进行试验时，如果能把结果外推到最苛刻设计工况，并且试验结果能验证具体设计特性时，则允许在其他工况下做试验。

（6）为验证或校核设计文件技术适宜性而制定的其他规定或措施。

5.4　设计变更

描述关于设计变更的控制措施，其中至少包括（承诺）以下方面：

（1）确保设计变更（包括现场变更）受到与原设计相同程度的控制。

（2）仔细地考虑变更所产生的技术方面的影响，所要求采取的措施要用文件记载。

（3）由审核和批准原设计文件的同一小组或单位审核和批准设计变更文件，除非专门指定其他单位。

（4）在指定其他单位时，根据其是否已掌握有关的背景材料，是否已证明能胜任有关的具体设计领域的工作，以及是否足够了解原设计的要求及意图等条件来确定。

（5）把有关变更资料及时发送到所有有关人员和单位。

（6）描述为设计变更制定的管理程序。

描述为确保核电厂不同活动阶段（施工、安装、调试、运行期间）的现场变更及时反馈到原设计文件所采取的措施。

6　采购控制

6.1　概述

描述与采购活动有关部门和人员的职责，包括（承诺）以下方面：

（1）采购策划。

（2）采购文件编制、审核和批准。

（3）评价和选择供方。

（4）评标、签订合同。

（5）审查和认可供方质量保证大纲的职责。

（6）相关部门关于采购活动的职责［除（1）～（5）外］，并明确各部门（设计、采购、质量保证等部门）间的接口。

（7）质量保证职能部门参与采购活动的情况。

描述对采购文件的要求，确保采购文件包括或引用了管理、技术、质量保证要求。

描述对采购文件的审查要求，以能确定采购文件中包括（承诺）以下几个方面：

（1）供方承担的工作范围的说明。

（2）根据条例、规范、标准、程序、细则及技术规格书等文件（包括其修订版）对物项或服务所规定的技术要求。

（3）试验、检查和验收要求以及任何有关这些活动的专用细则和要求。

（4）当需要到源地进行检查和监查时，为此目的而进入供方设施、查阅记录的规定。

（5）确定适用于物项或服务采购的质量保证要求和质量保证大纲条款。并不要求所有的供方都要有符合 HAF003 规定所有条款的质量保证大纲。但采购文件必须根据需要的程度，要求供方或分供方提出符合 HAF003 规定有关条款的质量保证大纲。

（6）确定所需要的文件，例如编写并提交买方审核或认可的程序、细则、技术规格书、检查和试验记录以及其他质量保证记录。

（7）有控制地分发、保存、维护和处置质量保证记录的规定。

（8）对处理不符合项进行报告和批准的要求。

（9）把有关的采购文件的要求扩展到下一层次分供方和供方的规定，包括买方便于进入设施和查阅记录的规定。

（10）提交文件限期的规定。

承诺在采购文件的制订、审查、批准和发布过程中由有资格的人员进行管理，并描述确保采购文件的变更或改版受到与原文件相同的审查和批准方面的措施。

如果营运单位将核电厂安全重要物项和服务的采购活动外委给其他单位（如工程公司等），则描述营运单位是如何对外委单位（如工程公司等）的采购活动进行监管的，包括责任部门以及监管的范围、程度和方法。

承诺在招投标过程中，采取切实措施，确保满足法规要求。

若涉及市售物项或紧急采购，营运单位描述对此所采取的采购控制措施，并承诺制定相应的管理程序，确保所采购的核电厂物项和服务的质量。

6.2 对供方的评价和选择

描述为评价和选择供方而制定的规定和控制措施，至少包括（承诺）以下方面：

（1）在选择供方时，以被评价的供方按照采购文件的要求提供物项或服务的能力作为选择的基本依据。

（2）对供方的选择形成书面文件。

（3）根据情况，对供方的评价可包括：

a. 对供方以往类似活动资料的评价；

b. 对供方新近的可供客观评价的、成文的、定性或定量的质量保证记录的评价；

c. 到源地评价供方的技术能力和质量保证体系；

d. 利用抽查产品进行评价。

（4）明确签订订单或合同之前完成供方评价，以确保供方能满足采购要求的承诺。

承诺在评价和选择供方时，考虑相关法规规定的核安全设备资格要求，并对已选合格供方进行定期复评和动态管理。

6.3 对所购物项和服务的控制

描述对所购物项和服务的控制规定和控制措施，至少包括（承诺）以下方面：

（1）制订适当的计划，指派合格的人员按照程序验证供方履行合同的情况。

（2）需由供方提供给买方的记录，如：

a. 识别所购物项以及物项满足采购要求的文件；

b. 已识别出的未满足采购要求的证据资料；

c.“原样接受”或“修理”的不符合项处理情况的资料。

（3）对供方进行源地检查和监查的规定，包括通过监查、独立检查或试验定期评价供方的合格证书。

（4）对物项和服务的收货检查的规定：

a. 材料、部件或设备予以标识，并与书面文件相一致；

b. 材料、部件或设备及其验收记录符合安装或使用前的检查细则要求；

c. 证明所购材料、部件或设备符合采购文件要求的文字证据在安装或使用前送达核电厂现场。

（5）对已验收或放行的物项根据检查状态进行标识。

描述所购物项或服务验收的方法及其职责分工，包括源地验证、合格证书、收货检查、安装后试验等。

描述对安全重要构筑物、系统和部件（SSC）的备品备件采购的控制措施，包括遵守本单位质量保证大纲、规范、标准和技术要求，技术要求不低于所属 SSC 的技术要求（设计所需的安全功能和质量要求），否则按照设计变更进行控制。采购文件将受到至少与原物项相同程度的控制。

描述为采购管理所制定的程序，该程序至少包括（承诺）以下方面：

（1）详细规定见证、检查或验证、接受的特性和过程，监督方法，要求的文件资料范围，履行程序的责任者。

（2）对供方进行的监查、监督或检查。

承诺采购控制措施符合《核电厂物项和服务采购中的质量保证》（HAD003/03）的要求。

7　物项控制

7.1　材料、零件和部件的标识

描述为标识和控制材料、零件和部件（包括部分加工的组件）而制定的规定和控制措施，至少包括（承诺）以下方面：

（1）被标识的物项能追溯到适当的文件资料（如图纸、技术规格书、采购订单/合同、制造和检查文件、偏差报告以及物理和化学试验报告）。

（2）通过将批号、零件号、系列号或其他适用的标识方法直接标识在物项上或记载在可以追查到物项的记录上，确保在整个制造、装配和安装以及使用期间保持标识。

（3）标识物项所需要的文件，在整个建造过程中都能随时查阅。

（4）最大可能地使用实体标识，在实际不可能或不满足要求的情况下，采用实体分隔、程序控制或其他适用的方法，以保证标识。

（5）在使用标记的情况下，对标记的要求至少包括：

a. 标记清楚，不能含混或被擦掉；

b. 标记不得影响物项的功能；

c. 标记不得被表面处理或涂层所遮盖。

（6）当把物项分成几部分时，每一部分都要保持原标识。

描述为物项标识和控制而制定管理程序，并明确其主要内容，至少（承诺）包括以下方面：

（1）物项标识和控制的责任者及其职责。

（2）物项的标识方式和内容。

描述营运单位对供方物项标识的控制是如何监管的（如在采购控制中已有规定的除外）。

7.2 装卸、贮存和运输

描述对装卸、贮存和运输的控制措施，至少包括（承诺）以下方面：

（1）为物项的装卸、贮存和运输而制定的管理程序。

（2）由合格的人员，按照已制定的程序、细则或图纸对材料和设备进行清洁、包装、装卸、运输和贮存。

（3）按设计和采购文件的要求制定装卸、贮存、清洁、包装和运输的工作和检查细则。

（4）不同物项的装卸、贮存和运输的分类原则和依据［可参照《核电厂物项制造中的质量保证》（HAD003/08）附录］。

（5）当特定物项有需要时，规定和提供相关的专用覆盖物、专用装卸设备及特定的保护环境，并验证特殊物项得到有效防护。

描述营运单位对供方的装贮运方面是如何监管的。

7.3 维护

描述为维护安全重要物项而制定的控制措施。

承诺采取的措施能确保维持安全重要物项原来所规定的质量。

描述营运单位对供方的维护活动是如何监管的。

（运行阶段质量保证大纲）描述维修有效性评估监测、维修大纲方面的要求。

7.4 场地管理

描述在场地管理方面的规定和控制措施，包括出入管理、清洁度控制、防异物管理等方面，并承诺制定有关场地管理方的管理程序。

8 工艺过程控制

描述对工艺过程的控制措施，至少包括（承诺）以下方面：

（1）对工艺过程控制的范围，包括：

a. 加工、制造、土建施工、安装和维修中的工艺过程；

b. 人员、设备、材料、文件、环境。

（2）对特殊工艺（如焊接、热处理、无损检验、表面处理、铸锻、混凝土浇灌、电气端接等）的判定准则和特殊工艺的种类，制定一份完整的特殊工艺清单。

（3）实施特殊工艺的人员和部门按照已批准的程序实施。

（4）与特殊工艺有关的程序、设备和人员资格是经过鉴定的，并符合适用的规范、标准、技术规格书、准则的要求或其他特殊要求。质量保证职能部门参与与特殊工艺有关的程序、设备和人员资格的鉴定活动（如果大纲的其他地方已有描述，这里可以不再描述）。

（5）制定特殊工艺过程控制的记录管理程序，包括为与特殊工艺有关的程序、设备和人员资格的鉴定记录而制定的档案制度，并保持有效。

（6）在出现现有规范、标准、技术规格书和准则尚未包括的工艺或质量要求超出这些文件规定的情况时，对人员资格、程序或设备的鉴定要求另行作出规定。

（7）在程序或工作细则中规定或引用相关的规范、标准的要求和工艺过程的合格判据。

描述营运单位对供方的工艺过程控制是如何监管的，包括责任部门以及监管的范围、程度和方法。

9　检查和试验控制

9.1　检查

描述为检查而制定的控制措施，至少包括（承诺）以下方面：

（1）制订检查计划，描述检查的类型、待检查的工作、检查的时机等。

（2）进行检查活动之前，制定检查大纲或程序和细则，并确保具备必要的图纸和技术规格书。

（3）检查程序文件中包括检查用设备精确度要求的准则和确定何时进行检查的准则。

（4）质量保证职能部门/组织参与第（2）、（3）项职能。

（5）负责检查的部门/组织的责任。

（6）决定是否可以合格放行的检查必须由具有资格的未参加被检查活动的人员进行，其资格鉴定和证书是现行有效的，并且不需要向直接负责被检查活动的主管报告。

（7）在执行检查者不是质量保证职能部门/组织的成员的情况下，在检查活动开始前，由质量保证职能部门/组织或经授权的、有资格部门/组织审查检查程序、检查人员资格准则以及其不受成本和进度压力的独立性，并确定是可接受的。

（8）对检查人员（包括无损检测人员）进行资格鉴定的相关要求已成文。

（9）在加工处理物项的每道工序进行期间，若为确保质量有必要，就要对所加工的物项进行检验和（或）测量。

（10）当难以或不可能对所加工的材料或设备进行检查时，明确对工艺过程的方法、设备和人员进行监视的间接控制措施。当检查和工艺过程监视二者缺一会使控制不充分时，二者同时被采用，以确保得到充分的控制。

（11）对检查程序、细则、检查清单的内容要求：

a. 明确被检查对象的特性和活动；

b. 描述检查方法；

c. 明确负责执行检查操作的人员或小组；

d. 验收和拒收准则；

e. 明确所要求的程序、图纸和规格书及其修订；

f. 建立、保存记录，包括：被检查的物项；检查日期；检查人员；监视类型；结果或合格性；涉及不符合项处理时的相关资料；

g. 明确必需的测量和试验设备，包括精确度等要求。

（12）对停工待检点的控制要求：

a. 在相关文件中标明强制性的停工待检点；

b. 由指定人员执行见证或检查；

c. 直到指定的检查者书面批准后，方可进行下一步工作。

（13）对检查结果的控制要求：

a. 以文件记载；

b. 由负责的个人或小组评定检查结果的可接受性。

（14）为已建成的构筑物、系统和部件制定和执行所需要的在役检查大纲（役前检查大纲），且对照基准数据评价其结果。

（15）对已完成最终检查的物项进行任何改造、修理或替换必须重新检查以验证其合格，其中替换或返工的物项按原检查要求进行检查，改造或修理使用经过审查和批准的检查方法。

描述营运单位对供方的检查活动是如何监管的。

9.2　试验控制

描述为试验控制制定的控制措施，至少包括（承诺）以下方面：

（1）所制定的试验大纲或试验程序，并明确试验的种类（如适用时）包括：

a. 样机鉴定试验；

b. 安装前的试验；

c. 调试试验；

d. 维修后试验；

e. 运行期间的定期监督性试验；

f. 为程序和设备鉴定所做的试验等。

（2）在试验大纲或程序中承诺有关确定何时和如何进行试验的准则以及试验用设备精度要求的准则。

（3）承诺按照成文的试验程序或细则进行试验。

（4）试验程序或细则的内容要求，包括（承诺）以下方面：

a. 包含适用的设计和采购文件中已规定的试验要求和验收准则；

b. 执行试验的指令；

c. 试验先决条件，如合格的试验人员；检定过的仪表；足够的试验用设备和仪表，包括它们的精确度要求；被试验物项的完整性；适宜、受控环境条件；以及准备好试验数据的收集和储存；

d. 由营运单位、供方或检查人员见证的强制性的停工待检点（如需要）；

e. 验收和拒收准则；

f. 数据和结果的收集装置或记录试验的方法；

g. 确保试验先决条件已满足的规定。

（5）对试验结果的控制要求，包括：

a. 以文件记载；

b. 由有资格的、经授权的个人或小组评定试验结果的可接受性。

描述营运单位对供方的试验活动是如何监管的，包括责任部门以及监管的范围、程度和方法。

9.3 测量和试验设备控制

描述对测量和试验设备的控制措施，至少包括（承诺）以下方面：

（1）所制定的测量和试验设备管理程序，明确测试设备控制的范围和测试设备的类型。

（2）所制定的检定管理程序，其中包括质量保证和其他职能部门在制定、执行和确保测试设备检定有效性方面的责任。

（3）明确根据所需测量的类型、范围、精度和公差，选择测量和试验的设备。

（4）所制定的测试设备检定（包括频度）、维修、装卸、贮存、运输等的程序。

（5）对上述第（4）项相关程序进行审查认可的情况，并明确负责该职责的部门/组织。

（6）对测试设备进行标识的管理，并描述相关的要求：

a. 标识能追溯到检定试验资料；

b. 通过标记、标签或其他受控方法标明测试设备下次检定日期。

（7）在规定的时间间隔或在使用之前，对影响质量的活动中所使用的测量和试验设备进行检定、调整或确认的承诺。

（8）在发现测试设备偏差超出规定限值时所采取的措施，至少包括：

a. 对之前执行的测量和试验的有效性进行评价；

b. 对已试验验收的物项重新进行评定。

描述营运单位对供方的测试设备控制是如何监管的，包括责任部门以及监管的范围、程度和方法。

9.4 检查、试验和运行状态显示

描述对物项的检查和试验状态的控制措施，至少包括（承诺）以下方面：

（1）在物项的整个制造、安装和运行期间按需要显示并保持物项的检查和试验状态的标识，以确保只使用、安装或运行已通过了所要求的检查和试验的物项。

（2）识别和标识核电厂各物项的检查和试验状态的方法，包括标记、印章、标签、签条、工艺卡、检查记录、实体位置或其他合适的方法，指明经过试验和检查的物项是否可验收或列为不符合项。在必要时为鉴别物项是否已圆满通过所要求的检查和试验、防止疏漏所采取的措施。

（3）对构筑物、系统和部件的不符合、失效或故障的状态进行记录并标识，并明确负责上述职责的部门。

描述为显示核电厂的系统和设备的运行状态而制定的措施（例如在阀门和开关上挂标示牌）。

描述营运单位对供方的检查、试验和运行状态的显示控制是如何监管的。

10 对不符合项的控制

描述为控制不符合项而采取的措施，至少包括（承诺）以下方面：

（1）不符合项控制的目的、范围和责任，其中包括质量保证职能和/或其他职能部门或人员在界定和执行不符合项控制相关活动方面（包括识别、经授权处理不符合项的个人或小组）的责任。

（2）为控制不符合项而制定的管理程序，并明确程序的内容至少包括以下方面：

a. 对不符合项进行标识、记录、隔离、审查、处理及通知到受影响的单位；

b. 对不符合项的处理和关闭等进行独立审查的经授权人员。

（3）在实际可行时用标记、标签或实体分隔等方法来标识不符合项。

（4）为不符合要求的物项或带有缺陷的物项制定控制下一步工序、交货或安装的措施，形成文件并予以实施。

（5）对不符合项的控制要文件化，包括对不符合项的描述，不符合项的处理方案的制定、审查、批准以及处理结果的验证要求。

（6）（如适用时）根据不符合对安全的影响，规定审查和处理不同类别不符合项的责任权限，并在大纲中对相关内容进行描述。

（7）在采购活动中，对于供方偏离采购要求或背离买方所认可文件的不符合项，必须要求供方报告买方。其中，承诺背离采购要求或背离买方所认可文件的不符合项及处理该不符合项的方案，如涉及下列情况中的一项或数项，需提交买方认可：

a. 违反采购要求中的技术或材料方面的要求；

b. 违反买方已认可的供方文件中的要求；

c. 沿用原定制造工艺或返工无法纠正不符合项；

d. 虽然物项可恢复到一种有能力执行其安全功能的状态，但该物项依然有违背原要求的不符合项。

（8）对已接受的变更、放弃要求或偏差的说明形成文件，以指明不符合项的“竣工”状态。

（9）根据原来的检查和试验要求或者合适的替代方法对返工和修理的物项进行检查和试验。

（10）在质量趋势分析中，要包括对不符合项作定期分析，并将分析结果上报管理部门。

描述营运单位对供方的不符合项控制是如何监管的，包括责任部门以及监管的范围、程度和方法。

11 纠正措施

描述为纠正措施而制定的控制措施，至少包括（承诺）以下方面：

（1）纠正措施管理的目的、范围和责任。

（2）制定纠正措施的管理程序，建立有效的纠正措施制度，并承诺由质量保证职能部门/组织对程序进行审查。

（3）明确严重有损于质量的情况（如故障、失效、缺陷、偏差、或有缺陷的材料和设备以及其他方面的不符合），并承诺采取纠正措施，以防其重复发生，同时以文件形式记录纠正措施。

（4）质量保证职能部门/组织参与对纠正措施的制定过程的审查。

（5）由质量保证职能部门/组织采取后续行动，来验证纠正措施的执行情况，并及时关闭纠正措施。

（6）将严重有损于质量的情况和对这些情况进行的原因分析以及采取的防止其重复出现的纠正措施记载成文，并向直接管理者和更高层的管理者进行报告，以供审查和评价。

（7）质量保证职能部门/组织定期对绩效数据和其他质量有关信息进行分析，将值得关注的结果报告更高层的管理者，同时要识别改进质量的途径或方法。如果适用，在进行上述分析时还需考虑来自外部的经验或信息。

描述营运单位对供方的纠正措施的控制是如何监管的。

描述为经验反馈而制定的规定和控制措施。

12　质量保证记录

描述对于质量保证体系中质量保证记录（包括纸质的、电子的，以及其他媒介）的控制措施，至少包括（承诺）以下方面：

（1）质量保证记录控制的目的、范围和责任，并满足以下方面：

a. 记录的范围包括审查、检查、试验、监查和材料分析的结果，对工作执行情况的验证情况，人员资格、程序和设备的鉴定结果，以及其他文件，如图纸、规格书、采购文件等的检查和试验程序、不符合报告和纠正措施报告。对于核电厂运行阶段，记录还包括电厂运行日志、维修报告等；

b. 描述界定和执行质量保证记录制度相关活动的质量保证职能和其他职能组织/部门，以及他们的职责。

（2）承诺制定和执行记录制度（包括书面程序和细则），其中规定确保保存足够的记录，以及对记录相关活动所采取的控制措施。

（3）承诺在质量保证大纲实施中产生足够使用的质量保证记录，且所有记录字迹清楚、完整，并与所记述的物项或服务相对应。

（4）对记录的产生、分类、标识、收集、索引、修正和增补、签收、归档、检索和查阅、贮存、保管和处置等活动采取相应的控制措施，包括以下方面：

a. 对适宜的记录贮存设施（包括出入控制、保卫等）和环境进行描述，以尽量减少变质或损坏和防止丢失，并承诺记录的贮存方式便于检索。

b. 以文件的形式对质量保证记录（特别是胶片、底片等特殊媒介的记录）、有关的试验材料和样品的保存时间做出规定。

c. 对于正确地标明核电厂物项“竣工”状态的记录，要在该物项从制造直到贮存、安装及运行的有效寿期内，由营运单位或由其指定的部门保存。

d. 根据该记录的类别规定相应的保存时间。

e. 根据书面程序处置记录。

（5）对记录定期进行检查的制度，说明检查的主要事项。

描述营运单位是如何对供方的质量保证记录制度进行监管的。

13 监查

描述对质量保证监查的控制措施，至少包括（承诺）以下方面：

（1）监查的目的、范围和责任。

（2）对适用的所有领域实施监查，以验证程序和活动符合质量保证大纲的要求，并验证大纲实施的有效性。

（3）建立内部监查和外部监查制度，由具有监查资质的人员和组织实施监查：

a. 对于内部监查，对本单位内影响质量的过程和活动进行全面的独立验证和评定。

b. 对于外部监查，对分包范围内的供方的质量保证大纲、程序和活动进行验证和评定。

（4）对监查人员的规定，包括资格考核、培训和资格保持等内容；对其他参加监查的人员，要求经过培训和授权，并对被监查领域不直接负责。

（5）根据活动的情况和安全重要性定期且尽早实施监查。

（6）编制监查计划，并描述对内外部监查计划的控制措施，包括计划的制定、定期审查和修订、监查的频度和范围等。

根据活动情况及其重要性来安排监查计划，承诺在出现下列一种或多种情况时进行监查：

a. 有必要对大纲的有效性进行系统或部分的评价时；

b. 在签订合同或发出订货单前，有必要确定承包者执行质量保证大纲的能力时；

c. 已签订合同并在质量保证大纲执行了足够长的一段时间之后，有必要检查有关部门在执行质量保证大纲、有关的规范、标准和其他合同文件中是否行使所规定的职能时；

d. 对质量保证大纲中规定的职能范围进行重大变更（例如机构的重大改组或程序的修订）时；

e. 在认为由于质量保证大纲的缺陷会危及物项或服务的质量时；

f. 有必要验证所要求的纠正措施的实施情况时。

（7）监查实施的内容，包括对质量有关的实践经验、程序、细则；活动和物项；以及文件和记录的审查和客观评价。明确监查的方式。

（8）按照预先制定的书面程序和监查核查单执行监查，明确核查单的格式和内容。

（9）一轮监查的实施，包括：

a. 单项监查计划的制订和内容。

b. 监查小组人员的挑选（承诺在内部监查时，对被监查的活动的实施负有直接责任的人，不得参与挑选监查小组人员的工作）、主监查员的指定及查阅资料等。

c. 监查组成员编制核查单。

d. 监查通知包括日程安排、监查的方式和内容等；监查前会议的控制措施，包括召开的时机、内容等；按照已制定的核查单进行监查；监查后会议召开的时机、内容等。

e. 监查报告的编制、分发和内容等，以及被监查单位对监查报告予以答复的控制措施，包括答复的内容、时间要求等。

（10）由质量保证职能部门/组织对监查的数据进行分析，用文件给出监查结果，并将监查结果向有关管理者报告，以供审查和评价。结果报告要指出质量问题和质量保证大纲有效性，可包括对有缺陷领域进行再次监查的要求。承诺由对被监查的领域负责的机构对监查中所发现的缺陷进行复核和纠正。

（11）描述监查后续行动的控制措施，包括由监查单位和被监查单位采取的后续行动，以验证针对监查发现问题所采取的纠正措施的实施。

描述营运单位对供方的监查活动是如何监管的，包括责任部门以及监管的范围、程度和方法。

14　防造假机制/制度

描述营运单位防止假冒和欺诈物项和服务进入核电厂，以及防止核电厂建造、运行过程中造假行为的防造假机制/制度，造假行为是指营运单位及其员工，供方及其员工等故意违反核安全法规、许可证条件、标准、程序和细则、合同等，以及故意提供不准确、不完整的信息记录等不当行为。防造假机制/制度至少包括（承诺）以下方面。

14.1 职责

明确建立防造假机制/制度的责任者，包括高层管理者及相关的部门。描述高层管理者制定的防造假政策，管理者向全体员工传达防造假政策的方式方法（如报告、会议等）。

14.2 防造假培训

描述营运单位在防造假方面开展的培训，包括一般员工培训，以及采购、现场施工、安装以及运行、维修等岗位的特定培训等。在防造假培训中，除了防造假措施和知识的培训外，还包括提高防造假意识的培训。

14.3 防造假措施

描述营运单位在采购、现场施工、安装以及运行、维修等过程中所采取的防造假措施，该措施与对应物项的安全重要性、复杂性、特殊性（即质保分级）相一致。至少描述以下方面。

（1） 风险识别

承诺识别和确认采购、现场施工、安装以及运行、维修等过程中的造假的风险，并按照安全重要性、复杂性、特殊性等，对这些物项或活动的风险进行分级。列举所识别的高风险物项或活动，如隐蔽工程、焊接、无损检验、紧固件、电气试验等。

（2） 过程管理

描述在风险识别的基础上，所采取的预防措施，适用时，至少包括以下方面：

a. 采购控制

描述采取的预防措施，如建立明确的采购要求、制定标准采购条款、传达营运单位对供方或分供方有关防造假的要求、制定处理供方假冒的政策、采用先进的产品防伪识别技术、制定报废和处置政策等。

描述对涉嫌假冒和欺诈物项的检验和验收试验。

b. 现场管理

描述采取的现场管理措施，如在建造现场进行管理者巡视、随机性检查，使用必要的监控和记录工具等。

（3） 假冒和欺诈物项及造假行为的处理

描述对涉嫌假冒和欺诈物项及造假行为的处理流程，根据需要可包括：隔离可疑物项；记录；评估影响；通知相应的内部组织；收集信息；考虑向行业数据库报告初步调查结果；与适当的供方或分供方联系，以获取有关事件或任何正在进行的调查信息；采取措施，以确定物项是否真实；处置确认的假冒和欺诈物项；根据需要与核安全监管部门、行业主管部门、执法机构和其他适当机构分享经验教训和行动。

（4） 跟踪、调查

承诺记录并跟踪可疑物项与行为，并适时向相关供方或分供方提供信息反馈。

描述在识别出假冒和欺诈物项及造假行为后开展的调查，并根据调查结果采取适当的纠正措施，以防止类似事件再次发生。

（5） 监督调查和评价

描述对假冒和欺诈物项及造假行为的定期审查和评价方面的规定。

（6） 造假问题举报制度

描述造假问题举报制度，鼓励所有与工程质量有关的人员参与防造假，明确举报渠道、举报奖励等措施，并对编制相应的管理程序及实施细则等文件做出安排。

附录 2：管理程序清单

营运单位要列出质量保证大纲所描述的上述所有活动的管理性程序清单。程序清单要明确每个程序所执行的《核电厂质量保证安全规定》（HAF003）准则（如组织机构、文件控制、采购控制等）。一般按照章节顺序或领域给出管理程序清单。如果某些必需的程序尚未制订，那么在清单中要给出制订这些程序的计划安排。

“运行阶段”质量保证大纲的管理程序，还要包括运行管理、维修管理、变更/改造管理、辐射防护、应急、放射性废物管理、环境监测、实物保护等方面。

附录 3:《国防科技工业军用核设施质量保证规定》

第一章　总　则

第一条　为规范国防科技工业军用核设施（以下简称军用核设施）质量保证工作，保障军用核设施的安全，根据《国防科技工业军用核设施安全监督管理规定》，制定本规定。

第二条　军用核设施质量保证体系的建立、实施、验证、持续改进以及监督管理，适用本规定。

第三条　军用核设施营运单位、承（分）包单位和有关部门必须始终贯彻“安全第一，质量第一”的方针，不断强化核安全文化和质量意识。

第四条　营运单位和承（分）包单位应在军用核设施选址、设计、建造、调试、运行以及退役等各阶段，建立和实施质量保证体系，并进行验证和持续改进。

第五条　国防科工委对军用核设施质量保证体系的建立及其有效性进行监督检查。

第六条　军用核设施质量保证工作应遵守国家保密法律的规定。

第二章　质量保证体系的建立

第一节　质量保证组织机构及其职责

第七条　营运单位和承（分）包单位应根据所承担的任务，建立相应的、能够确保质量保证体系有效实施的质量保证组织机构，明确组织机构内部各部门及人员的职责，编制组织机构图和职责分配表。

第八条　营运单位和承（分）包单位质量保证组织机构的组成人员应包括本单位法定代表人及相关负责人、质量控制人员、质量控制监督人员和质量保证监查人员等四类质量保证人员。

第九条　营运单位和承（分）包单位应确定本单位内部相关部门之间，以及与外部相关单位在实施质量保证体系时所需的管理方面和技术方面内、外部接口的种类，并由内部相关部门以及与外部相关单位共同制订和实施相应的接口程序。

第二节　质量保证人员的选择和培训

第十条　营运单位和承（分）包单位应根据所承担的任务及其进度的需要，制订质量保证人员的选择标准和配备计划，并确保合格人员及时到位。

第十一条　营运单位和承（分）包单位应制订和实施质量保证人员的培训和再培训大纲，确保经过培训的人员达到并保持足够的履行其职责所需的技术能力、质量保证能力和熟练程度。对各类人员的培训应制订和实施相应的培训措施和程序。

第三节　质量保证文件构成

第十二条　营运单位和承（分）包单位应制订和实施三个层次的质量保证文件：质量保证大纲，质量保证大纲程序，工作（作业）程序以及图纸、各类实施细则等。

第十三条　营运单位应按照本规定制订军用核设施各阶段的质量保证总大纲（包括由其实施的部分和对承包单位实施部分的要求），经国防科工委审评认可后实施。

承包单位应结合所承担的任务，遵照本规定和营运单位的要求，制订本单位的质量保证分大纲，经营运单位审评认可后实施。

分包单位应结合所承担的任务，遵照本规定和承包单位的要求，制订本单位的质量保证分大纲，经承包单位审评认可后实施。

审评认可单位可要求被审评单位提交必要的质量保证大纲程序。

第十四条　国防科工委、营运单位和承包单位应对审评认可的质量保证大纲，在实施过程中的有效性进行检查。

第十五条　营运单位和承（分）包单位法定代表人应就质量保证体系的建立、实施、验证和持续改进，制订本单位质量保证政策，并在质量保证大纲中发布。

第三章　质量控制的实施

第一节　文件控制

第十六条　营运单位和承（分）包单位应确定所承担的任务中受控文件

的种类、范围、负责部门及其职责。

第十七条 受控文件包括质量保证文件体系中的三个层次文件，以及实施质量保证体系所需的其他文件、图纸、记录与报告表式等。

第十八条 营运单位和承（分）包单位应对受控文件的编制、审核、批准、发布、标识（编码）、复制、分发、定期审查与修订、文件语种和翻译、原件保存与归档、文件废止与处置，以及外来受控文件的接收、复制、转发和原件归档等方面，制订和实施相应的控制措施和程序。

第二节 设计控制

第十九条 营运单位和承（分）包单位应确定所承担任务中的设计类别，设计控制的范围和负责部门及其职责，以及对设计控制人员的具体资格要求。

第二十条 营运单位和承（分）包单位应对设计过程、设计接口、设计验证、设计修改与变更等设计控制范围中的各个方面，制定和实施相应的控制措施和程序。

第三节 采购控制

第二十一条 营运单位和承（分）包单位应明确所承担的任务中需采购的物项、服务和工装与测试器具的类别，采购控制的范围、负责部门与参加部门及其职责。

第二十二条 营运单位和承（分）包单位应对采购计划和采购文件的制订，供方评价和选定，合同签订，对供方工作的验证，物项、服务、工装与测试器具及其文件证据的验收，营运单位或承包单位提供的物项、服务、工装与测试器具以及市售物项采购等采购控制范围中的各个方面，制订和实施相应的采购控制措施和程序。

第四节 物项控制

第二十三条 营运单位和承（分）包单位应明确所承担的任务中需要进行物项控制的物项类别，物项控制的范围、负责部门及其职责。

第二十四条 营运单位和承（分）包单位应就物项的标识、清洁、包装、搬运、装卸、运输、贮存、发放与领用、保护、维护以及余料回收等物项控制范围中的各个方面，制订和实施相应的控制措施和程序。

第五节 工装和测试器具控制

第二十五条 营运单位和承（分）包单位必须确定所承担任务中使用的受控工装和测试器具类别，工装和测试器具控制的范围、负责部门及其职责，以及对标定（检定）单位和人员的资质要求。

第二十六条 受控工装和测试器具包括在质量控制的实施、检验、测量以及试验过程中使用的主要工装和测试器具。

第二十七条 营运单位和承（分）包单位应对工装和测试器具的标定（检定）、搬运、使用、贮存、定期检查、维护与保养、修理、状态标识等受控工装和测试器具控制范围中的各个方面，制定和实施相应的控制措施和程序。

国家有关部门对从事测试器具标定（检定）的单位和人员有资质要求时，有关单位和个人应事先取得相应的资质证书。

第六节 场地与环境控制

第二十八条 营运单位和承（分）包单位应确定承担任务中所需控制的场地类别，场地与环境控制的范围、负责部门及其职责。

第二十九条 营运单位和承（分）包单位应对场地范围标记、安全设施及其标识、场地整洁与环境要求、安全保卫等场地与环境控制范围中的各个方面，制定和实施相应的控制措施和程序。

第七节 过程控制

第三十条 营运单位和承（分）包单位应明确承担任务中所需过程控制的类别和分项，及其主要的一般和特种工艺过程，过程控制的范围和负责部门及其职责，以及对人员的资格要求。

第三十一条 军用核设施过程控制包括对厂址选择过程、设计过程、制造过程、土建过程、安装过程、调试过程、运行过程（包括运行以及停运、换料、维修与改进）和退役过程（包括退役前的封存监护、清洗去污、拆除、处理与处置）等的控制。

第三十二条 营运单位和承（分）包单位应对过程控制人员，所用工装和测试器具，物项，场地与环境，以及实施文件等过程控制范围中的各个方面，制订和实施相应的控制措施和程序。

营运单位和承（分）包单位应确保由合格的人员，在合适的场地、环境条件下，使用标定合格的工装和测试器具以及合格的物项，并按照经批准、适用的工作（作业）程序等实施过程控制，并作自检和记录。

物种工艺过程的质量控制人员或有资格要求的人员应事先取得相应的资格证书。

第八节　检验、测量和试验控制

第三十三条　营运单位和承（分）包单位应确定承担任务中所需检验、测量和试验的类别，检验、测量和试验控制的范围和负责部门及其职责，以及对有资质要求的单位和人员的资质要求。

第三十四条　营运单位和承（分）包单位应对检验、测量和试验人员，所用检验、测量和试验器具，被检验、测量和试验物项，检验、测量、试验大纲和程序，场地与环境条件，记录和报告，结果评定，偏差处理，状态标识等检验、测量和试验控制范围中的各个方面，制订和实施相应的控制措施和程序。

国家有关部门对从事检验、测量和试验的单位和人员有资质要求时，有关单位和个人应事先取得相应的资质证书。

第九节　不符合项控制

第三十五条　营运单位和承（分）包单位应确定承担任务中可能发生的不符合项的类别及其定义、不符合项控制的范围、负责部门及其职责。

第三十六条　不符合项的类别应根据物项不符合的严重程度以及对核安全及有效使用的影响程度确定。

第三十七条　营运单位和承（分）包单位应对不符合项的分类，发现和鉴别，标识和隔离，报告的格式和填写，处理方案的提出、审查和批准，处理和处理情况验证等不符合项控制范围中的各个方面，制订和实施相应的控制措施和程序。

第三十八条　对影响核安全的重大不符合项，营运单位和承（分）包单位应及时报告国防科工委。

第十节　记录和报告控制

第三十九条　营运单位和承（分）包单位应确定承担任务中所需的记录和报告类别，记录和报告控制的范围、负责部门及其职责。

第四十条　受控制的记录和报告应包括实施质量保证文件体系的三个层次文件和其他的有关文件所产生的全部记录（含需要保存的试样、底片等）和报告。

第四十一条　营运单位和承（分）包单位应对记录和报告的分类与保存时间、表式、填（编）写、审核或批准、标识（编码）、收集与整理、建档、归档、编索、贮存与保管、借阅、移交和处置等记录和报告控制范围中的各个方面，制订和实施相应的控制措施和程序。

第四章　验　证

第一节　质量控制监督

第四十二条　营运单位和承（分）包单位应确定承担任务中所需质量控制监督的类别、方式、范围、负责部门及其职责，以及质量控制监督人员的资格要求和职责。

第四十三条　质量控制监督包括对本单位和对供方质量控制的监督。

质量控制监督工作，可根据需要采用跟踪过程监督、按质量计划中所选的停工待检点（H 点）和见证点（W 点）监督，以及随机抽查监督等方式。

第四十四条　营运单位和承（分）包单位应对质量控制监督人员的培训，质量保证分级，监督深度与内容的确定，监督大纲、监督程序和监督计划的制订，监督的实施，监督记录和报告，监督状态标识，以及监督后续行动等方面，制订和实施相应的控制措施和程序。

质量控制监督人员应按确定的资格要求事先取得相应的资格证书。

第二节　质量保证监查

第四十五条　营运单位和承（分）包单位必须确定质量保证监查的类别、范围、负责部门及其职责，以及质量保证监查人员的资格要求和职责。

第四十六条　质量保证监查包括内部监查和外部监查以及接受外部监查

时的配合工作。

第四十七条 营运单位和承（分）包单位应对质量保证监查人员的培训，监查计划、监查程序和监查提问单的制订，监查的实施，监查记录和报告，以及监查后续行动等方面，制订和实施相应的控制措施和程序。

质量保证监查人员应按确定的资格要求事先取得相应的资格证书。

第五章 持续改进

第一节 纠正和预防措施

第四十八条 营运单位和承（分）包单位应确定实施所承担任务中采取纠正和预防措施的场合，纠正和预防措施控制的范围，负责部门以及职责。

第四十九条 营运单位和承（分）包单位应在质量控制、质量控制监督、质量保证监查、外部监督与监查、内部审查、质量和质量保证趋势分析等场合发现的或由其他人员发现的不符合项或不符合时，采取纠正和预防措施。

第五十条 营运单位和承（分）包单位应对不符合项和不符合产生的根本原因分析，纠正和预防措施方案的编制、审核和批准，纠正和预防措施的实施，以及验证和关闭等方面，制订和实施相应的控制措施和程序。

第二节 质量趋势分析和质量保证趋势分析

第五十一条 营运单位和承（分）包单位应确定质量趋势分析和质量保证趋势分析的范围，质量趋势分析和质量保证趋势分析控制范围，负责部门及其职责。

第五十二条 质量趋势分析的范围应包括对质量控制、质量控制监督、外部监督中发现的或由其他人员发现的不符合项的趋势分析。

质量保证趋势分析的范围应包括对质量控制、质量控制监督、质量保证监查、外部监督与监查、管理部门审查中发现的或由其他人员发现的质量保证体系实施的不符合的趋势分析。

第五十三条 营运单位和承（分）包单位应对分析资料的收集和汇总、分析频度和方法、分析报告、分析结果的响应行动等质量趋势分析和质量保证趋势分析控制范围中的各个方面，制定和实施相应的控制措施和程序。

第三节　内部审查

第五十四条　营运单位和承（分）包单位在完成全年质量保证监查计划后，每年至少由单位法定代表人组织和主持一次内部审查，对质量保证大纲及质量保证大纲程序的持续适用性和实施状况进行综合审查，并应确定内部审查控制的范围，参加人员、部门及其职责。

第五十五条　营运单位和承（分）包单位应对主要审查内容的确定，增补审查的时机选择，审查的准备和实施，审查报告的表式、内容、编制、审核、批准与分发，审查后续行动等内部审查控制范围中的各个方面，制订和实施相应的控制措施和程序。

第六章　法律责任

第五十六条　对于违反本规定并由此产生质量事故的责任单位或个人，国防科工委视情节轻重，依法给予相应的行政处罚；构成犯罪的，移送司法机关追究刑事责任。

第五十七条　当事人对行政处罚不服的，可在接到处罚通知之日起六十日内向国防科工委申请行政复议。

第七章　附　则

第五十八条　本规定自 2005 年 4 月 1 日起施行。

参考文献

[1] 陈学刚，董瑞林. 浅析核设施退役的质量管理［J］. 质量管理，2006（4）：24-29.

[2] 中国核动力院研究设计院. 某可燃毒物棒生产线退役质量保证大纲［R］. 2020.

[3] 中国原子能科学研究院. 某重水研究堆退役质量保证大纲［R］. 2020.

第6章
法规、行政法规规定的其他材料

6.1 前言

《中华人民共和国核安全法》第三十条规定，核设施退役前，核设施营运单位应当向国务院核安全监督管理部门提出退役申请，并提交下列材料："……（五）法律、行政法规规定的其他材料。"该法下层相关行政法规、条例、部门规定及导则等并未明确是指哪些文件。

《中华人民共和国放射性污染防治法》第二十七条、第三十八条明确规定：核设施营运单位、铀（钍）矿开发利用单位应制订退役计划。

国家核安全局法规《核动力厂运行安全规定》（HAF 103—2004）规定：

"9.3 记录管理必须包括下列方面的记录：

…………

（21）退役文件。"

中华人民共和国国家标准《核动力厂环境辐射防护规定》（GB 6249—2011）明确规定：

"11.1 在核动力厂设计时，应考虑未来便利于实施退役的要求，制订初步退役计划，并在核动力厂的运行过程中对初步退役计划定期修订。

11.2 核动力厂退役前，应制订详细的退役计划。经批准后，按退役计划有步骤地实施安全退役。"

中华人民共和国国家标准《核设施退役安全要求》（GB/T 19597—2004）明确规定：

“5.1.1　每个核设施都应制订退役计划。退役计划包含的内容及深度应根据核设施的复杂程度及潜在的危险程度而有所不同，同时应与国家的有关法规保持一致。

5.1.2　每个核设施的退役计划可按三个阶段制订：核设施退役初步计划，核设施退役中期计划，核设施退役整体计划。这三个计划在内容上应逐次深入、详细。

5.1.3　在核设施建造期间（或服役前）制订核设施退役初步计划并上报主管部门。

5.1.4　在核设施运行适当时间后或发生重大事件或事故后，必须制订核设施退役中期计划，如果在投产后尚未制订中期计划，在发生重大事件或事故后必须立即制订并上报主管部门。

5.1.5　核设施最终关闭时，应开始进行详细研究和完成退役整体计划并上报主管部门审批。”

综上，国家法律明确规定应编制退役计划，但未明确规定是否纳入退役许可的提交材料。在相关国家标准中不但明确了应编制初步退役计划，也提出退役前应制订详细退役计划或整体退役计划并上报主管部门。因此，退役计划是保证核设施安全退役的重要文件之一。本章主要围绕退役计划展开讨论，简要阐述退役计划编制或格式与内容的良好经验，以及国内关于退役计划编制的探索与实践。

6.2　退役计划

6.2.1　国际原子能机构

6.2.1.1　寿期内演变

2005 年，国际原子能机构（IAEA）发布的安全报告丛书《退役安全相关文件的标准格式与内容》（SRS-45）第二部分“文件的准备和审批”中明确了退役计划的典型目录（详见附件 1）。

2018 年，IAEA 发布的安全标准丛书《核电厂、研究堆和其他核燃料循环设施的退役》特定安全导则（SSG-47）第七部分阐述：“退役计划须在设计阶段开始，并在设施整个寿期内持续进行。该方法将有助于退役的进行；优化对退役工作人员、公众和环境的保护；尽量减少放射性废物的产生；并实现适当的退役成本估算。”

对于既定设施，从初步退役计划到最终退役计划，退役计划中的细节程度将明显增加。根据国家监管框架，退役计划宜根据选择的退役策略编制，并宜提交给监管机构批准。

在设施的整个寿期内宜开展规划和准备工作，以有助于退役。图 6-1 所示为核设施寿期和退役计划发展之间的关系。退役计划宜定期审查和更新。

对于许多早期建造的设施，在设计阶段或在建造、运行阶段可能并未考虑退役。对于此类设施，一旦认识到不足，就需要尽早开始退役规划。此外，除了退役规划，宜利用在剩余运行寿期内可能对建筑物和系统的改进，纳入有助于退役的特征，例如使用由抗活化材料制成的部件、引入去污系统以减少污染的扩散并建立通道以使热室的去污更容易。

6.2.1.2　设计和建造考虑的因素

在新设施的设计阶段，设计师或许可证持有者宜确保在向监管机构申请设计认证或施工许可证之前考虑退役因素。初始退役计划须在设计阶段编制，且须与运行许可证申请一起提交给监管机构。

应考虑以下方面的设计和建造：

（1）尽量减少受污染区域的数量和规模，以在退役期间促进去污。

（2）方便使用 SSC（核电厂系统、构筑物、部件的英文缩写），包括过程的划分（例如：通过并入舱口和较大的门）。

（3）尽量减少地下管道和建筑物结构内的预埋管道（例如，使用管沟和管套）。

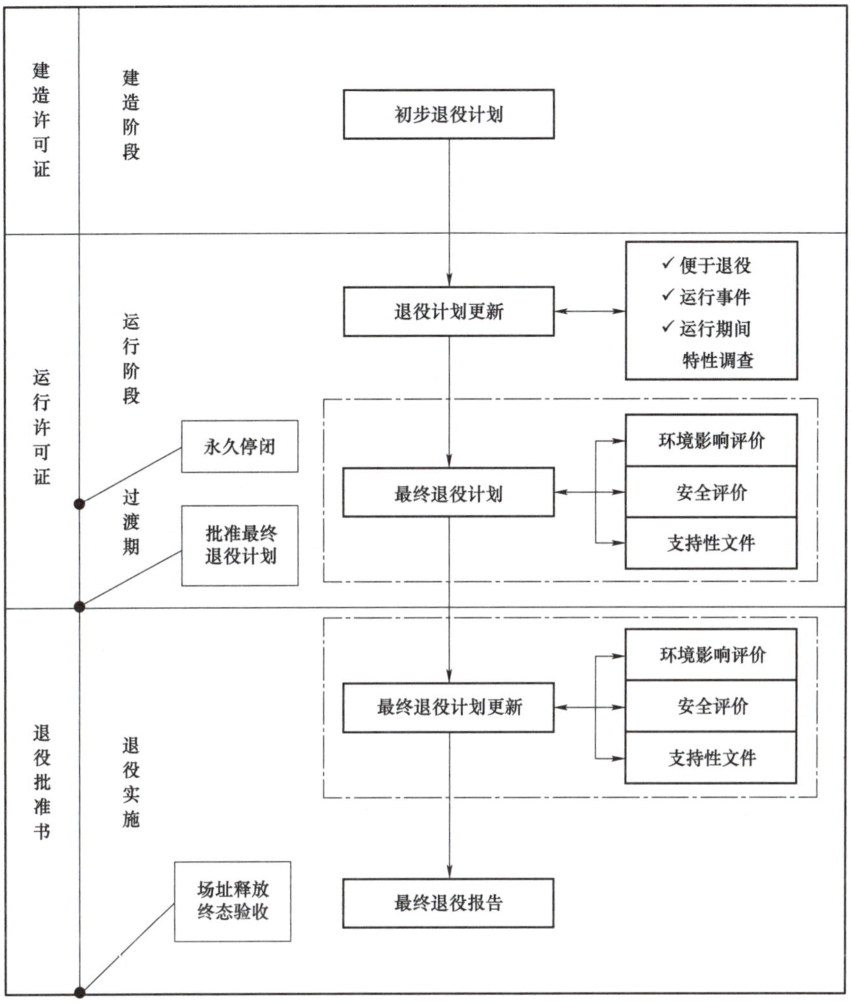

图 6-1　核设施寿期内退役计划演变示意图

（4）使用模块化施工法，以便于拆卸 SSC。

（5）分离和隔离非放射性和放射性部件及系统，例如分离电气部件和机械部件。

（6）方便材料或设备的去除和/或去污，包括在可能存在液体的处理热室和区域内采用保护层和内衬等内置去污机制。

（7）使用抗活化、抗化学降解，以及有足够抗磨性的材料，以尽量减少活化腐蚀产物的扩散。

（8）设施设计避免不希望出现的化学或放射性物质蓄积，利用各种工艺以尽量减少产生的废物量。

（9）在必要时进行远程去污、维护和监测。

（10）使运行中产生的废物或临时储存的废物能够被轻易回收。

（11）尽量减少对可能造成危险废物和放射性废物混合的有害物质的使用。

（12）考虑提供纵深防御措施，以降低放射性物质偶然释放的风险。

（13）识别可能支持退役的新设施（即新废物管理设施）并保留位置。

（14）考虑安装“试块”，以便于 SSC 的放射特性描述。

在施工期间，或最迟在开始设施初步运行之前，宜采集并保存无放射性（未活化且未受污染）建造材料（例如混凝土、钢材、石墨或铝）的样本，以便能够确定相关本底辐射水平（例如建造材料内自然产生的放射性核素的浓度）且能够进行化学分析以支持活化研究。

宜为所规划设施的拟建场址及其周围区域规划和实施基线放射性现场调查，以确定在评估设施的未来影响时所用自然和人工产生的放射性核素的本底浓度水平。许可证持有者宜明确拟取样和测量的关键放射性核素和介质（例如土壤和沉淀物或地表水和地下水），其结果可用于：

（1）将来评价设施运行对现场和周围区域的影响；

（2）确立终态标准并证明与建议的终态的符合性。

若施工前未对现场进行背景调查，则宜使用具有类似特征的未扰动区域的调查数据，或使用类似建筑材料的调查结果。

本底值宜在新设施调试之前或者在既有现场建造额外建筑物和结构之前更新，其中包括建筑材料中自然产生的放射性核素的评价，以维持将来在无须拆除建筑物或结构的情况下终止退役授权的可能性。

6.2.1.3 初步退役计划

初步退役计划尽早制订可确保在设施设计中已考虑退役。虽然初步退役计划深度受到一定限制，详细程度必然低于最终退役计划，但应充分考虑最终计划的格式与内容及相关要求。初步退役计划必须由许可证申请者提交给监管机构，以支持运行许可申请和批准。初步退役计划：

（1）最好应基于立即拆除策略，但是，在多设施场址中可以考虑针对单个设施的延缓拆除策略；

（2）应包括基于选定的退役策略的一般退役可行性研究，其中应考虑便于退役的设计规定和作业经验，包括拟定的退役终态（宜为无限制开放）、相关的关键退役措施和基本安全问题；

（3）应包括主要退役实施的时间表；

（4）应包括放射性废物管理方案，并应初步确定废物种类和初步估计废物量；

（5）应为退役项目的初步费用估算提供依据，并应明确确保退役财政准备的手段；

（6）应证明可以以安全方式实施退役。

6.2.1.4　退役计划更新

退役计划必须由许可证持有者定期进行修订，并由监管机构定期进行审查（通常每五年一次，或者按照监管机构的规定进行），或在特殊情况下证明有理由时进行审查。退役计划更新的原因包括：

（1）设计或工艺修改；

（2）财务状况、资金保证或资金要求的变化；

（3）相关法规或安全要求和标准的变化，例如辐射防护标准或环境保护标准；

（4）退役策略变更和退役终态调整；

（5）放射性废物处置设施运行及废物接收要求或处置标准的确定；

（6）技术发展以及运行和退役经验反馈；

（7）设施延寿或许可证延期；

（8）承包商或供应商的变化；

（9）对退役具有相关影响的事件，例如放射性废物贮存库库容变化。

设施接近设计寿期，基于运行经验和数据，退役计划的更新将变得更加可靠和符合实际情况。

在设施运行期间，应妥善管理运行中的放射性废物并及时送交处置，促进由安全停闭向退役过渡。否则，退役计划的更新应考虑到在退役过程中对运行放射性废物的管理。

退役工程经验表明，文档和记录的缺失，可能会导致安全风险和付出高昂的代价。应认识到，设施寿期内各个阶段（包括选址、设计、建造、调试、运行和退役）记录和文档的安全保存对于退役计划编制和退役实施至关重要。编制初步退役计划和更新、确定最终退役计划应充分利用相关记录，以确保安全并促进设施退役。文档和记录应包括：

（1）设施历史记录，包括：

——选址和施工的设计规范和信息，包括竣工图、照片、管道和电缆穿入图，以及有助于退役的其他细节；

——核材料核算和控制产生的燃料故障和记录；

——临界安全记录；

——化学品及其库存的使用；

——导致放射性物质溢出或意外释放的事件，包括有关行动，纠正措施和此类事件的终止的信息；

——辐射调查数据和污染调查数据（即放射性核素清单及其在整个设施中的分布，特别是对于设施很少访问或特别难以访问的区域）；

——可能影响地表水、地下水、土壤和沉积物的释放和泄漏；

——废物贮存地点和/或废物处置地点。

（2）设施维修改造记录和维护工作经验，包括：

——更新的竣工图、视频和照片，包括所用材料的详细信息；

——新增建（构）筑物的竣工图和本底样本；

——特殊的维修、维护措施和技术（例如有效的临时屏蔽装置或大型部件拆除技术）；

——设计详情、材料组分，以及所有临时实验和设备的历史记录和位置。

在核电厂运行期间，应保留记录，以满足未来退役的需要，并应满足国家要求。如果采用延缓拆除策略，则在最终拆除和场址恢复之前，预计应长期储存记录，因此应定期检查记录，以确保将其保存在安全且可检索的介质和格式中。

在设施运行期内，宜适当管理运行中产生的放射性废物，将其从设施现场清除至专用处置设施，在切实可行的范围内，简化到退役的过渡。如果实际情况不是这样，那么在更新退役计划时宜考虑从运行开始就将废物管理作为退役的一部分。

从运行到退役的过渡在设施永久停堆后开始，过渡期宜尽可能短。过渡期结束的定义为给予退役批准的日期或最终退役计划的批准日期。

在过渡期内，设施须符合运行许可证要求。除非监管机构已同意在危害减少（例如将放射性废物或乏燃料从设施中移除）的基础上降低要求，否则关于设施的所有运行要求均保持不变。

在根据运行许可证将设施永久停堆后可进行退役的某些准备活动，例如运行中产生的废物的管理和剩余材料的管理（包括系统排水和清除可燃材料以减少燃烧负荷）、设施特性描述、乏燃料清除、设施改进和系统准备以支持退役以及设施系统的初步去污（作为运行后清除的一部分）。

6.2.1.5　最终退役计划

最终退役计划指在实施该计划之前提交监管机构批准的退役计划文本（详见附件 2）。在实施该最终计划期间，可能随后需要根据活动的进展对计划做出修订或修正。

许可证持有者须在设施永久停堆前通知监管机构。许可证持有者还应将设施退役考虑告知监管机构。此外，在此时或最迟在从运行到退役的过渡期内，许可证持有者宜启动研究来支持最终退役计划的制订。研究应确定需要在退役期间维持使用的系统、设备和基础设施，并指定为支持退役而需要安装的新系统、设备和基础设施。

对于大型或复杂退役项目，最终退役计划有可能由额外文件（例如废物管理计划、安全评估和应急计划）支持。尽管通常要求将应急计划和安保计划作为独立文件，甚至对于简单项目也有此要求，但对于小型或简单退役项目，最终退役计划可能是包含大部分支持信息的独立文件。关于最终退役计划的内容及其支持性文件（详见附件 2），宜应用分级方法，以便提供的信息足以记录和证明建议的退役活动的安全性。

安全评估是最终退役计划的关键支持文件。根据国家监管框架，许可证持有者须编制此文件并提交给监管机构审查。安全评估的范围、内容和细节程度可因设施的复杂性和潜在危害而有所不同。

在向监管机构提交最终退役计划和安全评估报告前，相关支持性文件宜由许可证持有者进行内部独立审查。独立审查是为了提供信心，让人相信提出的任务可行并且已确定了合适且充分的安全控制措施。

许可证持有者宜进行特性调查，以支持最终退役计划的制订。特性调查的结果宜用场址的活化地图和污染地图表示。

早期设施活动中的某些信息可能无文件证明，关于不寻常事件的信息更是如此。采访高级工作人员或者甚至已经退休的工作人员，了解他们关于过去事件的经验和知识，可能是有用的。这对于补充设施的特性描述有较高价值。

可从设施运行期间进行的调查中获得结果和地图。然而，该地图可能需要更新，以考虑放射性衰变、子代产物及先前的去污活动。此外，该地图宜显示为确定结构、土壤和沉积物中污染或活化的渗透深度以及放射性污染而进行的所有特殊调查的结果。出于完整性考虑，宜尽可能确定屏蔽或自屏蔽部件中（如管道和其他设备内部）的污染。

放射性特性描述数据宜包括对场区（例如设施经营场址、周围环境、地下水和地表水、土壤和沉积物）、污染水平、剂量率水平，以及材料化学形式和物理形式的描述。特性调查还宜识别附近的未污染带。在退役活动规划期间，宜特别注意防止未污染带受到交叉污染。设施的放射性特性描述宜全面描述污染水平和活化水平。

如果运行中产生的放射性物质或废物残存在设施处（包括残存在地下土壤和地下水中），那么须将此放射性物质纳入特性调查。宜特别注意废弃不用的放射源的盘存量和含有未知和非典型放射性物质的包装的贮存。液态放射性废物的现有贮存区对于退役也很重要，因为此类废物的清除和处理可能还需考虑相关储罐的物理和化学状态以及设计寿命。宜考虑对现场进行额外的特性描述，以评价放射性核素迁移的可能性。

在编制退役计划时，宜利用从当前的或已结束的类似设施退役项目中获得的经验。

最终退役计划宜为活文件，宜进行更新以反映设施的当前状态和项目的持续进展。最终退役计划宜由安全评估支持，安全评估涵盖退役项目的所有阶段。

根据最终退役计划，某些退役阶段可同时进行。分阶段方法的实施是否成功，与是否为具体阶段确定明确目标有关。最终退役计划宜明确每个阶段的起点和终点。

在设施退役分不连续阶段进行的情况下，在完成每个计划阶段时宜编制中期报告。报告宜说明设施的物理状况以及剩余危险。

在某些退役项目中，可能有利的做法是将大型部件整件拆除（例如拆除核电厂的蒸汽发生器）以在设施建筑物外面进行贮存和处理，或者运输至远离现场的另一设施进行进一步分节、处理和调节。在这种情况下，应在退役计划中反映这一点，并处理相关的安全问题（例如：运输安全）。

经验表明，在大多数情况下可利用商用“现成”拆除技术。在这种情况下，无须专门花时间研究新工具和新技术的开发。

对于新技术的引入，可能需要进行具体分析以评估新技术或设备的适合性和安全性并实施适当的控制，同时可能需要进行额外的人员培训。此等培训宜在新技术的使用规划期间开始，以向规划过程提供反馈信息。宜利用培训来确认基本假设和安全评估输入，识别对安全重要的相关部件和设备，以及制定工作程序、管理程序和工程程序。可能有必要进行特定 SSC 方面的专业培训。如果要执行新的、高剂量率或困难的行动，那么可能还需要使用模拟体进行练习。

退役废物须根据其可用性在合适的废物处置设施中进行处置。大型复杂退役项目需要用放射性废物管理设施来处理和贮存退役废物。临时设施宜作为退役规划工作的一部分进行规划，可根据退役批准或根据监管机构颁发的单独许可证进行运行。

尽管核电厂产生的大部分放射性废物为低水平放射性废物，但是有一小部分为中水平放射性废物，接触剂量率高，需要采用屏蔽包装进行安全贮存。其他类型核燃料循环设施中产生的放射性废物的贮存可能不需要该屏蔽包装。

在下列情况中须考虑临界安全性：

（a）若乏燃料组件仍然位于设施内，则应在核电厂和研究堆的退役计划中予以考虑；

（b）在核燃料循环设施和乏燃料管理设施的退役计划中；

（c）在涉及易裂变物质的规划活动的安全评估中；

（d）在易裂变物质的废物包装和废物贮存设施设计中。

如果是延缓拆除策略，则在准备安全封存时需要拟定延缓期间保留的安全封存区域的范围。相关建筑物、场所和设备的边界，在安全封存期开始前达到的设施物理状态和放射性状态，以及为确保安全保存而将保持运行的安全系统（首选被动系统，但主动系统有时也是合适的），全部均应明确。

安全封存准备活动宜由特性调查和安全评估支持，安全评估旨在证明待完成的工作（例如：清除废物、不必要 SSC 的停役和/或拆卸、去污）可安全进行。此外，延缓拆除（安全封存期）宜由安全评估支持，证明安全封存区域的屏障能承受在安全封存期内可能发生的内外部事件。

根据安全评估结果制订安全封存期的监测和维护计划。延缓拆除策略的安全评估宜作为通过监测和维护计划中所述方式提供和维护的安全功能和安全参数（例如：密封、屏蔽、温度、湿度、向环境排放的水平）的识别依据。慎重考虑材料的腐蚀和脆性断裂可能性以及材料（备件）老化和报废的可能性。安全封存期内，许可证持有者宜定期审查整个设施的安全性，证明设施继续处于预期状态。

安全封存期临近结束时，更新最终退役计划，并通过最初拆除阶段的适当安全评估予以支持。该安全评估相当于根据立即拆除策略进行的退役项目安全评估。更新中宜考虑重启设施以开始拆除活动所需的额外准备活动。

实施退役项目时，可能要根据新数据、突发事件、经验反馈和其他因素对规划的退役活动进行改进。因此，随着退役活动的进行，在最终退役计划执行期间，可能需要更新最终退役计划和相关支持文件。更新可能需要获得监管机构的进一步批准。最终退役计划宜明确变更控制过程，通过该过程，不必寻求监管机构的批准就允许对最终退役计划中所述行动进行微小变更。同时宜考虑最终退役计划更新对环境影响评价的影响。若先前未考虑到的潜在环境影响得到确认时，宜更新环境影响评价。

6.2.2 美国

2006 年，美国核管会（NRC）发布了《综合退役指南》技术文件（NUREG），该文件对大量退役指导文件作了归并后，将其更新为一份三卷本的 NUREG 出版物。具体来说，该出版物论述了如下主题。

（1）材料许可证持有者的退役程序；

（2）场址表征、调查和放射学准则的确立；

（3）财政保障、记录保持与时效。

该 NUREG 系列取代了《NMSS 退役标准审查计划》（NUREG-1727），和《NMSS 燃料循环和材料许可证持有者退役手册》（NUREG/BR-0241）。它可供 NRC、许可证持有者和其他人员使用。

系列的第 1 卷（NUREG-1757 Vol.1，Rev.2），题为“综合退役指引：材料许可证持有者的退役程序”，采用一种以风险为指引、以绩效为基础的方法来处理信息需求，以支持材料许可证持有者的退役申请，并使其符合 10 CFR 第 20 部分 E 子部分中许可证终止的放射学准则。本指引中所述许可证终止的方法，将有助于通过考虑为 NRC 许可的、林林总总的放射性材料使用者的具体情况，来确定终止其许可证所需的信息（包括主题及详细程度）。许可证持有者应使用本指引来起草其许可证修改请求，NRC 则据之对这些请求进行审查。

第 1 卷仅适用于根据 10 CFR 第 30、40、70 和 72 部分许可的材料设施，以及根据 10 CFR 第 60、61 和 63 部分获得许可的、用于放射性废物处置活动的地面辅助设施的退役。不过，如前言中所述，本卷的部分内容也适用于反应堆许可证持有者。该卷的附录 D 阐述了退役计划检查表，描述了退役计划的格式与内容及检查方法等（详见附件 3）。

6.2.3　中国

6.2.3.1　现状

我国 20 世纪五六十年代建成的一批核设施经过几十年的运行，已完成其历史使命或已达到寿期，已开始退役或正在等待退役，如中核四〇四有限公司、中核四川环保工程有限公司等的部分核设施目前正在实施退役。

我国核电厂建设始于 20 世纪 80 年代，截至 2020 年 9 月，我国大陆地区商运机组数已达 48 台，在建机组数 14 台。可以预计，2040—2049 年，我国将面临核电厂集中退役的第一个高峰；2050—2059 年，将面临第二个高峰。

虽然我国从 20 世纪 80 年代已实施大型核设施退役工程实践并圆满完成各项工作，取得丰硕成果。但直至 21 世纪初才发布《核设施退役安全要求》（GB/T 19597—2004）国家标准，明确要求编制退役计划并提交审查。遗憾的是，截至 2020 年年底，我国仍未颁布专门针对核设施退役的管理办法或法规文件，至今也未明确退役计划编制指南、格式与内容等具体要求。

6.2.3.2 《核电厂初步退役计划的格式与内容》初稿

2011 年，原环境保护部（现为生态环境部）下达任务，要求直属技术支持单位核与辐射安全中心编制“初步退役计划的格式与内容”技术文件。2012 年，完成《核电厂初步退役计划的格式与内容》初稿（详见附件 4）的编制并组织专家讨论，但至今未发布。

6.2.3.3 《先进压水核电厂退役计划的格式与内容》初稿

2018 年，生态环境部核与辐射安全中心牵头承担了国家科技重大专项课题《先进压水堆便于退役的要求研究》，课题组依托该课题完成了国内外退役计划有关文献调研及相关国际交流，编制了《先进压水核电厂退役计划的格式与内容》初稿（详见附件 5），其为课题的重要成果之一，期望在充分征求意见并修改完善的基础上，形成建议稿提交国家核安全监督管理部门，实现成果转化和应用。

6.2.3.4 《核电厂退役编制指南》征求意见稿

2019 年，国家能源局文件（国能综通科技〔2019〕58 号）《关于下达 2019 年能源领域行业标准制（修）订计划及外文版翻译计划的通知》下达任务，由中核核电运行管理有限公司牵头编制《核电厂退役计划编制指南》。2020 年 7 月形成《核电厂退役计划编制指南（征求意见稿）》（详见附件 6）并在行业内开始征求意见。

6.3 初步退役计划编制实践

6.3.1 核燃料循环设施

6.3.1.1 国内某铀浓缩设施

1. 基本安全问题的考虑

某工程退役时考虑的基本安全问题包括四个方面：辐射安全、废物安全、工业安全和环境安全。

2. 预期的退役策略

按照《核设施退役安全要求》（GB/T 19597）中 5.2 的要求，在退役经费和退役技术能保障退役活动的安全时，应采取立即拆卸的退役策略。但由于某工程并不是一个独立的工程，而是某省铀浓缩有限公司的一个项目，某省铀浓缩有限公司是国家的一个铀浓缩生产基地，其退役策略将由该公司上级主管理集团公司和国家做出决策。

3. 实施退役的安全性

某工程的退役包括对设备、管道和阀门的拆除。在操作前，必须对被拆除的设备、管道和阀门进行表面污染测量以及内部污染的分析，采取必要的去污措施；对部分建筑物内部必须先进行表面污染测量，然后采取适量喷水、铲除等措施后，进行整修；所有拆除下来的有放射性沾污的设备、管道和阀门等在清洗去污后，送废物库暂存或熔炼去污，达到金属的回收利用（有限制使用）目的。

在退役设施过程中，一定要做好以下六个方面的工作。

（1）厂房通风

合理设置拆除、清洗、熔炼等厂房的全面排风和操作区域的局部排风，是保证工作人员安全的基本手段。

（2）密封和隔离

各去污操作在封闭空间中进行，并与通风系统连接，有效地降低厂房内空气中的铀浓度，以保证操作人员的安全。去污过程中产生的放射性废液的储存和转移均通过管道或密闭容器进行，可防止污染。

（3）优先采用湿法操作

阀门等在拆卸前先用水浸泡，将其中的铀污染物溶解于水中，可以避免其散发到空气中被操作人员吸入而导致内照射。

（4）监测系统

退役厂房设置监测系统，监测厂房空气中放射性微尘的浓度和各设备表面放射性物质的污染水平，在卫生出入口设 α/β 剂量仪，对工作人员的手、身体表面、工作服进行个人剂量监测，特别是直接操作放射性物质的工作人员，每次离开工作场所时，都要进行淋浴及淋浴后的剂量检查。

（5）个人防护

操作人员必须穿戴个人防护用品，包括工作服、口罩、手套、鞋套等。另外，尽量缩短放射性工作时间，严格规定每个人的操作时间，工作中不得随意换班，超时工作。

（6）培训

操作人员在上岗前要进行专业培训，做到专岗专人。操作人员专业技能要强、操作要熟练，以缩短操作时间，减少放射性物质的释放量和摄入量。

只要在退役实施过程中做好这些工作，就能够保证实施退役的安全性。

4. 退役设施与在役设施公用辅助的接口安排

对于公用辅助设施，退役过程中尽量利用原有的厂房、水、电、排风等辅助系统，但为不影响在役设施的运行，在制定退役实施方案时应提出具体使用情况和用量，以核实原有辅助系统的能力，合理安排使用。

5. 退役过程对环境的影响

根据退役实施的具体方案，安排流出物排放点、大气、土壤、地表水、地下水中的放射性检测和环境辐射水平检测。

对环境的影响，满足现行有效的 GB 3095《环境空气质量标准》、GB 16297《大气污染物综合排放标准》、GB 8978《污水综合排放标准》、GB 3838《地表水环境质量标准》、GB 12348《工业企业厂界噪声排放标准》，对环境和公众的辐射影响满足 GB 18871《电离辐射防护与辐射源安全基本标准》。

6. 退役废物管理

退役过程中将产生大量的废物，这些废物具有以下特点：

（1）有的受到放射性污染，有的未被放射性物质污染，且污染水平相差较大；

（2）产生来源不同，物性不同（可燃、不可燃），材质不同（棉织物、各种金属材料、金属熔渣、石灰渣、建筑垃圾等），形态也不同（气态、液态、固体）；

（3）具有辐射危害的废物释放出去将对环境造成污染，对公众造成危害。

根据 GB 14500《放射性废物管理规定》，为了以最小的代价换取最大的利益，尽量减小二次废物的产生量，保护环境，造福于后代，针对以上特点，在退役过程中对废物进行严格管理，采取分类、物理/化学去污、熔炼去污、整备、贮存、处置等措施，使所有放射性废物和非放射性废物得到妥善处理，所排放废气、废液符合相应排放标准，固体废物妥善存放及处置。

7. 退役费用及筹措方式

退役经费在工程运行阶段考虑，总额 1 亿元。工程寿期按 15 年计，逐年提取，每年 650 万元，计入浓缩铀的生产成本。

6.3.1.2　国内某铀纯化转化设施

CZ 生产线设计寿命 20 年，该工程运行到寿期后，将根据规划评估后进行退役。

为了保证该设施在运行寿期结束后，安全退役，公众免受厂内残余放射性和其他潜在危害的影响，在退役前必须制订完善的退役计划。

1. 退役方案

对铀纯化转化生产线的退役按去污、拆除等退役方案。由于天然铀的放射性很小，其退役程序在去污、拆除后即可按工厂运行时的废物处理进行，在退役过程中将会产生大量极低放废物，可采用就地填埋的处置方式处置。

设施在完成寿期内运行后，进入退役阶段，需在设备拆除、运走前完成去污过程，即尽量清除设施的残余放射性，去污方法主要为清洗去污。

清洗去污是在生产线停止运行时，进行清洗操作，对主工艺厂房内的设备及管道进行清洗去污。首先要对设备和管道进行剂量监测，根据剂量水平，采取不同的去污手段，进行去污处理。采用工厂运行期间使用的方法和技术。在清洗时，利用原来的清洗系统，清洗以后，对设备和管道进行剂量监测。清洗后的材料达到要求经包装后送相关处置设施。

为了方便今后退役，在工程设计、建造时做了如下考虑：

（1）工厂设计在分区布置、建筑物和设备材料的选择、设备布置、厂区和环境污染的控制，以及废物处理和贮存等方面，考虑布局合理及易于拆除、去污，有利于工厂退役。

（2）工程配套设计清洗去污和废物处理系统，使该工程在运行期间内产生的废物得到及时处理，减少最后退役的废物量。

（3）生产过程中产生的各种铀污染废物应分类收集、分类包装、分类贮存，有利于退役处理，包装容器应有足够的机械强度、耐挤压及撞击、耐腐蚀、密封性能好、易于去污和符合规定的寿命，且便于转运。

（4）选用质量适宜的设备、管道，减少废物量。

（5）废物的分类存放要求如下：

① 废物处理的目标是降低废物的放射性水平或危害、减少废物处置的体积。

② 气态和液态废物的排放不应超过审管部门批准的排放限值，包括放射性总活度和活度浓度限值。

③ 气态和液态废物排放前应对流出物进行监测和控制。

④ 应设置适当的流量和浓度测量设备，对气态和液态废物流出物实施受控排放，液态废物实行槽式排放的要求：[U] ≤50 μg/L、$[F^-]$ <20 mg/L。

⑤ 应分类收集放射性废物与非放射性废物、可燃废物与不可燃废物、可压实废物和不可压实废物，以避免混杂和交叉污染，简化废物的进一步处理或处置。

⑥ 应尽量把免管废物、极低放废物和可供再循环、再利用的物料从废物流中分拣出来，以减少废物的处理和处置量。

设计文件和设计修改文件应予保存；运行和事故处理记录应保存；熟悉运行的人员应予保留。

2. 退役经费

铀纯化转化生产线的退役费用，按要求应在工程运行中逐年提取。

6.3.2　核电厂

6.3.2.1　国内某小型堆

1. 概述

对核电厂来说，退役是继选址、设计、建造、试运行和运行之后的最后一个阶段。它是一个包括去污、厂内设备和系统的拆除、建筑物和结构的拆毁及对产生的废物进行处理、整备、处置等操作的过程。所有这些活动均要考虑操作人员和普通公众的健康和安全要求，也要考虑对环境产生的任何影响。目前越来越多的核电厂退役研究和经验表明，必须在设计、建造和运行阶段就对将来核电厂的退役进行充分考虑。选择合适的退役策略，尽可能在场址选择、总图布置、材料规范、系统设备布置等方面考虑退役因素，可以有效减少退役期间工作人员和公众的受照剂量，将退役对环境的影响和废物产生量降至可合理达到的尽量低，尽可能降低将来退役施工的难度和费用。本节主要对国内某小型堆科技示范工程项目将来退役时的策略选择和阶段划分、退役计划的制订提出了初步设想，阐述了在设计阶段应考虑的便于退役的有关因素和要求，并在退役费用和管理方面提出了考虑和设想。

2. 退役策略选择

目前国际原子能机构将退役策略分为两种：立即拆除和延迟拆除。

（1）立即拆除是将被放射性污染的设备、结构和设施的污染部分移除或者去污至允许设施开放用于无限制使用或者由监管机构进行有限制使用水平的策略。在这种情况下，退役执行活动在运行停止后的短时间内就开始进行。该策略隐含指出退役项目应该立即完成，包括将设施中的所有放射性材料移除至另一个新的或者已经存在的有资质的设施中进行长期贮存或者处置。

（2）延缓拆除是将设施被放射性污染的部分处理或者放置在一定条件下一段足够的时间，直到可以进行后续的去污和/或拆除等操作，从而最终达到允许设施开放用于无限制使用或者由监管机构进行有限制使用的策略。

（3）立即拆除策略要求在核电厂停止运行后的短时间内就开始进行退役，在该情况下，核电厂内部分区域的放射性水平较高，要求采用更为先进的技术并对工作人员提供更为严格的保护以降低工作人员所将受到的辐射照射；

延迟拆除也许会减少退役所产生的放射性废物的量，并减少对现场人员的辐射照射，但有可能因延迟拆除导致出现系统包容性恶化、档案资料散失、人员流失及长期监督维护需要高额费用支撑等缺陷。

上述两种策略各有利弊，具体选择何种策略需要充分考虑核电厂所在国家有关退役的法规政策、放射性废物管理能力、从事退役的工作人员、退役费用估算和筹资方式、其他机组的影响、退役技术发展及其对安全及环境的影响等方面的因素，满足核电厂所在国家的放射性废物管理和核能发展战略要求。

国内某小型堆科技示范工程项目在设计中充分考虑了各退役策略的退役方案的需求，使得对拆除技术和辐射防护水平要求相对较高的立即拆除策略的实现成为可能。如果采取延迟拆除的策略，需要注意在封存期间保证足够的监护措施，确保设施安全。而封存之后的拆除由于放射性在一定程度上的衰变，可能会带来拆除技术上的简化。

综合比较各策略并考虑到国际上退役领域的发展趋势以及退役拆除技术的水平，针对国内某小型堆科技示范工程项目退役推荐选择立即拆除的退役策略。理由如下：

国内某小型堆科技示范工程项目的部分废物处理系统经过整治可在退役中继续使用。同时沿用该厂址内某 1、2 号机组退役时建设的废物处理设施，使退役工作具备处理整备放射性废物的能力，可保证退役过程中产生的气态、液态及固态放射性废物都可得到良好安全的管理。

在机组设计中，选择了便于去污的材料，在设备布置中采取了限制系统污染及污染扩散的措施，便于设备拆除及拆除阶段人员进出的措施等，可方便退役工作的开展。

电厂在设计阶段考虑了很多先进的设计理念，采用了各种辐射源项控制技术，可保证退役时工作人员和公众的受照剂量保持在可合理达到的尽量低水平，实现辐射防护最优化的目标。且实行立即拆除策略可最大程度实现工作人员的平稳过渡并避免人才及资料流失等情况的发生。

我国已有乏燃料基金支持乏燃料外运及后处理等相关工作；根据国家政策，国内某小型堆科技示范工程设计报告编制时对考虑了退役所需的经费，以便于在小堆运行过程中对退役费用提前进行考虑，从收益中预提足够的资金，确保退役过程顺利安全地进行。

通过已完成的核设施退役工程，我国积累了大量的核设施退役经验，结合国内外退役技术的发展及国内外交流合作的日益紧密，可保证该项目退役时有可利用的技术及设备满足立即拆除的要求。

综合上述分析，在具备废物管理能力、存在便于退役开展的设计考虑、保护工作人员、国家政策支持及充足的资金保证、退役技术的不断发展等方面可以证明，该小型堆科技示范工程退役选择立即拆除的退役策略是合适的。

3. 退役计划的制订

退役最终目标的实现取决于周密和有组织的计划。国家核安全监管部门要求新建核设施要制订退役计划。计划的内容、范围和详细程度应根据设施的复杂性和潜在危害的不同进行调整。核电厂退役计划分三个阶段制订和提交，即：初始计划、中期计划和最终计划。

三个阶段计划的内容应逐步深入、完善、细化和优化。其中安全分析和环境影响评价是退役计划中的重要组成部分，是确保退役期间工作人员、公众和环境安全，免受或减少由于退役产生的放射性和非放射性危害的关键。

（1） 初步退役计划

初步计划的制订要考虑以下几方面的问题：退役可行性的一般分析；退役涉及的安全问题的基本考虑：退役实施对环境影响方面的考虑；退役费用及筹资方式；明确退役期间需使用的现有设施、系统和设备。

（2） 退役计划更新

核电厂运行期间需要对初始退役计划进行定期审核、更新和细化，以制订中期退役计划（若发生重大事故时应立即升版）。需要更新和细化的内容包括：国家有关退役政策和法规的变化；退役技术的发展；退役实施时可能发生的异常事件；对影响退役计划的系统和结构的重大修改；退役费用的估算及落实情况。

（3） 最终退役计划

核电厂安全关闭前要提交详细的最终退役计划，作为关闭申请和退役申请的支持性文件，其内容深度应符合国家核安全监管部门的相关规定。

4. 退役方案简述

（1）退役范围、目标及顺序

该小型堆科技示范工程规划建设一台自主化十万千瓦级 ACP100 核电机组，具体退役范围包括本工程建设的及与厂址内其他机组共用的放射性设施，具体包括：反应堆厂房（1NR）、电气厂房（1NL）、核燃料厂房（1NK）、核辅助厂房（1NQ）、附属厂房（1NN）、放射性洗衣房（AN）、常规岛液态流出物排放厂房（1WL）、仅与核辅助厂房（1NQ）、常规岛液态流出物排放厂房、虹吸井相关的废液排放管沟（1GW）的退役及小堆所在场址室外受到放射性污染区域的清理工作。

放射性固体废物处理辅助厂房（QS）、放射性固体废物暂存库（QT）、厂区实验楼（AL）、特种车库（AS）和放射源库（YK）等与厂址内 1～4 号机组共用的放射性厂房，将继续服务于后续机组的运行，其退役纳入后续机组的退役一并考虑；1、2 号机组新建的废物处理设施由于要继续为后续机组运行和退役服务，其退役纳入后续机组的退役一并考虑；与 3、4 号机组共建子项放射性机修车间（SAC），其退役与 3、4 号机组的退役一并考虑。上述厂房在去污达到目标值后拆毁，建筑垃圾运走，场地平整。

由于核电厂选址需考虑多项因素，为了尽可能利用适宜的场址，建议在本场址退役后尽可能仍作为核设施基地继续使用。随着核电中长期发展规划的后续制定及升版，若明确了本场址在退役后的用途，则应将本核电厂的退役方案进行升版，届时退役目标、退役范围等也应根据场址利用计划有针对性地进行调整，海工、电力、取排水等基础设施可根据其状况及后续工程建设方案等方面综合考虑进行保留或拆除。现阶段该小型堆科技示范工程的退役目标暂时确定为：小堆所在场址中仅为这台核电机组服务的建（构）筑物全部拆除，场址清理至无限制开放水平。

上述各放射性设施的拆除顺序简要描述如下：

① 对反应堆厂房（1NR）内设备进行拆除；

② 将燃料厂房（1NK）内设备拆除；

③ 对电气厂房（1NL）内设备进行拆除；

④ 对核辅助厂房（1NQ）内设备进行拆除；

⑤ 对附属厂房（1NN）进行拆除；

⑥ 对放射性洗衣房（AN）进行拆除；

⑦ 常规岛液态流出物排放厂房（1WL）内设备进行拆除；

⑧ 对与核岛/常规岛液态流出物排放厂房、虹吸井相关的废液排放管沟（1GW）进行拆除清理；

⑨ 场址清理，在场址清理前应完成去污后厂房构筑物拆除工作。

上述放射性厂房退役时，可先对其中非放射性房间内的设备进行拆除，而后开展放射性房间的退役工作。

对于非放射性厂房的拆除顺序须考虑其功能及作用：若需要其为放射性厂房退役服务，则必须保证其在放射性厂房全部拆除完毕后再进行拆除；无须为放射性厂房退役服务的非放射性厂房可根据安排尽快开展拆除工作。非放射性厂房的拆除按照普通工业厂房拆除方法拆除即可。

（2）退役方案

该小型堆科技示范工程的退役，考虑需要经历停运过渡，厂房内放射性物项拆除，建（构）筑物去污、拆毁，场址清理等几个主要步骤，对退役方案简要介绍如下：

在停运过渡阶段进行必要的系统倒空、系统串洗等工作，有效降低待拆除物项的放射性水平。

拆除前，新建必要的废物处理设施，可接收大型设备进行解体切割，并具备所需的废物处理整备手段，确保废物出路畅通。

退役拆除阶段，按照退役方案中确定的退役顺序，对存在放射性的厂房内物项进行拆除。拆除时对于放射性水平较高的部件（如一体化反应堆、堆内构件等）采取远距离水下遥控解体的拆除方式；对于大型设备（如蒸汽发生器、稳压器、主泵等），可将其移至新建废物处理设施进行解体，尽量选择冷切割工具，当冷切割不能满足切割要求时辅以热切割方式，并在热切割工位旁设置移动式通风装置，为了减少人员辐照剂量或降低工作人员劳动强度，可选择使用机器人或自动切割设备进行切割拆除等操作；对于轻微污染的设备，经必要的擦拭去污后进行拆除，经检测达到解控标准后暂存，经审管部门认可后解控；对于电缆及其架桥等物项，经表面擦拭去污后，送至新建废物处理设施进行剥离等处理，达到解控标准的可解控。上述提到的系统设备、管道、阀门等的就地操作应尽可能简化，只作拆卸、拆除及简单的解体工作，能将物项运送到新建废物处理设施即可，细致的解体、去污、测量、减容、整备、暂存等工作在新建废物处理设施内进行。

设备的拆除涉及多个模块，这些模块可根据现场情况处置。拆除时的就地操作应尽可能简化，只作拆卸、拆除及简单的解体工作，之后运送到新建废物处理设施进行细致解体、去污、测量、减容、整备、暂存等工作。

当厂房内物项全部拆除完毕后，对建（构）筑物墙、地面的放射性进行调查，根据调查结果制定相应的去污方案。最后对整个厂房建（构）筑物进行表面剥离去污，直至解控。

最后，当厂房全部去污完毕后，进行场址清理工作，对场址内污染地面的土壤进行分类收集。根据退役目标对建（构）筑物进行拆毁，并对污染土壤进行清理直至达到退役目标值。

5. 退役前环境辐射水平调查

根据国家相关标准的要求，该小堆厂址内某 1、2 号机组首次装料前，必须完成环境本底辐射水平调查，至少应获得最近两年的调查数据。本底调查包括环境 γ 辐射、陆地环境介质监测和海洋介质监测。环境 γ 辐射的监测范围为以反应堆厂房为中心，半径 50 km 范围内，其余陆地环境介质的监测项目一般取 20～30 km，海洋介质的监测范围为排放口为中心，半径 10 km 范围内。主要监测内容为：

（1） 厂址周围存在的辐射或放射源应用情况。

（2） 两年本底调查的环境放射性监测项目，主要包括以下几类。

环境 γ 辐射：γ 辐射剂量率瞬时定点测量；γ 辐射累积剂量测量。

陆地介质：大气及沉降物、土壤和底泥，以及陆生生物。

海洋介质：海水、海洋沉积物、海洋生物。

（3） ^{14}C 本底调查的项目，主要包括以下几类：

陆域介质：水、生物。

海洋介质：海水、生物。

6. 退役废物管理

在该小型堆科技示范工程项目退役过程中，应根据《可免于辐射防护监管的物料中放射性核素活度浓度》（GB 27742—2011）、《放射性废物分类》（公告 2017 年第 65 号）等废物管理相关标准及文件的规定对各类废物进行检测、分类、处理。

（1）放射性固体废物

对退役过程中产生的高放废物进行包装和暂存，采取深地质处置方式处置；低放废物可以在具有工程屏障的近地表处置设施中处置；极低放废物根据其材质及放射性水平分别进行收集和包装，送至新建废物处理设施进行处理，经检测进行解控或送至极低放填埋场填埋。

（2）放射性液体废物

系统倒空、系统串洗过程中产生的放射性废液，用原废液处理系统进行处理。

设备离线去污产生的废液，通过去污设施内配建的废液处理系统进行处理。

退役过程中工作人员产生的洗澡水等废液，利用原有系统进行收集、处理及最终排放；当原有系统拆除后，利用新建的废物处理设施的相关系统进行收集、处理和排放。

（3）放射性气载废物

退役过程中，放射性气载废物产生于使用热切割工具的拆除过程、对厂房构筑物进行表面剥离去污的过程以及厂房的维护排风过程。

在进行热切割时，在切割工位旁设置移动式通风装置，对产生的放射性粉尘及气溶胶进行过滤，过滤后的气体进入厂房排风系统；表面剥离机与高效工业吸尘器配套使用，过滤后的气体也将进入厂房排风系统。气流进入厂房排风系统后通过厂房的排风装置过滤后排放。

退役过程中厂房的通排风利用厂房原有的通风系统。

7. 便于退役的考虑

目前，越来越多的核电厂退役研究和经验表明，必须在设计、建造和运行阶段就对将来核电厂的退役进行充分考虑。尽可能在场址选择、总图布置、材料规范、系统设备布置等方面考虑利于退役的因素，以有效减少退役期间工作人员和公众的受照剂量，从退役废物产生源头进行控制，贯彻废物最小化原则，有效减少退役施工难度和费用。

该小型堆科技示范工程项目在最初设计时考虑了将来退役的便利性，并遵循以下原则。

① 任何为方便退役所采取的设计措施，都应符合现有国家法规和标准的要求。

② 方便退役的措施应遵循放射性废物最小化的原则。

③ 对材料选择、系统和设备、厂房布局和设备布置的设计，应方便去污、拆除方便退役操作、设备的转移。

④ 为核电厂退役而考虑的措施，应避免与设施安全可靠运行及维护等主要目的相抵触。

⑤ 必要时进行利益代价分析，确保方便退役措施的合理性。

（1）主要系统和设备设计

① 易清洁性

为了减少污染积累和方便去污，系统设备、管道及部件选用耐腐蚀、易清洁去污的材料。例如：与放射性废液接触的设备一般采用不锈钢材料。贮槽及其他设备设计尽量采用了简单设计，避免设备有较复杂的内部构件以减少可能的放射性物质的沉积。接触和处理放射性液体的系统管道在设计上尽量减少弯管存在和避免液封存在，减少了放射性物质的沉积。并且管道尽量采用焊接，尽量减少法兰、接头及弯头等可能造成放射性物质沉积部件的使用。管道设有足够的坡度，并且管道设有疏排管线以保证管道内液体的排空。

② 可拆除性

核岛内工艺设备在核岛厂房内的安装位置、安装方式，以及安装路径均由核岛设备运输安装路径文件规定。该文件对箱罐类、泵及电机及其他附件、热交换器、除盐器、过滤器、冷冻机组、冷却器，以及大型阀门的安装状况进行描述，并对这些设备安装、吊运过程中所使用的吊装设施进行描述。退役期间可以参考核岛设备运输安装路径文件对涉及的核岛工艺设备进行整体拆除、吊运出核岛厂房，或根据设备实际状况进行合理的拆除方案。

（2）系统设备布置

大部分的放射性阀门和设备被集中布置在单独的隔间内实现实体隔离，将放射性尽量集中到某一处，方便快速集中处理。

为便于操作位于放射性控制区的阀门，设置必要的阀门远传装置。

设计时考虑了设备运输通道、吊装设备，以及检修空间，这些都有利于退役时设备的拆除。

主回路设备如反应堆压力容器、蒸汽发生器、反应堆冷却剂泵可以采用整体拆除方式，安全壳穹顶设有覆盖整个厂房的环吊，反应堆厂房设置有人员设备闸门，方便拆除大型设备时使用。

输送反应堆冷却剂或其他放射性液体管道尽量减少产生死区，以防止系统中杂质的沉积。尽可能缩短放射性管道长度。

管道保温材料采用易于拆除的结构型式。

（3）限制系统污染主要采取了以下措施

在设计阶段划分辐射分区，识别在正常和事故情况下可能受到污染的区域，放射性系统和非放射性系统分开布置。

放射性废液储罐所在房间设置滞留池，防止废液蔓延。

所有带有放射性的房间地面在设计时均设计有一定的坡度，在地面的最低点设置有集水疏水地漏，通过专门的系统管线将废水收集到一起集中处理。

系统管道设置合理的坡度及疏水阀，保证实现系统的完全疏水。

（4）便于房间和设备去污的布置

反应堆厂房内层安全壳采用钢质结构，大大方便了该厂房的清洁作业和后续拆除。

所有带有放射性的房间墙面、地面，以及天花板均采用耐辐照的涂层，该类表面涂料可以方便去污和清除，而且可以防止污染下层的混凝土表面。

所有的水下壁面均提供涂层或不锈钢覆面设计，保证废水不会对混凝土造成污染，该混凝土可以重复使用。换料水池和乏燃料水池均设置了不锈钢覆面。

采取措施防止设备表面污染物沉积；设备周围设置足够空间，方便去污操作。

（5）便于拆除阶段人员进出的措施

主要设备周围均设置通行区域，可以快速地将设备拆除运走，放射性装备均有专门的运输路径，在拆除时可以按照设计好的路径快速移除。所有措施均可以大大减少人工操作时的辐照水平和操作时间。

为运行和检修设计的人员通道，可在退役阶段使用。

8. 运行阶段的设计、运行资料的收集和管理

需要提供的基本文件包括：核电厂竣工文件、所要求的运行文件以及一些其他的相关文件。完整的文件资料可以确保退役工作效率并减少退役期间出现的意外情况。

在核电厂运行的几十年期间，因核电厂的变更和改进，这些文件与核电厂的真实状况的吻合性有所降低。为避免在退役和拆卸作业中出现麻烦，应该避免这种情况。相对应的措施包括：

工程设计文件应该随时更新。

应确保在核电厂寿期内这些文件的可用性。必须采取措施防止数据丢失（例如，保存副本）。

应记录可能对未来有影响的非常规事件（如，有关污染物溢出或泄漏的信息）。

已经采取措施来确保可以储存和查阅的退役所需的文件，主要包括：

与运行相关的图纸和图表，包括机械和电气图、电缆敷设图、管道等轴图、布置图、贯穿件图、部件详细资料、钢筋图、组装专用工具图和所有设备，以及反应堆装置的 3D 数字模型图。

对于选择性操作，允许使用和修改设备和构筑物的其他文件（例如吊装机械的设计、专用工具、地板、承载结构、制造和设备规格书、土工技术试验结果）。

照片和录像（有字幕、日期和注释），有利于说明设备的组装和安装、土方工程和埋入地下的部分结构的施工、部件吊装方法、道路规划，同时关注那些将承受高放射性和污染的部件。

数量清单：混凝土量、钢筋吨数、电缆长度等验收文件，施工中使用的材料样本，这些样本可用来检查杂质，受辐照材料的强度数据、耐腐蚀能力等，也能够用来区分初始放射性和由于反应堆运行导致增加的放射性，特别是对于施工中采用的有初始人工放射性的材料。

保留反应堆施工材料（钢材、混凝土等）的样本和标本。

所有运行事件的记录及其评价，以及对原设备所做的所有改造的记录。

所有能够追踪放射性清洁和放射性数量的文件（方位图、图片检测、各种取样等）。

最后两点特别需要通过监查清洁/废物分区的演变来确保。

厂址放射性生态参考调查（陆地和海洋环境）也有益于形成最终退役报告。

9. 退役费用的考虑

根据《中华人民共和国放射性污染防治法》第 27 条的规定，核设施的退役费用和放射性废物处置费用应当预提，并列入投资概算或生产成本。根据《核电厂建设项目经济评价方法》（NB/T 20048—2011），本工程退役基金将按核电厂建设工程固定资产原值的 10%计提，从投产后第一年开始平均提取。

10. 退役管理设想

运行阶段应及时完善更新退役计划，特别是有重大变化时应由相关部门负责完成此项工作。

从核电厂停运到退役结束可大致分为两个阶段，第一个阶段为电厂的安全关闭期，第二个阶段为电厂退役期。

安全关闭期是从设施运行到退役主要拆除活动实施之间的一个重要阶段，该阶段从运行阶段末期启动，组织机构与生产运行阶段的组织机构相对应，在这一阶段将进行一系列的计划和调整，使核电厂从管理构架到硬件状态等方面都适应退役的目标和要求。

该阶段是经历人员编制从适于运行到适于退役调减的主要过程，人员编制首先满足安全关闭期工作的需要，并且在安全关闭活动结束的时候人员编制应调整到适于退役期拆除活动的技术、实施和管理需求。

退役期主要活动是将设施内所有放射性物项进行拆卸、解体、包装、处理，以使所有设施内不再存有不符合退役终态要求的放射性物项，并且最终进行建（构）筑物拆毁和厂址清理，使厂址最终无限制开放。

11. 结论

通过上述分析，得出如下结论：

（1）核电厂退役策略选择受多种因素影响，在本核电厂建造可行的前提下，从目前的国家政策、费用来源、废物出路，以及退役技术方面来看，建议将来采用立即拆除策略。

（2）该小型堆科技示范工程项目在设计阶段已考虑方便退役工作的多项

措施，在建造阶段也应继续对退役工作进行充分考虑。

（3）在核电厂安全关闭期，建议指定有关责任部门负责考虑、实施退役的前期工作。

核电厂退役将涉及国家政策、法规、经济和科学技术条件等问题。在核电厂运行寿期末采用的退役策略和退役方案，将根据技术经济的发展情况，在专门的退役阶段的可行性研究和环境影响评价工作中再行确定并分阶段实施。

6.3.2.2 国内某引进机组

1. 退役方案

（1） 总则

① 退役是核电厂生存周期的最终阶段。根据出口国的安全总则，退役——从核电厂机组清除核燃料和核材料之后进行的活动，旨在使核电厂机组达到预定的最终状态，不再把机组用作电源并保证工作人员（员工）、居民和环境的安全。

退役之后核电厂发电机组最终状态的指标和性能应当保证国家管理机构在放射性安全方面可以对其免于监督。

同时，国际原子能机构的文件也声明，可以将退役核电厂的某些部分（个别建筑物、构筑物、装置、系统）加入新发电机组或者现有发电机组。这种情况下，核电厂现场可再次置于管理监督之下。

对退役后核电厂场地（核电厂发电机组）最终状态选择的主要影响因素是其以后的利用目的。应当在国家法律法规要求的层面上确定利用目的并考虑到：

核能领域的发展以及是否有可用的核电厂建设场地或者燃料循环装置、放射性废物或者乏燃料贮存库等；

不同时期投入使用的发电机组所在核电厂的发电机组退役的必要性；

厂区所在地区的生态状况。

② 核电厂的顺利退役取决于对这个复杂漫长过程的细心和良好的组织规划。为了进行退役工作，应当制订退役计划和/或包含一揽子技术组织方案的全套文件，一揽子技术组织方案对于顺利完成核电厂的最终生存阶段必不

可少。退役计划的范围和细节程度取决于核设备的类型和潜在危险性，且应当符合核能利用方面的国家标准文件。

应当规定核电厂退役分三个阶段：初始阶段、当前阶段和最终阶段。规划时从初始阶段至最终阶段细节程度应有所提高。

获得核电厂建设许可证后运行单位应制订并批准退役的初始计划。初始计划的细节程度应大大低于退役的最终计划，此类计划规定的许多方面和措施应当是概念性的。

核电厂（核电厂发电机组）退役的当前计划包括：基于运行经验并考虑运行期间的事件事故、管理要求的变更、消除放射性污染领域的工艺进步、放射性废物处理情况和拆除情况，对退役初始计划进行定期审查、补充和扩充。

应定期审查和更新退役初始计划，至少五年一次，或者管理机构规定的期限内，或者有具体情况时，比如，运行过程中的变化造成计划大幅度变更。必要时，考虑到运行过程中积累的经验、新的安全要求或者修改后的安全要求或者工艺成果，应更改或者修改退役计划。

③ 退役阶段实施前，应制订最终的退役计划并向管理机构报批。这种情况下，应确定将以何种方式对项目进行管理，包括：项目管理计划、参与单位的作用和义务、安全和放射性保护措施、质量保证、废物处理计划、文件和核算记录的管理要求、安全评估和生态鉴定及其标准、实施阶段的监测措施、实体屏蔽措施，必要情况下还应包括管理机构规定的任何其他要求。

④ 下列出口国国家标准文件对核电厂的退役做出了规定：

《核能利用设施退役时的安全保证总则》；

《核电厂机组退役安全保证规程》；

《设计服役期满核电厂机组拆除的基本规定》；

《核电厂机组退役时安全论证报告的组成和内容》；

《对核电厂机组退役计划内容的要求》；

《核电厂机组退役数据库总体要求》。

⑤ 根据出口国的安全总则，退役之前核电厂厂组生存周期的各个阶段中，实施组织和技术措施以及展开工作时均应考虑到机组的退役事宜。

根据出口国相关文件，运行单位在核电厂生存周期的各个阶段中，从核电厂机组投入使用、整个运行期间和核电厂退役期间，应当组织和保证收集、处理、保存退役阶段工作需要的和对该项工作产生影响的机组信息以及退役阶段工作完成成果的信息并输入退役数据库。

核电厂设计中采取措施降低消耗和辐射量指标，降低发电机组退役时废物的放射性量和水平，这些措施是：

核电厂机组设备、系统和结构制造材料的选择可保证其放射水平较低［使用钴含量较低（低于 0.025%）的合金］；

核电厂机组建设时使用核电厂机组退役时可以简化拆除工程的建筑结构；

使用现代化的放射性污染清除方法、相应的设备表面涂层，以保证核电厂机组运行时放射性物质表面污染的最低水平；

利用移动模块装置，保证运行周期中核电厂任何受放射性污染设备（内部和外部）自主清除放射性污染，以降低核电厂机组退役时的劳动消耗和照射量；

选择相应的一回路水化学工况，可减少运行时腐蚀物的生成并降低核电厂机组退役时的放射性危险性。

⑥ 为了选择和论证核电厂退役方案，运行单位保证进行核电厂机组各种退役方案研究所必需的机组调查。考虑到调查结果和对设计运行文件的分析，进行核电厂机组各种退役方案的技术经济研究，在此基础上运行单位做出决定，选择具体的核电厂机组退役方案。

⑦ 根据出口国的安全总则，运行单位在核电厂设计服役期到期前不晚于5 年保证制订核电厂机组退役计划（最终计划）用于选择方案，并呈报国家核能管理机构，以便按照规定程序形成核电厂机组运行许可证效力条款的变更。核电厂机组最终停运期限变更时应当修订退役计划。

⑧ 核电厂机组退役规划（计划）包括核电厂机组退役方案实施的基本组织和技术措施、退役阶段执行顺序和进度表、退役各阶段主要工程的清单以及核电厂机组退役各项工程完工后最终状况的描述。

⑨ 运行单位应保证按照《核电厂机组退役规划（计划）》规定的日期进行核电厂退役机组的工程和放射性综合调查。

核电厂发电机组的工程和放射性综合调查分为几个阶段，这几个阶段与核电厂机组退役的各阶段相对应，其目的是确定进行调查时核电厂机组设备、系统、建筑结构和工业场地的实际技术和放射性状况。

⑩ 运行单位根据《核电厂机组退役规划（计划）》并基于机组工程和放射性综合调查材料，按照要求出口国的安全总则保证制订核电厂机组退役计划。

核电厂机组退役计划中应规定核电厂机组退役的具体工程种类并说明施工工艺、施工顺序，以及退役各阶段必需的人力、财力和物力。

运行单位根据核电厂机组退役计划拟制核电厂机组退役时的安全论证报告，以便从国家核能管理机构获得退役许可证。

退役的核电厂应配备拥有必要资质、可按照规定程序独立工作的人员。

⑪ 核电厂（核电厂机组）的退役始于乏核燃料清除之后，终于核电厂场地利用限制的取消。从机组场地清除放射性物质和电离辐射源，完成所有放射性废物的收集、整备和掩埋工作，以及清除和/或重复利用非放射性废物后达成退役。

运行单位负责核电厂机组退役工程实施时核安全、技术和放射性安全措施方面标准、规定、要求和规程的执行，直至根据政府机构决定按照规定程序解除这个责任或者将其移交至别的单位。

达到规定的核电厂机组最终状态后方可终止核电厂机组退役工程，最终状态需运行单位相关文件（证明书、结论等）确认，该文件需按规定程序批准。

按照规定程序编制文件，证明工程中核电厂机组达到的状态与退役计划相符，在该文件的基础上运行单位与国家安全管理机构和其他相关单位一起做出核电厂机组退役工程完工的决定。

（2）退役主要方案

① 为了选择和论证核电厂退役方案，运行单位保证进行核电厂机组各种退役方案研究所必需的机组调查。考虑到调查结果和对设计运行文件的分析，进行核电厂机组各种退役方案的技术经济研究，在此基础上运行单位做出决定，选择具体的核电厂机组退役方案。

② 全权机构做出决定以及编制必需的文件后，运行单位最终停堆以进行

机组退役。

按照规定期限最终停堆后，通过清除乏燃料，核电厂机组进入核安全状态。

除了从反应堆堆芯、反应堆附近的燃料保存池以及最后从核电厂机组场地清除核燃料外，退役准备分阶段还包括下列主要工程和措施：

（a）从核电厂机组保证安全处理乏燃料的设备和工艺系统中清除放射性材料；

（b）对核电厂机组设备、系统和建筑结构进行放射性污染的标准清除工作；

（c）从核电厂发电机组处理或者清除运行放射性废物；

（d）核电厂发电机组退役计划编制所必需的核电厂发电机组的工程和放射性综合调查；

（e）在核电厂发电机组退役规划规定的期限内编制核电厂发电机组退役计划；

（f）在核电厂发电机组退役计划的基础上拟定《核电厂发电机组退役时的安全论证报告》；

（g）拟制《对环境影响的评估》报告，报告中应明确核电厂发电机组退役时可能对环境造成的不利影响和这些影响的社会生态后果，以及减少和/或避免这些不利影响的措施；

（h）使核电厂处于可预测状态（关于设备、贮存库、库房等的使用寿命、组成）；

（i）针对机组退役工程培训员工；

（j）完成核电厂机组退役活动管理基础设施的建设和组织体系的建立；

（k）修改（更新）退役数据库；

（l）建立废物登记系统；

（m）拟订从管理机构获得核电厂退役工程施工许可证所必需的文件。

退役准备分阶段持续时间为3至5年。

根据监管机构标准文件的要求，为退役而停堆的核电厂发电机组在乏燃料从机组中清除之前视为仍在运行。在此期间对员工、文件的所有要求与对待运行机组的要求一致。

③《“核电厂电力热力生产康采恩”开放型股份公司发电机组退役方案》和《核装置、放射源和保存点退役方案》规定实施数种核电厂电力机组退役方案。

核电厂机组退役的基础性方案为：

（a）清理－核电厂机组退役方案。该方案规定对含放射性物质的设备、系统、结构、建筑物和构筑物进行放射性污染的消除工作并将其拆卸，消除放射性污染直至现行标准可接受的水平，处理放射性废物，包括消除项目场地的放射性废物，使项目和项目场地的状态保证可以全部或者部分取消核电厂使用时国家安全管理机构的监管。

（b）就地掩埋－退役方案。该方案规定依次将设施转移至特殊放射性废物安置点，然后转移至特殊放射性废物封存点。进行转移时对核电厂机组设备、系统和建筑结构的放射性污染和放射性成分进行隔离并设立必要的工程实体屏蔽，避免非法进入限制区并保证放射性废物整个潜在危险期内员工、居民和环境的放射性安全。

实施退役基础性方案时，可以进行核电厂发电机组建筑物和构筑物、系统和设备的转化，这种转化旨在改变核电厂发电机组个别组成部分的目的用途，以建设新的退役基础设施、处理放射性废物和进行其他实际活动。

选择退役方案时，可以对基础性方案进行组合和改进，在多机组核电厂场地退役项目方案框架内具体方案的选择和方案的结构应取决于工程、经济、生态和其他因素的最佳组合，应使用上述因素的最佳组合对方案的选择和方案结构进行论证。

因退役非常复杂，其过程可以分为数个阶段且包含核电厂安全停闭阶段，其目的是使安全实体屏蔽状态维持在应有水平的情况下，通过放射性物质的衰变来降低设施的放射性危险水平。

通过阶段工程完工时达到的设施最终状态来描述和确定退役各阶段。

④ 可以在两个方向上实施“清理”方案：

（a）核电厂发电机组紧急清理（紧急拆除）；

（b）核电厂发电机组（发电机组的一部分）置于监测之下封存和保存后非紧急清理（非紧急拆除）。

⑤“置于监测之下封存和保存后缓清理核电厂发电机组”方案可以分为

下列三个阶段：

（a）核电厂发电机组监测保存准备阶段；

（b）核电厂发电机组监测保存阶段；

（c）核电厂发电机组作为“放射性设施”的清理阶段。

⑥“核电厂发电机组监测保存准备”阶段包括对发电机组设备、系统、房间和建筑结构进行放射性污染清除和封存，在核电厂发电机组退役计划规定的时期内对机组反应堆房间内高放射性设备进行隔离。

在该阶段放射性监控系统保持工作能力，根据机组的变化情况、放射性监控的特性和范围进行优化，保证监测保存工况下安全维护核电厂发电机组和后续进行机组退役工程的设备和系统亦保持其完整性和工作能力。

核电厂机组系统和部件封存必须以机组监测保存期间机组系统和部件保持工作状态为前提，拟于核电厂机组退役的各个阶段利用这些系统和部件。

该设备长时间隔离于现有房间中，时间与建筑结构预期的使用寿命相吻合（30 年以上）。

高放射性设备长期保存的目的是降低放射性水平。

机组“封存”时采用的技术方案和组织措施应当符合标准文件中所述的放射性安全要求。

“封存”时维持核电厂建筑物和构筑物的现有划分，分为自由出入区和出入控制区。考虑到“封存”时对放射性设备进行的拆卸工程量有限，应当根据维护能力特征仍然总体上维持严控区房间的划分。“封存”时有主要工艺设备的房间部分的等级应当从非维护房间转为定期维护房间。

核电厂发电机组封存时保证员工和居民放射性安全与核电厂发电机组相关系统保持工作状态有关，如供电系统、供水系统、暖通系统、特殊气体和水净化系统、排水系统、灭火系统、剂量测定监控系统和信号系统等。

核电厂机组退役系统和设备的隔离包括下列系统和设备的隔离：这些系统和设备保证利用现有实体屏蔽或者新建补充实体屏蔽限制放射性物质和电离辐射进入机组房间和周围环境。

在根据核电厂发电机组实际放射情况的变化和核电厂发电机组建筑结构剩余寿命确定的期限内通过新建补充实体屏蔽对规定名单上核电厂发电机组房间内的发电机组设备和系统进行隔离。在机组监测保存准备阶段可以拆除和移除无辐射污染、污染轻微和低放射性的发电机组设备和系统，然后有效利用无辐射污染设备，处理、包装形成的放射性废物并有组织地在核电厂工业场地贮存库内保存。

该阶段持续时间大约为 5 年。

⑦“核电厂发电机组监测保存”阶段的前提是核电厂现场长时间保存设施、设备部件和建筑结构，直至其中的放射性物质含量由于自然衰变降低至规定水平或者做出取消该阶段的决定。

该阶段包括：

（a）保证监测发电机组安全保存状态的建筑物、构筑物、系统、设备的运行；

（b）工业场地和环境的放射性控制和监测；

（c）拟制标准技术文件和准备下一阶段工作必需的设备。

在“核电厂发电机组监测保存”阶段可以处理积累和再次形成的放射性废物，拆卸和移除目前及后续退役阶段安全保证、工作开展中不使用的非放射性、轻微污染和低放射性发电机组设备和系统，有效利用非放射性设备及处理整备放射性废物，将整备过的废物有组织地运送保存或者掩埋，包括在核电厂工业场地的临时性贮存库中保存。

上述阶段中核电厂发电机组设备和系统的运行按照为该阶段编写的核电厂机组运行工艺规程，特别是保持放射性监控系统的工作能力，根据机组的变化情况、放射性监控的特性和范围进行该系统的优化，保证核电厂发电机组安全状态和该退役阶段施工的设备和系统亦保持其完整性和工作能力。

在监测保存阶段，为了核电厂的需要，发电机组的个别房间、建筑物和构筑物可以转产，也就是说，转变专业，包括：

（a）设置已整备的放射性废物的临时贮存库；

（b）为设备安装、放射性废物的处理和整备制造技术装备器材；

（c）布置和使用各类放射性废物的处理装置；

（d）为破碎设备而组织仓库、技术区、场地。

核电厂机组隔离设备和系统监测保存阶段的持续时间取决于核电厂机组的退役计划和隔离设备所在建筑结构的服役寿命，取决于依靠自然衰变降低放射性的程度，取决于是否有必要腾出场地建设替换机组。该阶段的持续时间为30～100年。

⑧ 核电厂发电机组作为“放射性设施”的清理阶段包括：

（a）完全拆卸隔离设备结构和之前阶段未拆卸的放射性设备和结构；

（b）消除核电厂发电机组建筑物和构筑物的放射性污染并使其从“放射性设施”状态转变为“非放射性设施”；

（c）处理、整备所有放射性废物并将其移交给国家操作员，在放射性废物掩埋点掩埋；

（d）拆除核电厂发电机组未使用的建筑物和构筑物（必要时）；

（e）使核电厂发电机组和机组所在场地的状态保证可以全部或者部分取消核电厂使用时国家安全管理机构的监管；

（f）使场地为后续的有限制或者无限制使用做好准备（必要时）。

在该阶段，发电机组剩余设备和系统的运行根据为此阶段制订的运行技术规程。保证工作人员和环境安全的情况下进行放射性监控系统、安全保卫和安全系统的退役和拆除。

该阶段标准持续时间不应超过6年。

⑨“核电厂发电机组紧急清理（紧急拆除）”退役方案可分为两个阶段：

（a）核电厂发电机组清理准备阶段；

（b）核电厂发电机组作为“放射性设施”清理阶段。

⑩ 发电机组清理准备阶段包括下列主要工程：

（a）在核电厂建立系统，处理核电厂发电机组退役时形成的放射性废物和运行时积累的放射性废物；

（b）对一回路设备进行严格的回路放射性污染消除，以最大限度降低辐射水平；

（c）准备好工作区，布置破碎操作、放射性污染消除操作、分类和登记拆除时形成废物所必需的设备和系统；

（d）进行工程放射综合调查，将调查结果输入退役数据库；

（e）订购、提供足够的技术装备和设备用于退役时建筑物和构筑物、系统和设备的拆除，并将这些技术装备和设备投入使用。

在发电机组清理准备阶段可以处理积累和再次形成的放射性废物，拆卸和移除后续退役阶段安全保证、施工中不使用的非放射性、轻微污染和低放射性发电机组设备和系统，有效利用非放射性设备及处理整备放射性废物，将整备过的放射性废物有组织地运送保存或者掩埋，包括在核电厂工业场地的临时性贮存库中保存。

该阶段标准持续时间不应超过 5 年。退役计划中所述的清理准备工艺流程对此有详细规定。

⑪ 核电厂发电机组作为“放射性”设施的清理阶段包括：

（a）根据退役计划完全拆除核电厂发电机组的放射性建筑物、构筑物、系统和设备；

（b）清除发电机组建筑物和构筑物的放射性污染，将其状态从“放射性设施”转为“非放射性设施”；

（c）对所有的放射性废物进行处理并运至联邦最终隔离点储存或者掩埋；

（d）拆除核电厂发电机组未利用的建筑物和构筑物（必要时）；

（e）使核电厂发电机组和机组所在场地的状态保证可以全部或者部分取消核电厂使用时国家安全管理机构的监管；

（f）重新规划腾空的工业场地（必要时）。

该阶段的标准持续时间不应超过 15 年。

对退役其他阶段组合和最终目的做出规定的核电厂发电机组退役方案也是可行的，其取决于展开退役工作前核电厂发电机组的实际情况、核电厂工业场地利用的前景和安全保证要求的改变等。

《核电厂发电机组退役规划（计划）》对发电机组退役每个阶段结束的时间间隔和评估标准作了规定。

（3）退役主要阶段工程施工的顺序

① 所有方案的核电厂发电机组退役过程均经历三个阶段：

（a）预备阶段；

（b）准备阶段；

（c）完成阶段。

② 在预备阶段准备核电厂发电机组退役规划拟订的初始数据。

核电厂机组最终停堆时应预报机组系统和部件的实际状况，包括：

（a）反应堆及其相关的系统和设备；

（b）建筑物和构筑物；

（c）放射性废物贮存库和装填程度；

（d）放射性废物处理装置；

（e）乏燃料保存池。

应考虑到最终停堆时核电厂机组的运行状态，对受中子流影响的建筑结构、设备和生物屏蔽提出评估。应预报最终停堆时核电厂机组房间内的放射性状况。

应拟订并批准核电厂机组退役规划。

为了在发电机组设备和系统状况初步资料的基础上论证退役的最佳条件，编制前设计材料。进行首次工程放射综合调查，调查结果输入退役数据库。

预备阶段止于发电机组最终停堆前。

③ 在准备阶段，基于拟订的核电厂发电机组退役规划进行机组的工程放射综合调查。在工程放射综合调查的基础上运行单位修正退役工程规划。

根据工程放射综合调查的结果，制订核电厂发电机组的退役计划，研究必需的工艺和设备。

开始制订核电厂机组退役计划前必须进行下列科研和试验设计工作：

（a）研究选择最佳退役方案并对可供选择的几种方案进行技术经济研究，对采用的方案进行技术论证；

（b）调查和登记设备和房间；

（c）分析受辐射和（或）污染设备的放射性状况和放射性核素成分；

（d）通过计算和试验确定设备的放射性数值；

（e）评估退役时形成的放射性废物的总量和类型等级；

（f）制定设备放射性污染消除和拆卸过程中放射性状况和生态状况的监控方法；

（g）制定退役工艺流程辐射保护和剂量测定监控的体系；

（h）进行放射学研究，制定退役时员工辐射总体剂量评估的方法和数学模型，计算进行主要工艺操作的预计辐射量；

（i）研究和制定建立工作区、拆卸重度污染和受辐射结构时密封房间和隔离室的方法；

（j） 制定退役时形成的放射性废物的处理方法，研究放射性废物处理、清除、储存和掩埋的综合工艺系统，研究将弱放射性废物的等级转化为可无限制使用等级；

（k） 研究为金属和非金属放射性废物清除放射污染、破碎、熔化、压实等工艺设备；

（l） 为拆除高放射性结构、系统和大型设备（反应堆容器、容器内的反应堆装置、蒸汽发生器等）制订组织和技术原则、制定包括遥控综合设备在内的特种设备和特种工具名单；

（m）制定拆除反应堆设备和反应堆室房间的工序、工艺；

（n） 制订实施退役工程时发生事故的情况下员工和居民的保护措施计划，制订紧急情况下拆除工程员工行动的全套文件（规程）。

应提交核电厂发电机组生命保障、机组准备退役阶段施工使用的系统和设备的清单，还应提交核电厂机组退役各阶段应予封存、隔离和拆除的系统的名单。根据下列主要类别对设备和系统进行划分：

（a） 经常性运行的系统和设备，这些设备和系统一直运行至根据采用的退役方案核电厂机组进入放射性安全状态（如通风系统、空气净化系统、放射性监控系统、灭火系统等）；

（b） 只在机组退役准备阶段运行且可以在退役任何阶段拆除的系统和设备（如控制和保卫系统、堆芯应急冷却系统、换料系统等）；

（c） 在退役各阶段必须定期运行，且因此在两个运行期之间应予封存的系统和设备（如中央大厅吊车、机组的其他起吊运输设备）；

（d） 放射性和放射污染水平很高、为对其监测应予隔离和封存并后续进行拆除的系统和设备（如反应堆、反应堆容器内的设备等）；

不属于上述范畴、根据核电厂机组退役计划应予拆除的系统和设备。

准备阶段终止于核电厂机组的彻底停堆。

④ 完成阶段始于核电厂发电机组彻底停堆之后，它既包括根据运行手册完成的工作，也包括退役设计研究确定的工作。

在该阶段，核电厂发电机组进入核安全状态（清除裂变材料、处理和清除运行过程中积累的放射性废物、清除设备和系统的放射性污染或者未清除放射性污染时进行保存以降低放射性）。

发电机组退役准备期间核电厂发电机组彻底停堆后，运行单位应保证：

（a）从反应堆堆芯和发电机组房间内清除核材料；

（b）从设备和工艺系统清除放射性工作介质；

（c）对发电机组设备、系统和建筑结构进行放射性污染的标准清除工作；

（d）清除或者处理运行放射性废物；

（e）按照核电厂发电机组退役计划的规定程序予以同意和批准；

（f）为获批的退役计划制订施工计划、设计和工艺文件；

（g）使核电厂进入可预测状态（根据设备的使用寿命、组成，贮存库、仓库的使用等）；

（h）为进行退役工程而培训员工；

（i）评估所有为保证发电机组退役而拟制的文件和材料；

（j）从管理机构获得发电机组退役工程施工许可证；

（k）就发电机组设备部分拆除的技术方案获得一致。

最终停堆后和开始发电机组退役工程前，核电厂发电机组视为在役。

⑤ 运行单位在退役工程开工前应当掌握退役数据库中的下列信息：

（a）有关整个运行期间机组的事故信息，这些事故的放射后果造成设备、房间和环境污染；

（b）有关设备、运行房间实际放射污染剂量测定和放射化学研究结果的信息；

（c）积累的液体和固体放射性废物数量、特征、储存地点和条件的信息。

⑥ 核电厂机组退役过程划分为下列阶段：

（a）核电厂发电机组停堆；

（b）临时保存（封存）发电机组；

（c）将发电机组长时间保存于安全状态；

（d）设备拆除和掩埋。

⑦ 发电机组停堆

该阶段的实质是停止发电机组的商业运行并将其转入核安全和放射性安全状态。

停堆后，发电机组根据反应堆燃料完全卸载计划转入检修状态并使设备和系统为状态调查做好准备。这期间首要完成的工作是个别工艺和动力设备的封存，还有与放射性污染清除和液体放射性废物浓缩有关的工作。

运行期间遭到放射性污染的反应堆设备可以分为两类：

（a）强中子辐射作用以及表面有放射性沉积物造成放射性污染的设备。这类设备包括：反应堆容器、容器内的装置、强中子辐射区内的混凝土竖井设备。

（b）表面有放射性沉积物造成放射的设备。这类设备包括：不属于第一类的所有其他反应堆设备和与一回路冷却介质有关的设备。

主要通过自然放射衰变降低第一类设备的放射性。

进行多次放射性污染清除操作使第二类设备的放射性达到规定标准。

主要由发电机组标准系统来保证并监控该阶段施工的安全性。该阶段的持续时间取决于发电机组系统和设备的实际状况，时间不少于 2 个月。

⑧ 发电机组的临时保存（封存）

在发电机组的保存（封存）阶段应当实施规定措施，保证停堆发电机组之后的长期安全，无论是对于工作人员还是对于居民和自然环境。

在此阶段必须将乏核燃料从现场运出，完成放射性废物储存的附加构筑物的建设并投入使用，完成放射性污染清除工作以及启用严格限制放射性的监控系统和建筑物、构筑物实体屏蔽系统。

这样一来，在此阶段为退役机组转入长期保存状态做好准备。在此阶段应当设置补充保卫，防止对环境的放射性影响。在这段时间内必须对建筑物和构筑物、系统和设备的状态进行综合调查，并做出发电机组继续使用或者退役的最终决定。

本阶段的工作需要大约 3～5 年。

⑨ 发电机组的长时间安全保存

长时间保存退役机组——反应堆和其他放射性设备不进行拆除工作时，使机组保持对工作人员、居民和环境均放射性安全的状态。

在该阶段可以进行通用电力、辅助和其他非放射性设备的拆除或者转产。

发电机组长时间保存阶段的持续时间取决于退役机组设备和系统的实际状况、是否有放射性材料贮存库及其状况，以及一系列其他伴随条件。应当考虑到，发电机组保存持续时间增加时通过放射性核素自然衰变可以大大降低反应堆装置、重污染设备（未经放射性污染清除）和结构材料的剂量及其拆除和掩埋工程的造价。

该阶段持续时间取决于技术经济详细优化计算的结果，为30～100年。

⑩ 设备的拆除和掩埋

前述阶段实施过程中应当做出最终决定：退役的发电机组是否转产或者在规定地点掩埋，或者完全销毁。任何情况下做出最终决定的基础应当是技术经济计算的结果。

根据具体决定进行后续施工的工艺准备。

⑪ 设备的部分拆除

在机组中部分拆除放射性设备，将其掩埋于厂区的标准贮存库或者补充贮存库（掩埋场）。首先，拆除未来无法使用、运输作业时无需专门工艺和特殊措施的设备和管道，也就是说感应放射性不高的设备。

反应堆和其他放射性设备以安全状态保存于规定地点，依靠标准和补充实体屏蔽完全与外界隔绝。

放射性设备部分拆除阶段的开始视放射性污染清除情况而定，可占用数年时间。

在紧急情况下（事故损坏、自然灾害），根据政府或者其他主管机构有关发电机组紧急转产或者清理的决定，可以开始部分拆除而无需保存阶段，在发电机组停堆后2～3年内完成。这种情况下需要使用特种机器人技术，因此物质消耗和照射量会很大。

⑫ 发电机组反应堆设备的完全拆除和掩埋

长期保存阶段（如果规定有这个阶段）结束后，所有退役发电机组的放射性设备应完全拆除并运至专门的放射性材料长期贮存场，或者掩埋至规定地点（如，内有设备的反应堆容器可以用混凝土固结在反应堆竖井内）。

在反应堆厂房所在地建设新的反应堆装置或者必须利用退役的反应堆厂房用于其他目的时，完全拆除反应堆厂房的设备。

在该退役阶段，完全拆除反应堆设备并将放射性材料掩埋至核电厂厂区的“掩埋场”中（如果不计划完全清理核电厂）。

完全拆除之前完成所有的准备工作，包括建设“掩埋场”、制造运输工艺和机器人技术装置并制订拆除工程专项组织计划。

反应堆设备的完全拆除可需要5～10年。

⑬ 退役发电机组的完全清理

该阶段的主要任务是清理退役的发电机组（或者整个核电厂）并恢复场地以及地面生态系统至一定水平，可以将该场地用于其他目的，保证可以安全利用自然资源及居民生存没有任何限制。

清理发电机组（或者整个核电厂）的决定可由政府或者其他法定机构在工程放射综合调查材料的基础上做出。

因为该发电机组属于多机组核电厂，所以该发电机组的完全清理不会使场地恢复用于其他目的。

因此，只有在特殊情况下方可研究发电机组的完全清理问题，紧密结合该核电厂其他发电机组未来继续存在的情况方可综合解决这个问题。

拆除和清理工程结束后退役发电机组和整个核电厂的最终状态应在员工、居民和环境安全评估基础上得到监管机构的同意。

（4） 安全保障措施

① 退役过程中采取技术和组织措施保障放射性安全，必须通过实施这些措施降低工作人员和居民的剂量载荷，还必须最大程度地减少放射性产物对环境的排放。

在核电厂机组退役工程实施期间，对核电厂机组房间内和场地的放射性情况进行监控、分析并与初始参数（核电厂机组退役施工开始时）进行比较。

② 核电厂机组退役时，为了保证安全必须：

（a）培育和维护安全文化；

（b）制定完工工程质保大纲；

（c）维持核电厂机组安全退役所必需的设备、系统和结构的工作能力；

（d）对实施核电厂机组退役工作人员的挑选和必需的业务水平进行监督；

（e）处理放射性物质和放射性废物时保证工作安全，还应保证对这些工作进行统计和监督；

（f）保证对核电厂机组、放射性物质和放射性废物的实体屏蔽。

③ 核电厂机组退役过程中，核电厂机组房间可能遭放射性物质污染且对环境排放尚未超过规定的监控水平，这种情况下进行实体屏蔽的拆除。必须拆除实体屏蔽的情况下，设置补充系统和设备，对放射性物质进入核电厂机

组房间和排入环境进行限制。

④ 核电厂机组退役的每个阶段起始，运行单位均应制定旨在保证该阶段施工安全的组织和技术措施。

在核电厂机组退役的每个阶段，均应分析获得的结果，在其基础上应当形成进行补充调查的需求，按照及时修订设计文件和采取必要的组织技术措施所需来进行调查，上述组织和技术措施旨在在核电厂机组退役后续阶段进行安全施工。

核电厂机组退役各阶段中应保证对放射性物质和放射性废物的监控、统计和实体屏蔽，对于根据自身放射特性对工作人员（员工）、居民和环境有潜在危险的设备，也应保证进行监控、统计和实体屏蔽。

⑤ 核电厂机组退役每个阶段完成后应当向退役数据库输入下列信息：

（a）使用的拆除工艺和方法的信息；

（b）清除机组设备和结构放射性污染的信息；

（c）已形成和整备的放射性废物的数量（重量/容量）、放射性、核素成分和聚集状态、从核电厂机组场地发运的日期等信息；

（d）放射性废物在核电厂机组场地的储存地点；

（e）核电厂房间和场地的放射性情况。

⑥ 核电厂机组退役各阶段施工时，必须利用各种组织措施、技术设备和工艺流程来减少退役核电厂机组房间内的辐射剂量强度和保护员工免受放射作用，比如：

（a）利用遥控和机器人技术系统和装置；

（b）清除设备、房间和装置的放射性污染；

（c）考虑到辐射场的空间分配来优化员工移动线路，布置工作岗位；

（d）根据放射性危险等级对房间分类；

（e）在进行拆除工程的地方使用可拆卸覆面和移动通风装置，以避免房间、设备和环境污染；

（f）使用补充保护装置和污染设备屏蔽，包括保护员工免受辐射作用的固定和移动挡板；

（g）使用容器、外罩、装载设备等，处理核电厂机组退役施工形成的放射性废物时可以利用它们。

⑦ 对于核电厂机组退役的每个阶段来讲，退役计划包括：

（a）退役施工的程序和顺序；

（b）保证工作岗位放射性安全的措施；

（c）每类工作员工个人和集体辐射剂量的评估；

（d）施工时最小化员工辐射的方法和技术器材；

（e）要求的剂量测定监控量和相应的技术器材；

（f）液体和固体放射性废物的容量、放射性和核素成分，以及整备、运输方法、储存方式和地点；

（g）对于选用的施工工艺，最小化对环境排放的放射性核素容量和放射率的措施，以及通风和净化系统的技术状况。

⑧ 在开始核电厂机组退役施工前应当制订事故时核电厂机组工作人员（员工）的保护措施计划。

（5） 废物管理考虑

① 放射性废物处理的主要目的是避免放射性核素和其他有害物质在环境中扩散，避免对员工和居民的辐射。

通过修建和利用各种自然和人工的保护屏蔽来达到这个目的。收集、处理和储存放射性废物过程中防止放射性核素和电离辐射传播的主要屏蔽手段为生物防护、设备密封、房间通风和通风空气的净化等。

② 放射性废物处理方案规定，从放射性废物形成直至最终掩埋必须综合解决其处理问题。

在核电厂机组退役各阶段，运行单位保证对放射性物质和放射性废物进行监控、统计和实体防护，还应根据放射特性，保证对对工作人员（员工）、居民和环境有潜在危险的设备进行监控、统计和实体屏蔽。

③ 放射性废物处理最重要的阶段是整备，它包括将液体、固体和气体废物转化成为运输、贮存和（或）掩埋可用形式的各种操作。

为了减少核电机组退役时形成、应当掩埋的放射性废物的量，用机械、热力和（或）化学方法对放射性废物进行处理，比如：

（a）燃烧可燃废物；

（b）将液体放射性废物转化成为固相（固化）；

（c）压缩（冷压和热压）；

（d）熔化低放射性金属废物（未来金属用于生产活动，包括用于核能）。

④ 可以用核电厂正常工作时使用的废物处理标准装置对液体和固体放射性废物进行处理，如果核电厂退役期间这些装置的使用寿命和工作能力经过论证的话。

但是可能创造更加有效的放射性废物处理新方法以及积累核电厂退役的大量经验，根据这一点，田湾核电厂退役时将使用更加有效和现代化的放射性废物处理工艺流程和设备。

⑤ 保护容器中不再使用的放射性废物应当掩埋，根据其污染程度掩埋至接近表层的地区掩埋场或者地质层中。

⑥ 利用遥控或者机器人技术综合设备进行受放射性物质辐射和（或）污染的核电厂机组大型系统、设备、结构的拆除、移交处理、破碎和装入工艺保护容器。

⑦ 应当以发电机组退役时形成放射性废物容量和放射性的最小化情况、员工辐射和防止环境污染的情况为出发点，对核电厂机组退役计划中选择的系统、设备、金属结构和建筑结构拆除、破碎工艺的使用安全性进行论证。

⑧ 与处理退役时形成的放射性废物有关的工程施工期间，应当保证满足标准和规定的要求。这些标准和规定对放射性物质排放至环境作了规定，排放水平不超过核电厂运行时达到的水平。为保证这一点应当使用标准的空气净化系统。

个别情况下规定采取补充措施：

(a)从污染装置区清理设备时使用配备通风空气净化过滤器的移动通风装置进行就地抽气；

（b）拆除工程施工时抑制灰尘，如用洒水、喷涂沉聚层等。

（6） 生态安全

① 服役期限到期后核电厂发电机组退役方案保障生态安全的必要性与下列因素有关：

（a）核电厂停止运行后核电中还有核危险材料；

（b）核电厂场地及其卫生保护区中有放射性污染；

（c）核电厂厂区中放射性废物储存的数量和方法；

（d）核电厂发电机组退役时核电厂放射性安全和核安全的保障。

从反应堆和乏核燃料保存池中清理乏核燃料并将其运送至核电厂之外后，退役的发电机组转入核安全状态。

② 发电机组退役过程中采取技术和组织措施保障放射性安全，必须通过实施这些措施降低工作人员和居民的剂量载荷，还必须最大程度地减少放射性产物对环境的排放。

处理发电机组退役过程中形成的放射性废物的主要目的是避免放射核素和其他有害物质在环境中的扩散，避免对员工和居民的辐射。

通过修建和利用各种自然和人工的保护屏蔽来达到这个目的。收集、处理和储存放射性废物过程中防止放射性核素和电离辐射传播的主要屏蔽手段为生物防护、设备密封、房间通风和通风空气的净化等。

与处理退役时形成的放射性废物有关的工程施工期间，应当保证满足标准和规定的要求。这些标准和规定对放射性物质排放至环境作了规定，排放水平不超过核电厂运行时达到的水平。为保证这一点应当使用标准的空气净化系统

个别情况下规定采取补充措施：

（a）从污染装置区清理设备时使用配备通风空气净化过滤器的移动通风装置进行就地抽气；

（b）拆除工程施工时抑制灰尘，比如，用洒水、喷涂沉聚层等办法。

核电厂发电机组退役工程实施期间，对核电厂机组房间内和场地的放射性情况进行监控、分析，并与初始参数（核电厂机组退役施工开始时）进行比较。

③ 在机组放射性安全保障的组织技术框架内完成下列工作：

（a）对放射核素扩散途径中的保护屏蔽（负坐标金属饰面、临近房间的楼板、排气通风系统的过滤装置）进行调查和技术检验，目的是为未来继续运行或者更换确定剩余的服役期限；

（b）更换服役期限到期的放射性监控系统设备；

（c）制造用于金属和其他重复利用材料放射性监控的测量综合系统并投入使用；

（d）制定无限制和有限制重复利用金属放射性监控的整套方法；

（e）配备将废物运出厂房或者在厂房内部运输废物的运输工具和容器的放射性污染清除点；

（f）必须在厂房外墙上设拆除孔洞时，改造保证排气通风能力的排气通风系统，以便设置气流进入厂房的方向；

（g）进行拆除工程时保持房间的分区状态，待拆除工程和放射性污染清除工作完成后在调查结果基础上改变房间的通风性能；

（h）仔细研究并在设备破碎处安装运输通风系统，该系统可以进行局部抽气并净化被放射性气溶胶和机械灰尘污染的空气；

（i）设置便携式卫生闸门，将一类房间改变为另一类房间，设置卫生防疫站系统，在出口处进行强制监控；

（j）清除排气通风系统管道内表面的放射性污染；

（k）清除房间的放射性污染。

整个监视保存期期间现有和重新建立的实体屏蔽系统应当保证将放射性材料隔离于规定范围（针对“清理”方案）。

④ 通过实行纵深梯次防御原则来保证厂区放射性废物的隔离，该原则基于对电离辐射和放射性物质扩散至环境途径上的保卫屏蔽的运用。

固体放射性废物和固化的液体放射性废物可以长期储存于厂区专门指定地点无法还原的混凝土容器中。这种类型的容器作为工程用屏蔽保持工作能力的情况下，其使用寿命不少于 300 年。

只有在核电厂发电机组房间可能遭到放射性物质的污染、放射性物质对环境的排放未超过规定监控水平时，才能在核电厂发电机组退役过程中拆除实体屏蔽。必须拆除实体屏蔽的情况下，设置补充系统和设备，对放射性物质进入核电厂机组房间和排入环境进行限制。

在核电厂机组退役各阶段，保证对放射性物质和放射性废物进行监控、统计和实体防护，还保证对因具有放射特性潜在危险工作人员（员工）、居民和环境的设备进行监控、统计和实体防护

⑤ 在核电厂发电机组退役的各个阶段，放射性检测系统保证：

（a）进行个人剂量测定检测；

（b）对拆除时形成的设备和建筑结构的表面和立体污染碎片、放射性废物，以及无限制和有限制利用材料进行检测；

（c）对核电厂发电机组房间内、厂区和卫生保护区内的放射性物质扩散进行检测；

（d）对实体屏蔽的完整性进行检测；

（e）对卫生保护区和观察区内的放射性情况进行检测。

液体、固体和气体放射性废物处理时放射性检测以及对环境放射性排放检测的技术设备和方法应当保证：

（a）获取有关对环境放射性排放而形成的放射性情况信息；

（b）确定核电厂发电机组中形成和储存的放射性废物的放射性核素成分；

（c）发现对环境放射性排放超标的数值并予以登记。

⑥ 国民经济中有限制重复利用发电机组退役的部分拆除材料时（金属、混凝土、砂子等），应当进行材料体活度的输入和输出检测以便遵循各阶段材料运输和处理的相关标准，包括对成品利用地点进行检测。

2. 辐射源项

（1） 废料活度计算输入数据、不同滞留时间内主要废料的活度

① 电离辐射源项是指放射性裂变产物、结构和土建材料经辐照后形成的活化放射性核素，以及被活化的结构材料腐蚀产物。机组运行期间形成并积存下来的放射性核素位于工艺回路、反应堆周边的防护结构、土建结构和放射性废料储存库中。

反应堆设备和土建结构上的感生放射性现象以及机组退役过程中形成的液体放射性废料裂变产物成分均为放射线核素，其半衰期较长。

国外核电厂停堆一年后总放射线活度为 1×10^{18}～1×10^{19} Bq。

② 导致 VVER 型反应堆感生放射现象的主要放射性核素是由下列核反应生成的：^{40}Ca（n，γ）^{41}Ca，^{54}Fe（n，p）^{54}Mn，^{54}Fe（n，γ）^{55}Fe，^{59}Co（n，γ）^{60}Co，^{58}Ni（n，γ）^{59}Ni，^{62}Ni（n，γ）^{63}Ni，^{93}Nb（n，n'）^{93m}Nb，^{133}Cs（n，γ）^{134}Cs，^{151}Eu（n，γ）^{152}Eu，^{153}Eu（n，p）^{154}Eu。

机组功率运行期间反应堆结构和保护材料处于大量中子流辐照下，这些材料中的杂质元素和痕量元素的含量要依据类似材料同样元素含量的统计材料来确定。

（2） 土建材料中的辐射源项

土建材料和防护结构是核电厂机组退役的一个重要的共性问题，因为在

其拆除、加工和运输过程中形成的放射性废料超过总量的 50%（核电厂总计有成千上万吨）并释放超过 20%的照射量。

核电厂反应堆周边区域被活化的防护结构材料占放射性废料总量的绝大部分，且主要为钢筋混凝土废料，这种废料无法去污。混凝土是一种复杂的合成材料。在中子的辐照下，主要是热中子和共振中子的辐照下这些元素的同位素生成了具有不同半衰期的放射性核素。

下列放射性核素是导致混凝土感生放射现象的原因 ^{36}Cl、^{41}Ca、^{60}Co、^{59}Ni、^{63}Ni、^{94}Nb、^{134}Cs、^{151}Sm、^{152}Eu、^{154}Eu。

对于生物屏蔽材料而言，1～5 年内主要的核素是 ^{55}Fe、^{41}Ca、^{46}Sc、^{152}Eu、^{154}Eu、^{60}Co、^{182}Ta、^{134}Cs。

5～25 年期间这样的核素主要有 ^{55}Fe、^{41}Ca、^{152}Eu、^{154}Eu、^{60}Co、^{59}Ni、^{63}Ni、^{151}Sm、^{85}Kr、^{36}Cl。

50～100 年间更为重要的核素有 ^{41}Ca、^{152}Eu、^{59}Ni、^{63}Ni、^{151}Sm、^{36}Cl。

（3） 工艺回路中的辐射源项

当回路结构材料腐蚀产物被中子活化及裂变产物从破损的燃料元件进入冷却剂时一回路中均会出现放射性核素。冷却剂泄漏（蒸发器丧失密闭性、收集有组织的泄漏等）及工艺操作（硼控制时冷却剂排出、机组停堆、冷却剂净化等）会导致回路其他工艺设备产生反射性。

停堆后立即施工时设备周边 γ 射线剂量率的 70%取决于 ^{60}Co、^{58}Co、^{59}Fe、^{54}Mn。停堆 1 年后——^{60}Co、^{54}Mn、^{134}Cs，停堆 5 年后——^{60}Co。

^{60}Co 放射性衰变后的辐射状况将取决于 ^{59}Ni、^{63}Ni、^{137}Cs、^{90}Sr。这些放射性核素位于“污染的工艺回路”表面、控制区房间土建结构、地板、墙体表层及放射性废料储存库中。

耐腐蚀钢是一回路的主要结构材料。

通过分析运行资料和文献资料得出一回路管道和设备 ^{60}Co 一次表面污染值等于 4.0×10^5 Bq/cm^2（1.1×10^{-5} Ci/cm^2）。冷却剂净化系统、污水收集系统、放射性废液储存加工系统 ^{60}Co 一次表面污染值为 4.0×10^5Bq/cm^2（1.1×10^{-5} Ci/cm^2）。其他所有系统 ^{60}Co 一次表面污染值等于 4.1×10^4 Bq/cm^2（1.1×10^{-6} Ci/cm^2）。

（4）机组各房间的辐射状况

表 6.3-1 中列出了加里宁核电厂（VVER-1000）机组一回路设备附近 γ 射线剂量率的范围。在大修期间进行测量，取距设备 0.1 m 的距离。

表 6.3-1　加里宁核电厂机组一回路设备附近 γ 射线剂量率的范围

设备	剂量率范围/（mSv/s）
反应堆上部组件	0.05～2.52
堆芯应急冷却系统水箱	0.001 0～0.001 5
二回路侧蒸汽发生器内部	0.035～0.92
主泵窝室	0.023～3.50
稳压器内侧	0.025～0.26
冷集流管内侧	0.50～3.50
热集流管内侧	0.40～3.30
主泵叶轮	0.070～0.23
主循环回路管道	0.062～0.082
反应堆外侧	0.04～2.5

反应堆厂房周围建筑及其他辅助建筑内各房间的 γ 射线剂量率见表 6.3-2 和 6.3-3。

表 6.3-2　加里宁电厂反应堆厂房周围建筑内各房间 γ 射线剂量率

房间编号	房间名称	值/（mSv/s）
A027/1	特种水处理-2 装置通风间	0.15
A027/2		0.48
A122/1	特种水处理-2 过滤器间	0.53
A122/2		0.001
A323	特种水处理-2 水利卸料和取样间	0.18
A334	特种水处理-2 排气阀通风间	0.009

表 6.3-3　加里宁核电厂辅助建筑内各房间的 γ 射线剂量率

房间号	房间名称	值/（mSv/s）
C128/1	特种水处理-7/1，2 蒸发装置通风间	0.021
C128/2		0.16
C129	特种水处理-7/1 蒸发装置通风室	0.06
C130	特种水处理-7/2 蒸发装置通风室	0.022
C131/1，2	特种水处理-3/1，2 蒸发装置通风间	0.02
C132/1，2	特种水处理-3/1，2 蒸发装置通风室	0.07
C133/1-3	特种水处理-6/1-3 蒸发装置通风间	0.025
C134/1-3	特种水处理-6/1-3 蒸发装置通风室	0.08
C136	特种水处理-4 过滤器室	1.4
C137	特种水处理-4 过滤器通风间	0.08
C140	特种水处理-4 泵房	0.1
C148	特种水处理-3 预净化过滤器间	0.6
C176/1	特种水处理-6/3，4 通风间	0.000 5
C176/2		0.005 5
C177/1，2	特种水处理-6/3，4 蒸发装置室	0.006 9
C182	1 期特种水处理-6 蒸发装置通风间	0.000 19
C226	2 期特种水处理-6 过滤器通风间	0.02
C227	1 期特种水处理-6 过滤器间	0.46

由于被放射性核素污染的设备和系统在拆卸前长时间的滞留，完全停堆后 ^{60}Co 的放射性衰变使得 γ 射线剂量率大幅下降，因此降低了拆卸期间的照射量。

完全停堆一年后腐蚀产物的活度实际上只取决于 ^{60}Co。这种放射性核素表面活度的给定值约为 1.0×10^{-5} Ci/cm^2。去污可使表面活度值大约降低 10 倍。去污后 ^{60}Co 表面活度的给定值约为 1.0×10^{-6} Ci/cm^2，通过放射性衰变 50 年内表面活度大约可降至 10^{-9} Ci/cm^2。

一回路设备去污后并滞留 50 年，γ 射线剂量率将变化为 6.1×10^{-5} 到 9.3×10^{-3}mSv/s。

一回路设备和管道酸液去污后滞留 40 年内 γ 剂量辐射功率给定值见表 6.3-4。

表 6.3-4　一回路设备和管道酸液去污后停留 40 年内 γ 射线剂量率给定值

设备	范围/（mSv/s）
反应堆上部组件	0.000 5～0.025 2
堆芯应急冷却系统水箱	0.000 010～0.000 015
二回路侧蒸汽发生器内部	0.000 35～0.009 2
主泵窝室	0.000 23～0.035 0
稳压器内侧	0.000 25～0.002 6
冷集流管内侧	0.005 0～0.035 0
热集流管内侧	0.004 0～0.033 0
主泵叶轮	0.000 70～0.002 3
主循环回路管道	0.000 62～0.000 82
反应堆外侧	0.000 4～0.025
（特种水处理-1）高温过滤器	0.001 1～0.021 5

3. 辐射监测

（1）核电厂（以下简称机组）退役期间一些已有的辐射监测系统（监测系统）继续运转。机组退役时利用现有的监测系统来保障获取并处理描述核电厂及周围环境状况的参数信息。

机组退役时该信息用于实现以下安全保障基本原则：

① 不超出居民和工作人员的基本剂量限值；

② 将员工、居民及周围环境的辐射影响降至最小的合理值。

（2）辐射监测系统包括：

① 核电厂及其厂区的自动化辐射监测系统；

② 核电厂现场外、卫生防护区和观察区的自动化辐射状态监测系统；

③ 额外的用于保证自动化辐射监测系统及自动化辐射状态监测系统运行的辅助设备（移动监测工具、实验室成套设备、附加设备等）。

自动化辐射状态监测系统在机组退役期间与机组运行期间执行相同的功能。

自动化辐射监测系统分为以下子系统：

① 自动化工艺辐射监测系统；

② 室内和厂区辐射状态自动化监测系统；

③ 不扩散放射性污染自动化辐射监测系统；

④ 自动化个人辐射剂量监测系统。

（3）机组退役筹备时应保证将核燃料从反应堆堆芯和乏燃料池取出、去除工艺回路中的放射性工作介质、加工或清除机组运行期间积存的放射性废料。以上将导致主要工艺系统停止运转，相应地，用于监测这些系统的自动化工艺辐射监测系统测量通道也将不再运行。

完全没有必要同时监测放射性惰性气体活度。由于放射性设备拆卸工作量较大，放射性气体气溶胶活度监测工作更重要。

需注意当机组退役工作开始后，自动化工艺辐射监测系统的功能范围将缩小：

① 监测液体放射性废料中的放射性物质成分；

② 监测放射性物质向周围环境的扩散；

③ 确定特种水净化装置、特殊气体处理装置和特殊通风过滤站的工作效率。

④ 室内和厂区辐射状态自动化监测系统、不扩散放射性污染自动化辐射监测系统和自动化个人辐射剂量监测系统这些子系统执行着与机组运行期间相同的功能。

然而辐射监测的范围和周期随着机组退役工作的开展会经常变化，要根据机组状态进行，然后则是储存模块。

（4）为获取被检测介质更加详尽、准确的辐射特性资料（其中包括放射性核素的成分和活度），除自动化运行监测外可另外定期进行取样分析。

液态样品分析（辐射测量和光谱测量）在放射化学实验室内进行，该实验室不属于在线辐射监测系统。

液体介质样品选取时采用取样系统，该系统不属于辐射监测系统。

在分析用的气溶胶过滤器上的气体取样可通过辐射监测气体取样系统

实现。

过滤器放射性的测量应使用核服务厂房辐射剂量监测实验室中的实验设备。

自动化辐射监测系统是一个自带硬件设施和软件程序的自动的信息测量系统，其包括含执行机构控制元件的取样系统，以及带有防过载、短路和电压损失保护元件的供电系统。自动化辐射监测系统运行时与自动化工艺过程控制系统和辐射状态自动监测系统进行信息交换。这样的结构极大地简化了该系统适应机组退役条件的过程。

此外，自动化辐射监测系统中存储的技术方案可以轻松改变其运行功能。原因如下：

自动化辐射监测系统采用新一代的辐射监测“智能”工具。每一种监测工具都是一个功能完整的结构，可保证测量被检测参数并把信息转化成操纵员能理解的物理数值。微处理机组作为测量工具的一部分利用统一接口直接同自动化辐射监测系统区域计算网实现信息交换。该机组能够保证在与自动化辐射监测系统上层失去联系时装置的长时间自动运转，包括在超过预警和事故水平时就地及在内部系统发信号。

除“智能”检测工具外，自动化辐射监测系统成套的技术工具还包括该系统执行装置（电磁阀、电动截止阀、压缩机）的“智能”控制工具。上述控制工具和测量工具结构一致：执行装置与该控制工具的微处理机组相连，微处理机组则通过统一的接口直接同自动化辐射监测系统局域计算网交换信息。

该系统具有上述成套的“智能”监测工具、执行装置控制设备和基于计算机技术编制的自动化辐射监测系统体系结构，根据这些可配置出适用于机组具体状况的任意监测系统结构。

（5）实施机组退役工作时，在采取有效的辐射监测条件下最重要的安全指标为个人剂量和工作人员照射量计划、参与施工的工作人员数量最小化、依据人员辐照分析结果更改工艺过程的安排。

采用远程技术拆卸设备时通常使用规定的不间断远程监测工具（伽马射线剂量率、空气体积比活度）。若拆卸操作中有工作人员参与，那么将在工作区使用移动式仪器进行辐射监测。

特别是在手工拆卸的工作区域内尤其需要气溶胶活度监测移动式仪器。这些仪器上应装有信息传递工具以及活度超过规定水平的声光报警工具。

设备和土建结构的拆卸摧毁过程中会产生浓烈的灰尘，可能导致内照射剂量成为有效剂量。这意味着机组退役过程中必须使用小能量粒子内照射剂量在线监测装置。

如果拆卸工艺过程需要补充额外的不间断远程监测点，在自动化辐射监测系统中，可通过临时建立联系线路，使用移动式仪器从这些点将信息传达至机组辐射监测台，从而达到这一目的。

此外，工作人员佩带直观显示的数字计量仪。这类计量仪不仅测量剂量，也测量辐射功率，同时可发出以上参数超阈值的声光报警。

补充监测范围、补充监测工具布置原则及如何将其整合到现有的自动化辐射监测系统问题应该在编制机组退役计划时予以明确。

（6）机组退役时放射性核素在自然环境中的扩散监测将在标准的辐射监测实验室进行。

实验室进行如下测量：

① 液体工艺介质样品总放射性体活度（含排向周围环境部分）；

② 液体工艺介质样品中单独核素的体活度（含排向周围环境部分）；

③ 风管排放中氚的体活度；

④ 风管排放中 ^{14}C 的体活度；

⑤ 液体介质样品选取时利用取样系统，该系统不属于辐射监测系统。

在分析用的气溶胶过滤器上的气体取样可通过辐射监测气体取样系统实现。

4. 材料循环再利用

（1）《核电厂机组退役方案》中应根据综合工程辐射调查结果编制材料清单，该清单中的材料为机组退役施工过程中所得，其放射性核素含量包括去污后不超过联邦法规规定的限值，编制在经济活动中包括核能应用领域可有限使用和无限使用的材料清单，即可重复使用材料清单。

核电厂机组退役时产生的可重复使用材料和设备应划分为适合无限使用的设备和材料与适合有限使用的设备和材料。

目前正在推进被污染结构材料（母材）处理方法的研究工作，通过这些方法大部分材料能重返有效（有限或无限）利用循环中。

（2）放射性核素含量低于规定标准的材料属于无限使用材料。根据国际原子能机构的数据该含量值为 100～1 000 Bq/kg，且在使用时其天然本底增长总共不超过 1%～10%。

根据出口国标准在任何条件下使用时有以下特征的材料为无限使用材料：

① 年个人有效剂量不超过 10 μSv。

② 年集体有效剂量一年不超过 1 Sv；

③ 皮肤中的年个人等效剂量不超过 50 μSv，眼球晶状体中则不超过 15 μSv。

④ 机组退役期间产生的大多数放射性废料是低放废料。

⑤ 机组大部分（不低于 85%）是完全没有遭受放射性核素污染的，可用普通工具进行拆除。

去污后放射性废料的体积将缩小。去污可达成两个目的——降低人员照射量并减小放射性废物体积。

必须提前计划编制技术文件和管理文件，规定工作步骤以便获得可重复使用的材料。

机组退役方案应规定：需编制重复使用设备和材料的输出辐射监测与相应分级的文件，即无限使用和有限使用材料的划分文件。

（3）对于控制区域内剩余材料有以下不同的处理办法：

① 自由取出重复使用或再循环；

② 在特定的条件下把金属废料用于再循环；

③ 作为普通废料处理；

④ 被监控再次应用于核工艺中；

⑤ 作为放射性废料埋藏。

机组退役时非放射性设备（泵、蒸汽发生器、管道等二回路设备）可以根据其功能重新用于经济活动中。低放射性设备在去污和检查后可以再次发挥自己的功用。

这样的设备包括：

① 检查井设备；

② 反应堆主结合面螺栓拉伸机；

③ 换料机；

④ 桥吊；

⑤ 新燃料容器翻斗机；

⑥ 集装箱。

这类反应堆装置设备总重据估算不少于 1×10^{3} t。

机组拆卸后可重复使用设备和材料总重为 5×10^{5} t。

5. 退役措施及系统和设备拆除

（1） 总则

在准备核电厂房间退役工作期间，对设备和系统采取下列措施，并由核电厂退役所采用方案来确定这些措施的实施范围：

① 需拆卸的低污染的设备应当去污。

② 土建结构覆盖保护涂层，涂层成分不含吸收的液体物质及吸附的尘馏分。

③ 为保持工作性能完成送风通风系统、特种水处理、特排的维修（必要时进行设备的维修和更换）。

④ 反应堆厂房排风通风系统和辅助通风系统用于设备和土建结构完成拆卸工作时空气的通风、过滤及净化。

⑤ 所有工艺设备应排空工作介质（水、气体、油等）。

⑥ 所有运输工艺设备应该检修。用新的设备、部件和系统更换已用旧的设备、部件和系统。

⑦ 保证设备和房间的去污、拆卸、空气调节、放射性废物的集装箱化和临时储存工作进行采取的管理措施。

⑧ 进行辐射监测，创建和管理去污后物项辐射环境的数据库。

⑨ 完成放射性设备拆卸房间的密封工作。

为保证在工作状态可以拆卸低污染的设备以及核电厂机组后续的整体拆卸，除上述所给出的系统设备外应保留：

① 在拆卸时所使用的运输工艺设备；

② 去污固定系统；

③ 特种水处理；

④ 拆卸所需的电气设备。

（2）设备和房间的去污

该章不考虑去污工作的顺序以及具体的去污工艺流程图。本章只研究去污的共性问题，即：

① 方法和技术手段；

② 所产生的液态和固态溶液的数量；

③ 预期结果；

④ 研究的必要性（科研工作和试验设计工作）。

根据核电厂的工作经验选择所研究的去污方法、去污溶液的成分和技术设施。

在选择去污溶液时认为去污设备不应当重复使用其功能，而是作为金属废料使用。同时金属废料主要应当在市场销售，而一少部分应作为放射性废物掩埋。

在核电厂退役时为去污选择广泛使用的复合氧化还原法，其具有足够的效果及适中的腐蚀性。此时不排除使用其他成分去污物的可能性。其选择和研发应该针对具体的设备类型进行。首先这涉及大体积罐和废液贮存罐容量问题，在运行期间可以放置大量盐的沉积物和残渣。

在设备去污管理过程中建议最大化使用工艺回路间所存在的联系。为达到所需的去污效果必须加热并搅拌溶液。为此使用现有的换热器、电加热器、蒸汽加热装置、泵、压缩空气或蒸汽鼓泡器装置。还可以在制备装置中加热去污溶液或者直接在冲洗设备中加热去污溶液。在去污剂配制装置、化学水净化、设备移出去污段或在去污设备中进行去污溶液的配制。因此，核电厂的去污必须进行大量的安装工作。工艺回路间单独联系的重新安装、工艺装置溶液供给管线的安装、安装蒸汽和压缩空气供给所缺少的部分管线及更换磨损的泵和其他工作都属于这一工作范围。

考虑下列主要去污工作类型：

① 工艺回路内、外表面的预拆卸去污；

② 专用装置上可拆卸设备的去污；

③ 房间拆卸后的去污；

④ 重新配置装置以供后续冶炼所使用的拆卸设备的深度去污。

去污工作的目的是在进行拆卸工作及其他工作时为减低剂量消耗改善房间中的辐射环境、减少放射性物质的扩散、获取出售金属废料的收益，主要是有色金属部分。

去污工作管理的主要措施为：

① 编制土建结构去除被污染层的方法；

② 获得拆卸装置去污的有效部件；

③ 在控制区房间建立去污专用区段并配置所需设备；

④ 培训人员。

根据设备的类型、去污的方法、污染性质及级别，设备去污系数的预期值为 2 到 100。

金属废料的深度去污。深度去污的目的是净化金属废料使其残余的污染程度水平可以进行冶炼并变成金属（包括铬镍钢）能够在市场循环利用。

深度去污在专门槽对重新产生的专门区段进行，例如高岭土槽。

可以使用两种方法。

第一种方法是蒸发温度时使用硫酸溶液。形成的废物主要是高浓度的水泥固化残渣。该方法可以达到使金属去除所有核素所需的级别。1 000 t 金属需水泥固化泥浆的体积为 15 m^3。

第二种方法在草酸溶液中使用电化学方法酸洗金属。去污物项作为阳极，电极作为阴极，例如石墨电极。在电流经过时，酸化去污设备的“净”金属。离开“净”金属后阳离子冲破含有核素的腐蚀产物膜，并且该膜变为去污溶液。被核素二次污染的表面制约溶液中核素离子的吸附。电化学去污法应该得到完全没有核素的表面。净化级别由去污级（槽的数量）的数量确定，经数级去污后不必再进行后续去污。

（3） 设备拆卸的方法和工具

设备拆卸包括下列主要类型：

① 从固定位置拆卸设备（整体、按部件拆卸、分割成碎片等）。

② 反应堆去污设备、部件及容器内碎片或者无包装碎片在反应堆范围内各段之间的运输。

③ 将去污设备及其部件或碎片精加工（粉碎）为较小碎片，较小碎片的尺寸由工艺设备在后续工艺作业的技术特性确定。

④ 在运行过程中可能被二回路某些系统的核素污染，例如，蒸汽冷凝水的净化系统或蒸汽发生器的去污系统。系统被核素的可污染性在综合工程-辐射监测过程中确定。在发现这样的污染时，汽机大厅去污设备及其部件、反应堆壳内的碎片的运输应包含在工作清单中。

放射性废物的管理作业包括：

① 设备及其部件或进行重新冶炼的碎片的深度去污；

② 模压；

③ 可燃放射性废物的燃烧；

④ 液体放射性废物的固化；

⑤ 整体化；

⑥ 集装箱化；

⑦ 临时贮存；

⑧ 运输；

⑨ 掩埋。

动力机组退役设备、系统和土建结构的整体拆卸在退役的最后阶段——核电厂动力机组废弃时进行。

在房间、设备和系统拆卸工作的准备阶段实施下列措施（其实施范围由核电厂动力机组退役所采用方案来确定）：

① 应当拆卸的低污染设备应该进行仔细去污。

② 土建结构应涂有保护涂层，该涂层避免被水泥吸收液体物质和过滤尘馏分。

③ 为保证其工作性能完成送风通风、特种水处理和特排系统的检修（必要时进行维修和替换）。

④ 反应堆厂房排风通风系统和辅助通风系统用于设备和土建结构拆卸工作时空气的通风、过滤及净化。

⑤ 所有工艺设备应排空工作介质（水、气体、油等）。

⑥ 所有运输工艺设备应该检修。用新的设备、部件和系统更换已用旧的设备、部件和系统。

⑦ 保证设备、房间去污、拆卸、空气调节、放射性废物的集装箱化和临时储存工作的进行采取区段管理的措施。

⑧ 准备设备撤退路径并考虑所需的集装箱、运输和吊装工具。

⑨ 进行辐射监测，系统化去污后物项辐射环境的数据。

⑩ 完成进行放射性设备拆卸房间的密封工作。

为保证在工作状态可以拆卸低污染设备，以及核电厂机组后续的整体拆卸，除上述所给出的设备系统外应保留：

① 在拆卸时所使用的运输工艺设备；

② 去污固定系统；

③ 特种水处理；

④ 拆卸所需的电气设备。

在核电厂动力机组退役设计中应该考虑：

① 编制所有类型设备拆卸的工艺流程；

② 编制或者选择工艺设备及完成拆卸工作的工机具，以及废物碎块、去污、减少体积、包装及运输工具；

③ 编制工艺和设备、设施及工机具的清单；

④ 准备工艺设备并管理适合重复使用的金属废物碎块的去污及清洗的工作区段；

⑤ 管理放射性废物包装的生产、处理放射性废物、包装、运输到临时贮存地点或者掩埋。

⑥ 准备去污设备的运输路径。

⑦ 确定设备的分割地点。

⑧ 确定用于设备碎片运输、贮存和/或掩埋的集装箱、反复使用及不可回收的包装的需用量。

⑨ 分析去污设备后续再处理、废物利用或者掩埋的技术方案。

拆卸的顺序和阶段签署专门的工艺卡，其编制考虑包装核安全、辐射安全和工业安全。

在准备监督阶段希望拆卸最大可能数量的上述类型设备，借鉴机组人员的经验和知识，这可以降低完成上述作业所需的费用。

根据完成工作的技术经济评估结果进行拆卸设备碎块的必要性和可能性，同时考虑人员的剂量负担。

为保证拆卸工作的安全性必须完成下列管理技术措施。

① 完成拆卸设备的综合工程-辐射监测并根据结果准备报告；

② 将综合工程-辐射监测的结果录入动力机组的退役数据库；

③ 编制并与调节机构审核拆卸结构安全管理大纲、确定专门保护屏障和活性和非活性碎片临时贮存地点的大纲；

④ 保证当拆卸结构碎片、运输和在临时贮存地点储存时所形成废物的辐射监测，以相应日志形式形成测量结果；

⑤ 保证所形成碎片的数量、重量及类型的统计及监督。

为了设备拆卸的安全管理工作必须遵照（必要时升版的）现有文件及专门编制文件（大纲、工艺流程及说明书）的要求。

为进行拆卸工作必须编制下列文件：

① 动力机组退役计划；

② 设备拆卸的技术方案；

③ 设备拆卸的工艺流程；

④ 反应堆隔离文件；

⑤ 拆卸设备冲洗和去污报告（需要时）；

⑥ 拆卸设备辐射监测报告；

⑦ 设备分割成裂片的工艺流程（放射性和非放射性部分）；

⑧ 所形成碎片的统计报告；

⑨ 工艺规程引入变更的管理性文件及其他的运行文件。

为了拆卸一回路的设备应该编制设计文件，用于控制区并在拆卸结构、碎片和放射性和非放射性碎片储存进行辐射监测的地点配有相应的设备。

反应堆房间分割成下列工作区：

① 从固定位置拆卸设备；

② 在严格控制工况区内运输拆卸设备；

③ 临时储存拆卸设备或者带有放射性废物的集装箱以及液体放射性废物；

④ 拆卸设备分割成更小的碎片以便于后续再处理；

⑤ 放射性废物的再处理，包括可燃放射性废物的燃烧、固化液体放射性废物、水泥固化、模压及重新冶炼；

⑥ 拆卸设备及其进行“干净”重新冶炼的部分的深度去污；

⑦ 放射性废物的包装和装料到运输工具上以便运输到废物贮存库。

在选择用于上述目的的（房间）地点时必须遵照下列准则：

① 土建结构尽可能少地进行所需的拆卸；

② 电网和通讯可用；

③ 吊装运输设备可用并且放射性废物房间运输工艺图的辐射管理可行；

④ 被维护房间的相应辐射环境（6 μSv/h）；

⑤ 对电站退役的最终阶段的影响。

在进行拆卸工作时应该使用下列工艺及拆卸方法：

① 机械；

② 液压；

③ 液压机械；

④ 电弧；

⑤ 等离子；

⑥ 爆破法；

⑦ 激光；

⑧ 带磨料的是射流切割。

机械切割的方法：

① 用带有机械传动的锯的切割

这种方法使用通用工业所生产的工具，往返移动工具钢生产的锯来切割所有金属。与火力切割方法相比，这种锯具有下列优点：较低的火灾危险并且只形成一种二次废物——金属碎屑。用这种方法切割的装置具有高可靠性、低成本，并且切割速度足够快。这种装置分为便携式和固定式。

② 用旋转圆盘锯或者铣刀切割

该方法使用工业生产的圆盘锯和铣刀，既可以安装在便携式自动推进机械上，也可以安装在固定装置上（包括工业生产的）。切割工具可以自动沿切割零件表面移动。碳钢上的最大切割深度为每道不超过 2 mm，这对工具沿轨道重复移动的要求非常高。所研究的方法正如上一种方法一样具有较低火灾危险，并只形成一种二次放射性废物——金属碎屑。切割过程中润滑油作为滴状的油滴使用，并且几乎不产生二次放射性废物。这种方法装置具有更高可靠性、成本低，并且切割速度均匀。

③ 用切刀切割

这种方法如上述那些方法一样，广泛使用于机械制造业，并且生产制造基地充足。该方法具有很高的切割速度，二次金属放射性废物数量最小，分为便携式和固定式。切割工具为实现高应力且外形尺寸较小时可采用脉冲驱动。因此，该方法具有较高爆炸危险，并且在使用时形成很多气态产物。

④ 砂轮切割

该方法使用由橡胶制成的标准砂轮片，可以研磨铝氧化物或者碳化硅。切割过程伴随着连续火花，这增加了该使用方法的火灾危险。切割过程中产生不同的二次放射性废物。固体的有灰尘和金属屑；液态的为冷却液和润滑液；气态的为蒸汽。使用这种方法切割的装置分为手动、便携及固定式。快速磨损切割工具及切割工具强度较低是这种方法的不足之处，并且因此必须经常更换砂轮。

⑤ 带磨料的射流切割

切割原理：将磨料混入水中，通过搅拌，在超高压力下以脉冲方式将磨料射向待切割物体进而实现切割。磨料喷射采用专用小管径的喷嘴，小管径喷嘴可实现水流能量转换，为磨料粒子提供动能。

该切割工艺由日本设计开发，在设计与试验验证过程中深入研究了喷嘴数量及形状，明确了最佳的喷嘴外形、磨料粒度及供给量、喷嘴移动速度和其他切割条件等，同时研究了反相作用法，进而实现磨料二次利用，还对遥控操作装置的可行性开展了研究。此外，日本还开发设计出了超高压泵。

在英国研究并试验 100 MPa 压力下水流磨料装置，混凝土切割用磨碎的铜渣作为磨料添料使用。

选择拆卸所使用工艺最重要的准则是使人员的射线照射最低。为此必须避免工作中产生污垢灰尘；如果需要，在工作区段或者集装箱及单独的通风系统下完成该工作。工作区段的空气应该抽出并经过滤系统净化。

大多数拆卸材料应该没有放射性污染物，因此与混凝土常规块或钢废物没有区别。所有没有污染及没有活性的部件应该可以立即重复使用或者在其他领域进行再处理。例如，损坏厂房所遗留下来的混凝土可以重新作为建筑碎石使用。多数金属部件可以作为金属废料重复使用。

反应堆压力容器及其部件，堆内构件、埋件，反应堆保护竖井内衬，堆内辐射屏蔽体、支撑环、压力室、集管，以及其他堆内设备的拆除和捣碎，特别是在γ剂量率高且受放射性污染程度高的结构和工作场所内设备的拆除。在此条件下为进行拆卸工作必须使用配有大量不同工具的机械手远距离控制设施。

应当在电站退役时拆卸的土建结构根据施工条件和特点将其分为：

① 材料的完整破坏，由该材料所建筑的土建结构；

② 材料的局部破坏，由该材料所建筑的土建结构，为了将结构分割成适用于后续使用的结构部件；

③ 材料的局部破坏，由该材料所建筑的土建结构，根据现有企业的工作条件、现有材料破坏工具或一定载重量的提升运输工具保证能力；

在狭窄条件及非控制区现场所分割的混凝土和钢筋砼基础属于整体破坏的结构。

厂房框架部件、吊车梁、横梁、框架和格栅空间结构、单独站立的支架等属于局部破坏的结构。

混凝土基础及厚度为200～500 mm的楼板、砖的混凝土和钢筋砼墙体和隔墙、钢筋砼楼板和覆层属于局部或整体破坏的结构。

为了拆除整体钢筋混凝土结构使用分割作业工具，借助于这些工具将结构部件分割成应装运运输到储存地点的部件（根据这些部件的尺寸、体积和重量符合现有的生产条件）。

更多混凝土和土建钢筋混凝土结构破坏的试验方法和传统方法都是冲击性破坏方法。在反应堆房间中工作空间狭窄及难以进入是主要特点，这些方法及所编制的方法更适用于设备拆卸时破坏工艺孔洞。

大块混凝土和钢筋混凝土结构以及汽轮机基础拆除的最好方法是用拉线锯切割。该方法同样用于反应堆生物保护的拆除。在切割混凝土结构时使用下列设备：

① 自有钢丝锯；

② 拉直用的直径50到300 mm孔洞钻孔装置。

该方法的特点是足够高的生产能力及容易去除的二次废物（灰尘）的数量小。混凝土的切割速度为0.6到2.1 m^2/h，而钢筋砼的速度为0.3到1.2 m^2/h。废物的数量为1 m^2/切割面积上为0.03 kg。拉线锯的原理图见图6-2。

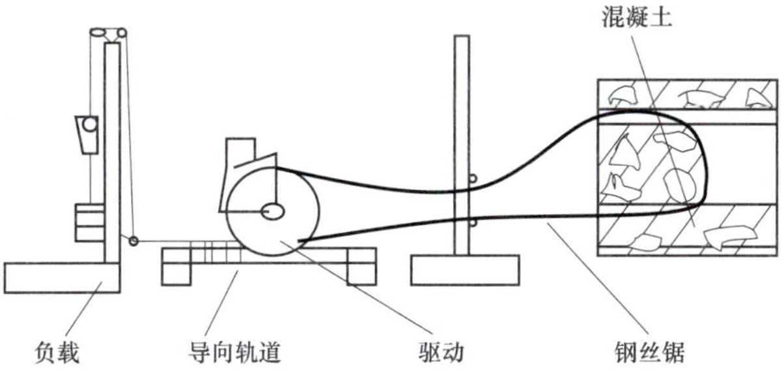

图 6-2　-钢丝锯切割钢筋砼的示意图

同样带有硬合金和金刚石环形钻头的手动钻床、金刚石切割板的机床、氧气枪及其变种产品、等离子切割装置和电弧熔化装置也属于分割作业的工具。

使用不同方法和对材料和生产过程条件的影响条件的技术论证由下列结构参数确定：面积、结构平面尺寸、提交及破坏材料的厚度、不同类型结构的土壤饱和性、材料的强度特性和钢筋结构的饱和程度。

（4）核电厂退役所形成放射性废物预期量的预评估

在核电厂退役时考虑的放射性废物处理的所有作业应该符合放射性废物处理和长期贮存所规定的标准文件要求，该些文件在工作进行时是有效的。

退役时所产生的大多数废物是中放、低放、非常低放射性的废物，所释放的热能微不足道，并且在没有强大的生物保护情况下包装。改善辐射环境（降低结构材料的放射性）所使用的去污同时减少了放射性废物的体积，深度去污更加减少放射性废物的体积并使原来被污染的物质转化为商品。

在评估放射性废物的体积（以及设备拆卸和放射性废物再处理的人工及剂量费用）时采用下列假设。

一回路设备和管道被核素首次表面污染的值等于 4×10^5 Bq/cm^2。冷却剂净化系统、地漏水收集系统和液体放射性废物贮存和再处理的首次表面污染的值同样为 4×10^5 Bq/cm^2。所有其他系统的首次表面污染等于 4×10^4 Bq/cm^2。

反应堆压力容器的质量活度为 1.1×10^{10} Bq/kg（0.3 Ci/kg），而堆内构件的活度为 5.5×10^{10} Bq/kg（1.5 Ci/kg）。

反应堆压力容器和堆内构件的拆卸和碎裂借助于遥控设施进行。

深度去污通过电化学法进行，电解质是草酸。在草酸盐的再次热处理时电解质分解为水和金属氧化物。

放射性和无放射性金属的重新冶炼在电炉中进行。电炉的容量为 10 t，班组成员为 5 人，熔炉时间为 3 小时。

电站退役所产生的液体放射性介质用深度蒸浓的方法进行固化。

土建结构在拆卸时所形成放射性废物的体积和活度根据新瓦罗涅斯克核电厂一号动力机组综合工程-辐射监测的经验去评估。

通常被核素污染的保温体积因模压变为原来的 1/6。

应当掩埋的放射性废物的体积在表 6.3-5 给出，从该表可以看出中放和低放的放射性废物的体积为 2 050 m^3，而高放的放射性废物的体积为 85 m^3。从研究中可以排除运行所产生的放射性废物，因为设计考虑了核电厂施工现场范围内的排放。

在放射性废物中间贮存站点，对不经再处理及再处理的中放和低放固体放射性废物用体积为 200 L 的金属罐进行贮存。高放废物用专门金属桶（容器）运去贮存。使用有序方法贮存废物，应当从包装检查库隔间取出废物或者运到核电厂现场外固定掩埋地点。

现有贮存库的体积不够接受动力机组拆卸时所产生的放射性废物。在运行结束前必须进行贮存库体积的工作。

表 6.3-5　　应当掩埋的固体放射性废物体积评估值总表

放射性废物名称	放射性废物	体积/m^3
设备冶炼的金属	高放	85
设备去污和拆卸的金属刨削、残渣和毛刺	中放	10
反应堆土建结构	中、低放及非常低放	560
汽机大厅土建结构	低放及非常低放	40
不同设备的土建结构	中、低放及非常低放	100
保温	中、低放及非常低放	1 340
其他	中、低放及非常低放	2 050
	高放	85

6.3.2.3　国内某 M310 机组

1. 概述

退役是核电厂安全关闭后的阶段，其目的是通过全面细致的计划和评估，确定逐步和系统地减少放射性危害的措施，从而确保在退役实施和结束时工作人员、公众和环境安全得到保护。目前越来越多的核电厂退役研究和经验表明，必须在设计、建造和运行阶段就对将来核电厂的退役进行充分考虑。选择合适的退役策略，尽可能在场址选择、总图布置、材料规范、系统设备布置等方面考虑退役因素，可以有效减少退役期间工作人员和公众的受照剂量，将退役对环境的影响和废物产生量降至最低，尽可能降低将来退役施工的难度和费用。本节主要对国内某 M310 机组项目将来退役时的策略选择和阶段划分、退役计划的制订提出了初步设想，阐述了在设计阶段应考虑的便于退役的有关因素和要求，并在退役费用和管理方面提出了考虑和设想。

2. 退役策略选择和退役阶段划分

（1）退役策略选择

先前国际原子能机构将退役策略分为三种：立即拆除、延迟拆除和就地埋葬。

就地埋葬策略是将放射性物项长期安全包容在场址，从本质上相当于放射性物质就地处置，这与目前我国放射性废物管理和核能发展战略不符合，因此对于本类型机组不考虑就地埋葬策略。

延迟拆除策略是通过封存和放射性衰变减少将来拆除时的人员受照剂量。延迟拆除是首先卸出反应堆中的乏燃料和排空冷却剂，随后进行局部拆除，安全封存压力容器，并建立封存监测屏障。封存几十年后最终拆除达到无限制开放水平。选择延迟拆除策略会导致系统包容性恶化、档案资料散失、人员流失、长期监督维护和高额费用等缺陷。

立即拆除策略是在核电厂停止运行不再使用后，经过安全关闭过渡期后立即实施反应堆拆除，直至达到场址最终无限制开放。但由于反应堆立即拆除的环境处于较高的辐射水平，因此需要配备先进的退役设备和掌握较高的退役技术。

影响核电厂退役策略选择的因素有很多，其关键因素有：国家有关退役的法规政策、退役费用估算和筹资方式、放射性废物管理、退役技术发展等。随着国内核设施退役工作的进展，我国已积累了较为丰富的退役经验，核设施退役技术也逐渐完善。立即拆除所需的遥控拆除等技术可以直接从国外引进，估计几十年后退役技术和设备的发展已不会成为选择立即拆除策略的制约因素。在放射性废物管理方面，乏燃料可以送后处理厂处理，中低放废物可送往低、中水平放射性废物近地表处置场，极低放废物可送极低放废物填埋场，从废物出路来说没有障碍。退役费用可以从电厂收益中预提。

因此，就目前来看，除运行时发生重大事故可能会改变策略外，核电厂退役宜优先选择立即拆除策略。

（2）退役阶段划分

无论选择哪种退役策略，退役实施都需要分阶段进行，核电厂的退役实施可分为三个阶段，即：安全关闭过渡阶段、去污拆除阶段、厂址清理验收阶段。

安全关闭过渡阶段即退役的准备阶段。在不超出批准的运行最终安全分析报告的范围内，利用现有条件尽可能消除和减少放射性危害，为后续退役创造条件。主要活动包括乏燃料的卸出与转运、系统排空和清洗、处理处置运行期间的废物、设施初态特性调查、上报最终退役计划、编制上报退役申请所需的安分和环评报告、进行退役所需的技术研发等。

去污拆除阶段是退役实施的主要阶段。在获得退役许可申请批准的基础上，完成对系统设备的去污拆除；拆除废物的分类、包装、运输、整备和处置；以及建（构）筑物的拆除等工作。

场址清理验收阶段是实现核电厂退役最终目标、达到退役最终状态的阶段。其主要工作包括编制厂址清理计划、厂址特性调查、厂址清理实施、厂址退役终态放射性监测、退役最终总结报告和最终环评报告编制上报、厂址解控复查和验收等工作。最终获得核安全监督部门的批复，结束整个退役工程。

3. 退役计划的制订

退役最终目标的实现取决于周密和有组织的计划。国家核安全监管部门要求新建核设施要制订退役计划。计划的内容、范围和详细程度应根据设施的复杂性和潜在危害的不同进行调整。核电厂退役计划分三个阶段制订和提交，即：初始计划、中期计划和最终计划。三个阶段计划的内容应逐步深入、完善、细化和优化。其中安全分析和环境影响评价是退役计划中的重要组成部分，是确保退役期间工作人员、公众和环境安全，免受或减少由于退役产生的放射性和非放射性危害的关键。

（1）初步退役计划

初步计划的制订要考虑以下几方面的问题：退役可行性的一般分析；退役涉及的安全问题的基本考虑；退役实施对环境影响方面的考虑；退役费用及筹资方式；明确退役期间需使用的现有设施、系统和设备。

（2）退役计划更新

核电厂运行期间需要对初步退役计划进行定期审核、更新和细化，以制订中期退役计划（若发生重大事故时应立即制订）。需要更新和细化的内容包括：国家有关退役政策和法规的变化；退役技术的发展；退役实施时可能发生的异常事件；对影响退役计划的系统和结构的重大修改；退役费用的估算及落实情况。

（3）最终退役计划

核电厂安全关闭前要提交详细的最终退役计划，作为关闭申请和退役申请的支持性文件，其内容深度应符合国家核安全监管部门的相关规定。

4. 核电厂寿期不同阶段对便于退役的考虑

目前，越来越多的核电厂退役研究和经验表明，必须在设计、建造和运行阶段就对将来核电厂的退役进行充分考虑。尽可能在场址选择、总图布置、材料规范、系统设备布置等方面考虑利于退役的因素，以有效减少退役期间工作人员和公众的受照剂量，从退役废物产生源头进行控制，贯彻废物最小化原则，有效减少退役施工难度和费用。

（1）设计、建造、运行阶段的考虑

设计阶段对于新建核电厂厂址本底放射性水平特性调查至关重要，本底调查还应包括所用建筑材料中的天然放射性水平，调查数据是评估退役完成后厂址对环境影响的辐射基准水平。

在核电厂设计阶段应考虑从便于退役的角度审查设计，提出便于退役的设计要求，便于退役设计上的要求要与核电厂安全、运行和维护的要求统筹考虑。

在核电厂运行阶段要考虑优化放射性废物管理，尽量减少运行废物的产生，对产生的废物严格分类，控制废物流。为便于今后退役可考虑进行部分材料样品辐照实验，以便今后进行测量值与计算值比对，最终确定残留放射性总量。

应将记录保存的相关资料在核电厂寿期不同阶段与退役直接联系起来。核电厂选址、设计、建造和运行改造、维修等有关的设计技术规格书和竣工图等全部资料，均应作为退役所需资料予以保存。应考虑建立一个完整的数据库，使得核电厂安全关闭时，保存的资料可详细反映设施的当前状况。保存方式要考虑资料长期保存的可读取性，以及为保证保存安全性进行备份等。

（2）便于退役的设计要求

核电厂服役期满之后的退役处理具有特殊性和复杂性。必须在设计阶段对其相关影响因素进行研究分析并提出便于退役的设计要求，其对于将来退役工作的实施非常重要。

① 核电厂设计中应考虑退役的技术可行性，以及在保障操作人员、居民和环境的安全下，拆除、运输和处理厂房、构筑物、设备、管道等活动的可操作性。

② 在厂房和构筑物设计时，应考虑某个机组退役，而其他机组继续运行的条件。

③ 核电厂厂区内建（构）筑物布置，应允许机组退役时在厂区组织合理通畅的物流，保证水平和垂直空间的运输路线。

④ 大型设备部件应易于拆除和解体，最好能整体拆移。

⑤ 在选择材料时，应选择易活化元素比较少、易于表面去污的材料。

⑥ 铺设在建筑结构内的工艺管道，通常应能在退役时与建筑物拆开。

⑦ 设计中采用特殊的密封覆面，以减少放射性核素对混凝土结构的污染。

⑧ 为减少拆除工程量，应在容易受辐照的地方设置移动式辐射屏蔽。

⑨ 在设计系统时，应使其容易隔离，以便去污或拆除。

⑩ 在设计生物防护层时，应对其拆除方案进行论证。

⑪ 在设计放射性废物暂存设施时，应考虑对废物的回取。

⑫ 应考虑退役期间在现场安置移动式去污和放射性废物处理设备的可能性。

5. 退役费用的考虑

根据《中华人民共和国放射性污染防治法》第 27 条的规定，核设施的退役费用和放射性废物处置费用应当预提，并列入投资概算或生产成本。费用的提取和管理办法，由国务院财务部门、价格主管部门会同国务院环境保护行政部门、核设施主管部门规定。

6. 退役管理设想

运行阶段应及时完善更新中期退役计划，特别是有重大变化时应由相关部门负责完成此项工作。

退役阶段的安全关闭过渡期，应及早将运行部门改建成退役的组织机构，以利于退役工作的顺利开展。

7. 结论

通过上述分析，得出如下结论：

（1）核电厂退役策略选择受多种因素影响，在本核电厂建造可行的前提下，从目前的国家政策、费用来源、废物出路，以及退役技术方面来看，建议将来采用立即拆除策略。

（2）在设计、建造和运行阶段应对核电厂将来的退役工作进行充分考虑。

（3）在核电厂前期及设计阶段，建议指定有关责任部门负责考虑退役的前期工作。

核电厂退役将涉及国家政策、法规、经济和科学技术条件等问题。在核电厂运行寿期末采用的退役策略和退役方案，将根据技术、经济的发展情况，在退役阶段的专门可行性研究和环境影响评价工作后再行确定并分阶段实施。

6.3.3　其他设施

1. 项目简介

主要对本项目的基本情况进行描述，包括本项目的用途、技术方案、设计方、总投资额等基本情况，介绍退役项目范围及背景。

2. 厂址和设施特性描述

为论证厂址自然条件与周边公共设施有利于退役，对本项目特性进行描述，包括对厂址地理环境、厂址自然环境（厂址水文、气象、地质地震、环境辐射本底）、社会环境特性进行描述。

此外，还会对厂址内的主要建筑物、系统、设备进行描述，为去污和拆除提供必要的信息。例如：

建筑物：提供建筑物的建造方式，描述建筑物的通行空间以及其布置。

系统：所有在退役期间仍需使用的系统，例如通风、供水、供电、供气和吊车等系统，识别需要立即拆除的系统（退役期间不需要继续使用）。

设备：描述主要的设备和部件信息，包括大型设备所处的房间清单，以及需要进行去污和拆除的设备描述。

根据对本项目退役范围的研究，初步确定本项目退役时需要重点拆除的部分，主要包括燃料检验研究线、材料研究线、微观分析线、钴源生产热室等。本章将对受污染区域、系统，以及设备进行描述。

本章也会描述本项目为便于退役采取的设计措施。

3. 退役策略

退役策略的确定受诸多因素的影响，主要包括法规标准要求，实施退役方案所需的财政资源，厂址特性，设施类型、状态及历史演变，废物管理等设施的可用性，知识、技术和经验的可用性，环境影响和社会经济影响，设施或厂址的期望终态，安全评价等，本项目对主要影响因素进行分析和评价，现阶段拟采用立即拆除的退役策略。

4. 项目组织与管理

为保证本项目安全退役，建立完善的退役组织结构，明确责任分工，进行科学管理。运行阶段还将记录本项目运行期间对退役有重大影响的事件，并持续收集类似项目退役的经验反馈。

组织管理：本项目的运营单位是退役工程的责任者和执行者，对退役工程安全负全面责任，并建立适当的组织机构，分担各项工作任务。

文件管理：保存完整的文件记录是确保效率、减少退役期间不可预期状况发生的一个主要因素。项目运营单位将收集在选址、设计、建造、调试、运行和退役各阶段形成的与退役有关的文件和记录。并采取措施以保证退役所需的文件记录能够完好地存储、可追溯。

安全管理：工作人员的失误和违章操作是事故发生的主要原因。为使本项目退役高效、安全地进行，本项目的退役单位将建立完善的安全管理体系。

培训：本项目退役前将制定好详细的培训计划与大纲，以便退役计划能得到有效的执行。

5. 退役活动

退役活动中描述退役方案的阶段划分与主要活动。根据 IAEA 安全要求以及国际上类似项目退役的实践经验，本项目的退役暂分为四个阶段，各阶段的描述如下：

第一阶段：完成退役前期准备工作，该工作在本项目最终停闭前开展，主要工作是开展退役可行性研究、退役执照申请、退役设计及退役技术研发等工作。

第二阶段：在本项目最终停闭不久，进行设施内运行废物（包括固体废物、废液等）的清理、操作源项移除、源项调查、现场改造、安全维护，以及主工艺、辅助设施和工艺厂房的初步去污等活动。

第三阶段：主要是放射性系统、设备及受污染厂房的去污和拆除，并按规定处理、贮存或处置放射性废物。本项目的退役拆除工作重点包括主工艺系统及设施的拆除，例如燃料检验研究线、材料研究线、微观分析线、钴源生产热室等。部分拆除工作开展前需要进行进一步去污，去污和拆除的工作可能需要借助远程遥控技术或机器人技术。

第四阶段：进行厂址恢复、厂址终态调查、许可证终止等。

本项目预期的退役活动包括退役前准备、源项调查、去污、拆除、放射性废物管理，以及厂址恢复等。

6. 退役废物管理

退役活动中产生的废物主要来源于：去污活动；设备的切割和解体、建筑物拆除活动；污染场区、地面、土壤和水体（包括地表水、地下水等）清污活动等。

初步考虑去污、切割等活动中产生的放射性废气通过通风系统过滤处理，去污、拆除等活动中产生的放射性废液经处理后达标排放，本项目将按照国家对退役废物的管理规定进行处置。

退役过程中将贯彻废物最小化原则，从源头减少废物源项、防止污染扩散、实施再循环与再利用等措施，还会给出废物最小化管理上的考虑。

7. 退役经费与筹措

充足的退役资金能有效支撑本项目退役的顺利进行。退役费用包括执照申请、退役设计、退役技术研发、退役活动，以及退役废物管理、废物处置等各项费用。

本项目退役费用将分摊至运行成本和营运阶段承担的科研项目费用。

8. 安全评价

退役安全评价是对实施退役活动有关的潜在危险进行评价，评价范围包含所有计划活动的风险评估。在退役的所有阶段，都应该对工作人员、公众和环境进行保护，使其免受与退役过程有关的危害。安全评价包括辐射安全、核安全与工业安全等。本项目将根据我国核安全法规要求，在退役前制定退役阶段的质量保证大纲和应急预案。

9. 环境影响

本项目退役的主要活动包括去污、拆除、废物管理等，在每一个过程中都可能存在向环境的排放。本项目在退役前将按照我国核安全法规的要求完成《本项目退役环境影响评价报告》并提交给审管单位进行审查，批准后才开始退役。

目前本项目的退役策略暂时考虑为立即拆除，退役的终态暂时考虑为恢复“绿地”。本项目退役后将拆除全部受污染建/构筑物，并对受污染土壤进行剥离、去污；对地下水、附近地表水进行调查，使厂址退役后的环境符合国家法规标准要求。因此，当前预计退役终态对环境影响比较小。

6.4 最终退役计划的编制实践

2015 年，由中国核动力研究设计院和中核核电运行管理有限公司联合成立了“核电厂退役工程技术研发中心（简称退役中心）”，考虑到秦山 320 MWe

机组是我国首座自主设计建造的核电厂，退役中心也希望其将来成为我国首座自主退役的核电厂，即将其作为核电厂退役示范工程，也作为退役技术实践的平台。首先第一步就是制订秦山 320 MWe 机组退役计划，这是我国现行法律法规的要求，也是我国核电厂全寿期管理中最后退役阶段的安全要求。2016 年由退役中心组织编制的秦山 320 MWe 机组最终退役计划（A 版）的主要章节目录如下：

第一章　概　述

1. 项目概况
1.1　秦山 320 MWe 机组简介
1.2　“秦山 320 MWe 机组退役计划”简介
1.2.1　编制目的及意义
1.2.2　编制原则
1.2.3　主要内容
1.2.4　适用范围
2. 退役目标
3. 退役范围
4. 退役策略
4.1　退役策略的分类
4.2　退役策略对比分析
4.2.1　立即拆除
4.2.2　延缓拆除
4.3　国外核电厂退役策略总结分析
4.4　退役策略选择论证
4.5　秦山核电厂退役策略选择
5. 编制依据
5.1　法律、法规
5.2　标准
5.3　IAEA 导则
5.4　文件

第二章　厂址与环境描述

1. 厂址概况
1.1　厂址位置
1.2　厂区平面、厂址边界、非居住区和规划限制区
1.3　确定流出物释放限值的边界
1.4　非居住区管辖权和控制权
1.4.1　管辖权
1.4.2　对核电厂运行无关的活动控制权
2. 人口分布与饮食习惯
2.1　厂址半径 15 km 范围内的人口分布
2.1.1　厂址半径 5 km 范围内的居民点分布
2.1.2　厂址半径 15 km 范围内的村镇分布
2.1.3　流动人口
2.1.4　文化设施
2.2　厂址半径 80 km 范围内的人口分布
2.2.1　厂址半径 80 km 范围内的现有人口分布
2.2.2　厂址半径 80 km 范围内的预期人口
2.2.3　厂址半径 80 km 范围内的城镇分布
2.3　居民的年龄构成以及饮食习惯和生活习性
2.3.1　居民的年龄构成
2.3.2　居民的饮食习惯和生活习性
3. 资源利用概况
3.1　土地和水体的利用
3.1.1　土地利用
3.1.2　水体利用
3.1.3　自然保护区、文物古迹和风景旅游区
3.2　陆生资源及生态概况
3.2.1　农业生产情况
3.2.2　畜牧业情况

3.2.3　林业资源与自然资源情况
3.2.4　距离反应堆最近的居民点、农田、菜园、养殖场、奶牛等
3.3　水产资源及生态概况
3.3.1　调查断面和站位的布设
3.3.2　厂址邻近海域海水水质
3.3.3　厂址邻近海域海洋沉积物质量
3.3.4　厂址邻近海域生物
3.3.5　历年海洋生态变化情况
3.3.6　水产资源、渔业生产及养殖情况
3.4　工业、交通及其他相关设施
3.4.1　工业
3.4.2　交通及其他相关设施
4. 气象
4.1　大气稳定度
4.2　联合频率
4.2.1　厂址联合频率
4.2.2　降雨量
4.3　混合层高度及扩散参数值
4.3.1　混合层高度
4.3.2　扩散参数值

第三章　核电厂描述

1. 运行史介绍
2. 厂区总体平面布置
2.1　厂区子项
2.1.1　核心区
2.1.2　三废区
2.1.3　供排水区
2.1.4　动力供应区
2.1.5　检修区

2.1.6　仓库区
2.1.7　厂前区
2.2　厂区室外工程
2.2.1　厂区管线
2.2.2　厂区道路
3. 主要厂房描述
3.1　核岛
3.1.1　反应堆厂房（01）
3.1.1.1　厂房位置
3.1.1.2　功能
3.1.1.3　厂房结构
3.1.1.4　平面布置
3.1.1.5　设施设备布置
3.1.1.6　管道布置
3.1.1.6.1　一回路主系统管理布置
3.1.1.6.2　一回路辅助系统及二回路系统管道布置
3.1.2　一回路辅助系统厂房（02）
3.1.2.1　厂房位置
3.1.2.2　厂房结构
3.1.2.3　平面布置
3.1.2.4　设施设备布置
3.1.2.4.1　贮槽和箱类
3.1.2.4.2　树脂床
3.1.2.4.3　过滤器
3.1.2.4.4　泵及换热器类
3.1.2.4.5　脱气和蒸发序列
3.1.2.4.6　安全消氢系统设备
3.1.2.4.7　化学分析室和取样间
3.1.2.4.8　去污间
3.1.3　燃料贮存厂房（03）

3.1.3.1　厂房功能及结构
3.1.3.2　平面布置
3.1.3.3　设施设备布置
3.1.4　主控制楼（05）
3.1.5　主蒸汽管廊（06）
3.1.6　应急柴油发电机厂房（07）
3.1.7　换料水箱（08）
3.2　常规岛
3.2.1　汽轮发电机厂房（04）
3.2.1.1　厂房功能及结构
3.2.1.2　厂房布置
3.2.2　A 排外电气构筑物（19）
3.2.3　220V G.I.S 开关站（16）
3.2.4　化学水处理车间（17）
3.2.5　微波通讯站（18）
3.2.6　化油净化室及油库（55）
3.3　BOP 子项
3.3.1　溴化锂冷冻站（09）
3.3.2　压缩空气站和氮气站（10）
3.3.3　消除水泵站（11）
3.3.4　备用供热站（12）
3.3.5　金工车间（13）
3.3.6　电修车间（14）
3.3.7　锻压热处理车间（15）
3.3.8　应急中心（20）
3.3.9　弱放废物贮存库（21）
3.3.10　固化厂房（22）
3.3.11　特种洗衣房（23）
3.3.12　固化物库（24）
3.3.13　特种汽车库（25）

3.3.44　公安分局（57）
3.3.45　食堂及营房（58）
3.3.46　35 kV 升压站（60）
3.3.47　电仪大楼（61）
3.3.48　机械厂房（62）
4. 一回路系统设备描述
4.1　反应堆冷却剂系统（S01）
4.1.1　系统功能
4.1.1.1　热量传递
4.1.1.2　中子慢化
4.1.1.3　反应性控制
4.1.1.4　放射性防护屏障
4.1.2　系统流程
4.1.3　主要设备描述
4.1.3.1　反应堆本体
4.1.3.1.1　反应堆压力容器
4.1.3.1.1.1　顶盖组合件
4.1.3.1.1.2　筒体组合件
4.1.3.1.1.3　“O”形密封环
4.1.3.1.1.4　压力容器支座（SP_1R_1）
4.1.3.1.2　堆芯组件
4.1.3.1.2.1　燃料组件
4.1.3.1.2.2　控制棒组件
4.1.3.1.2.3　可燃毒物组件
4.1.3.1.2.4　中子源组件
4.1.3.1.2.5　阻力塞组件
4.1.3.1.3　堆内构件
4.1.3.1.3.1　吊篮部件
4.1.3.1.3.2　压紧部件
4.1.3.1.3.3　堆内测量装置

4.1.3.1.3.4 辐照监督管
4.1.3.1.4 控制棒驱动机构
4.1.3.2 一回路主系统
4.1.3.2.1 蒸汽发生器
4.1.3.2.2 反应堆冷却剂泵
4.1.3.2.3 稳压器
4.1.3.2.4 主管道
4.2 核辅助系统
4.2.1 化学和容积控制系统（S02）
4.2.1.1 化学和容积控制系统功能
4.2.1.1.1 化学补偿控制
4.2.1.1.2 容积控制
4.2.1.1.3 水质控制
4.2.1.1.4 提供主泵轴封注入水
4.2.1.1.5 作为高压安注的一部分
4.2.1.1.6 对稳压器进行辅助喷淋
4.2.1.1.7 承担主系统充水、打压试验（严密性试验）的任务
4.2.1.2 化学容积控制系统组成
4.2.1.2.1 上充、下泄和轴封水系统
4.2.1.2.2 反应堆冷却剂净化和化学控制系统
4.2.1.2.2.1 pH 控制
4.2.1.2.2.2 氧控制
4.2.1.2.2.3 反应堆冷却剂的净化
4.2.1.2.3 反应堆补给控制系统
4.2.1.3 主要设备信息
4.2.1.3.1 化学容积控制系统主要设备概述
4.2.1.3.2 上充泵
4.2.1.3.3 硼酸驳运泵
4.2.1.3.4 再生热交换器
4.2.1.3.5 下泄热交换器

4.2.1.3.6　过剩下泄热交换器

4.2.1.3.7　轴封水热交换器

4.2.1.3.8　容积控制箱

4.2.1.3.9　硼酸贮存箱

4.2.1.3.10　硼酸制备箱和搅拌器

4.2.1.3.11　化学添加箱

4.2.1.3.12　净化床

4.2.1.3.13　除锂床

4.2.1.3.14　除硼床

4.2.1.3.15　床前过滤器

4.2.1.3.16　床后过滤器

4.2.1.3.17　轴封注水过滤器

4.2.1.3.18　轴封水回流过滤器

4.2.1.3.19　下泄孔板

4.2.1.3.20　硼酸驳运泵旁通孔板

4.2.1.3.21　硼酸混合器

4.2.1.3.22　阀门

4.2.1.3.22.1　再生热交换器下游的上充管线

4.2.1.3.22.2　下泄孔板下游的下泄管线

4.2.1.3.22.3　低压下泄阀下游的下泄管线

4.2.1.3.22.4　容积控制箱

4.2.1.3.22.5　上充泵入口管

4.2.1.3.22.6　上充泵排放管

4.2.1.3.22.7　轴封回流管（安全壳内）

4.2.1.3.22.8　轴封回流管（上充泵旁通流）

4.2.1.3.22.9　硼酸制备箱的蒸汽管

4.2.1.3.23　管道

4.2.2　硼回收系统（S03）

4.2.2.1　系统主要功能

4.2.2.2　系统组成

4.2.5.3.1.1　概述
4.2.5.3.1.2　设冷热交换器主要技术特性
4.2.5.3.1.3　结构简述
4.2.5.3.1.4　主要元件材质及要求
4.2.5.3.2　设备冷却水泵
4.2.5.3.2.1　概述
4.2.5.3.2.2　技术条件
4.2.5.3.2.3　泵的结构
4.2.5.3.3　设冷水波动箱
4.2.6　乏燃料池冷却及净化系统（S07）
4.2.6.1　系统功能
4.2.6.2　系统组成
4.2.6.2.1　冷却回路
4.2.6.2.2　净化回路
4.2.6.2.3　系统设备布置
4.2.6.2.4　系统主要设备参数
4.2.7　余热排出系统（停堆冷却系统）（S08）
4.2.7.1　安全功能
4.2.7.2　停堆冷却系统组成
4.2.7.3　停冷系统主要设备
4.2.7.3.1　停堆冷却泵
4.2.7.3.1.1　技术性能
4.2.7.3.1.2　泵的结构
4.2.7.3.2　停冷热交换器
4.2.7.3.2.1　主要技术特性
4.2.7.3.2.2　结构简述
4.2.7.3.2.3　主要部件材质
4.2.8　安全疏排水系统（S14）
4.2.8.1　系统功能
4.2.8.2　系统流程

4.2.8.3　主要设备参数
4.2.9　一回路化学分析室（S18）
4.2.9.1　系统功能
4.2.9.2　系统布置
4.2.9.3　操作及疏水流程
4.2.9.4　主要设备设施参数
4.2.10　蒸汽发生器排污染系统（S19）
4.2.10.1　系统功能
4.2.10.2　系统流程
4.2.10.3　系统位置布置
4.2.10.4　主要设备参数
4.2.11　辅助给水系统（S20）
4.2.11.1　系统功能
4.2.11.2　系统流程
4.2.11.3　系统位置布置
4.3　安全专设系统
4.3.1　安全注射系统（S09）
4.3.1.1　安全注射系统功能
4.3.1.1.1　在失水事故后提供堆芯冷却
4.3.1.1.2　主蒸汽管破裂事故
4.3.1.1.3　蒸汽发生器传热管破裂事故
4.3.1.2　安全注射系统组成
4.3.1.2.1　高压安注分系统
4.3.1.2.2　安注箱注射分系统
4.3.1.2.3　低压安注分系统
4.3.1.3　系统主要设备概述
4.3.1.3.1　高压安注泵
4.3.1.3.1.1　性能参数
4.3.1.3.1.2　泵的结构
4.3.1.3.2　换料水箱

4.3.1.3.3　安注箱
4.3.1.3.4　安全壳再循环地坑
4.3.2　安全壳喷淋系统（S10）
4.3.2.1　喷淋系统功能
4.3.2.2　喷淋系统组成
4.3.2.2.1　喷淋分系统
4.3.2.2.2　NaOH 添加分系统
4.3.2.3　喷淋系统主要设备
4.3.2.3.1　喷淋泵
4.3.2.3.1.1　性能参数
4.3.2.3.1.2　水质条件
4.3.2.3.1.3　法兰连接
4.3.2.3.1.4　泵体疏水接管尺寸
4.3.2.3.1.5　泵的结构
4.3.2.3.2　换料水箱
4.3.2.3.3　喷射器
4.3.2.3.4　喷嘴
4.3.2.3.5　停冷热交换器
4.3.2.3.6　NaOH 贮存箱
4.3.2.3.7　再循环地坑
4.3.2.3.8　安全壳
4.3.3　消氢系统（S11）
4.3.3.1　系统功能
4.3.3.2　系统流程
4.3.3.3　系统布置
4.3.4　安全壳隔离系统（S12）
4.3.4.1　系统功能
4.3.4.2　系统流程
4.3.4.3　系统布置
4.3.4.4　系统主要设备

4.4.4.1　系统功能
4.4.4.2　系统流程
4.4.4.2.1　酸碱溶液的配置及输送
4.4.4.2.2　去污间的去污步骤
4.4.4.3　系统布置
4.4.4.3.1　酸碱溶液配置部分
4.4.4.3.2　去污间
4.4.4.4　系统主要设备
4.5　一回路其他辅助系统
4.5.1　化容容控箱氢气供给系统
4.5.2　05 厂房排水系统
4.5.3　02 厂房生产排水系统
4.5.4　复用水系统
4.5.5　断流给水系统
4.5.6　装卸料系统
4.5.7　01 厂房循环冷却水系统
4.5.8　49#一回路海水系统
4.5.9　02 厂房辅助蒸汽系统
4.6　其他
5. 二回路系统设备描述
5.1　汽轮机本体系统
5.2　凝汽器
5.3　主蒸汽系统
5.3.1　系统功能
5.3.2　系统组成及运行流程
5.3.3　主要设备
5.3.3.1　主蒸汽安全阀
5.3.3.2　大气释放阀
5.3.3.3　主蒸汽隔离阀
5.3.3.4　主蒸汽系统管道

5.3.3.5 仪表和控制
5.4 凝结水系统
5.4.1 系统功能
5.4.2 系统组成及运行流程
5.5 给水系统
5.5.1 系统功能
5.5.2 系统组成及运行流程
5.6 蒸汽动力与转换其他系统
5.6.1 凝汽器抽气系统
5.6.2 汽轮机轴封系统
5.6.3 蒸汽排放和汽轮机旁路系统
5.6.4 循环水系统
5.6.5 凝结水净化系统
5.6.5.1 系统功能
5.6.5.2 系统组成及运行流程
5.6.6 蒸汽发生器排污系统
5.6.6.1 系统功能
5.6.6.2 系统组成及运行流程
5.6.7 辅助给水系统
5.6.8 启停给水系统
5.6.8.1 系统功能
5.6.8.2 系统组成及运行流程
5.6.9 工业水系统
5.6.9.1 系统功能
5.6.9.2 系统组成及运行流程
6. 其他系统
6.1 通风系统
6.1.1 01#反应堆厂房通风系统
6.1.2 02#一回路辅助厂房通风系统
6.1.3 03#燃料贮存厂房通风系统

6.1.4 05#主控制楼厂房通风系统

6.1.5 07#应急柴油发电厂房通风系统

6.1.6 放射性废物区域通风系统

6.1.7 其他区域通风系统

6.1.7.1 06#主蒸汽管廊通风系统

6.1.7.2 汽轮发电机厂房区域通风系统

6.2 辐射监测系统

6.2.1 气体放射性监测系统

6.2.2 液体放射性监测系统

6.2.3 工艺辐射监测

6.2.4 剂量监测

6.2.5 物理测量室样品分析

6.2.6 辐射防护仪表刻度室

6.3 电力系统

6.3.1 厂外电力系统

6.3.2 厂内电力系统

6.3.2.1 厂内交流电力系统

6.3.2.2 厂内直流供电系统

6.3.2.3 应急电源

6.4 水系统

6.4.1 厂用水系统

6.4.1.1 淡水系统（非重要厂用水系统）

6.4.1.2 海水系统（重要厂用水系统）

6.4.2 生活用水系统

6.4.3 补给水系统

6.4.4 凝结水精处理系统

6.4.5 电厂冷却水系统

6.4.5.1 核岛厂房冷冻水系统

6.4.5.2 应急冷冻水系统

6.4.6 供热系统

6.5 仪控系统
6.5.1 反应堆紧急停堆系统
6.5.2 专设安全设施系统
6.5.3 安全停堆所需系统
6.5.3.1 监测指示仪
6.5.3.2 控制器元件
6.5.3.3 主控室撤离
6.5.3.4 用于冷停堆的设备和系统
6.5.4 安全相关显示仪表
6.5.5 安全所需其他仪表系统
6.5.6 安全不相关的控制系统
6.5.7 多样性仪表和控制系统
6.5.8 仪控系统数据通信系统
6.6 工具类系统设备
6.6.1 反应堆厂房环行吊车
6.6.2 装卸料机
6.7 其他辅助系统
6.7.1 动力系统
6.7.1.1 溴化锂机组冷冻站
6.7.1.2 压缩空气站
6.7.1.3 氧气站
6.7.1.4 应急压缩空气系统
6.7.2 消除系统
6.7.3 通讯系统
6.7.4 照明系统
6.7.5 柴油发电机组辅助系统
6.7.5.1 柴油发电机组燃油贮存和输送系统
6.7.5.2 柴油发电机组冷却水系统
6.7.5.3 柴油发电机组启动系统
6.7.5.4 柴油发电机组机油系统

6.7.5.5　柴油发电机组进气和排气系统
7. 放射性状态描述
7.1　活化物项
7.1.1　反应堆受活化的主要部伯
7.1.1.1　堆芯组件
7.1.1.1.1　燃料组件
7.1.1.1.1.1 燃料棒
7.1.1.1.1.2 定位格架
7.1.1.1.2　控制棒组件
7.1.1.1.3　中子源组件
7.1.1.1.4　阴力塞组件
7.1.1.2　堆内构件
7.1.1.2.1　吊篮组件
7.1.1.2.1.1　吊篮组件
7.1.1.2.1.2　下栅板组件
7.1.1.2.1.3　围板组件
7.1.1.2.1.4　防断支撑件
7.1.1.2.2　压紧部件
7.1.1.2.2.1　压紧支撑组件
7.1.1.2.2.2　导向管组件
7.1.1.2.2.3　堆内测量装置
7.1.1.2.2.4　辐照监督管
7.1.1.3　压力容器
7.1.1.3.1　顶盖组件
7.1.1.3.2　筒体组合件
7.1.1.3.3　压力容器支座
7.1.1.4　驱动机构
7.1.2　计算方法及计算程序
7.1.2.1　中子注量计算
7.1.2.1.1　计算程序介绍

7.1.2.2　计算模型的建立
7.1.2.3　蒙特卡罗计算的统计准则
7.1.2.4　放射性活度计算
7.1.2.4.1　计算输入条件
7.1.2.5　计算程序介绍
7.1.3　计算结果与分析
7.1.3.1　各部件中子注量率
7.1.3.2　活化部件放射性活度
7.1.4　小结
7.2　污染物项
7.2.1　一回路主辅助系统及三废处理系统
7.2.2　污染情况
7.2.2.1　活度浓度与污染水平
7.2.2.2　污染活度
7.2.2.3　放射性废物分类
7.2.2.4　各个时刻活度变化

第四章　退役组织管理

1. 国家监管要求
2. 退役组织机构
2.1　项目管理的组织和职责
2.1.1　运行期间退役准备的组织和职责
2.1.2　运行到退役过渡阶段的组织和职责
2.1.2.1　机构设置
2.1.2.2　主要职责
2.1.3　退役实施阶段的组织和职责
2.1.3.1　机构设置
2.1.3.2　主要职责
2.2　档案文件管理的组织和职责
2.3　人员培训管理的组织和职责

3. 退役工程管理
3.1　退役总体技术路线
3.2　计划安排
3.3　安全文件管理
3.4　档案文件的管理
3.4.1　退役文档管理系统
3.4.2　档案文件的收集和筛选
3.4.3　档案文件的保存和维护
3.5　人员培训管理
3.5.1　工作人员的培训、资格和授权管理
3.5.1.1　概述
3.5.1.2　基础理论培训
3.5.1.3　基本安全授权培训
3.5.1.4　电厂系统设备培训强调退役
3.5.1.5　技能培训和在岗培训强调培训
3.5.2　消防培训
3.5.3　工作人员的再培训
3.5.4　培训有效性评价
3.5.4.1　质保监查和自我评估
3.5.4.2　课程反馈
3.5.4.3　国内外独立评估机构的检查

第五章　退役活动

1. 概述
2. 退役原则
2.1　总体方面
2.2　去污方面
2.3　切割拆除方面
2.4　废物管理方面
2.5　辐射防护与监测方面

3. 退役技术路线
4. 运行阶段的退役活动
4.1　数据资料的保存与收集
4.2　源项调查
4.3　退役计划修订
4.4　退役可行性研究
4.5　退役许可申请
4.6　核电厂退役法规标准体系建设
4.7　运行期间的其他退役活动
5. 安全停闭阶段的退役活动
5.1　安全监管与维护
5.2　初步源项调查（设计阶段）
5.2.1　厂址特征调查
5.2.2　初步源项调查
5.2.2.1　调查目的
5.2.2.2　调查内容
5.2.2.3　实施方法
5.3　退役方案的确定
5.4　退役施工设计
5.5　退役技术研发
5.6　设施的改造及新设施的建设
5.7　外围非放物项拆除
6. 退役实施阶段的退役活动
6.1　源项调查（实施阶段）
6.1.1　调查目的
6.1.2　调查内容
6.1.3　实施方法
6.2　退役去污
6.2.1　去污目的
6.2.2　去污原则

6.2.3　去污范围
6.2.4　去污方法
6.2.4.1　常见去污方法简介
6.2.4.2　系统设施设备的去污
6.2.4.3　设备工器具去污
6.2.4.4　废物包去污
6.2.4.5　作业场所去污
6.2.4.6　建筑物去污
6.2.4.7　厂址清理去污
6.3　退役拆除
6.3.1　拆除前条件准备
6.3.1.1　热点屏蔽、标识
6.3.1.2　系统设备标识
6.3.1.3　杂项物项清理
6.3.1.4　作业场地规划
6.3.1.5　辅助设施建造和临时设施建设
6.3.2　反应堆厂房（01 子项）内设施设备拆除
6.3.2.1　放射性特性
6.3.2.2　退役拆除顺序
6.3.2.3　退役拆除方案
6.3.2.3.1　电气及仪控设施拆除
6.3.2.3.2　小径管道和阀门拆除
6.3.2.3.3　大径管道和阀门拆除
6.3.2.3.4　一回路主要设备拆除
6.3.2.3.5　反应堆本体拆除
6.3.2.3.6　装卸料设施拆除
6.3.2.3.7　结构件及预埋件拆除
6.3.2.3.8　建构筑物去污及监测
6.3.2.3.9　通风管道拆除
6.3.2.3.10　残留物项清理及拆除

6.3.2.3.11 厂房内工艺运输设施拆除
6.3.3 一回路辅助系统厂房（02 子项）内设施拆除
6.3.3.1 放射性特性
6.3.3.2 退役拆除顺序
6.3.3.3 退役拆除方案
6.3.3.3.1 电气及仪控设施拆除
6.3.3.3.2 管道阀门拆除
6.3.3.3.3 主要设备拆除
6.3.3.3.4 结构件及预埋件拆除
6.3.3.3.5 建构筑物去污及监测
6.3.3.3.6 通风管道拆除
6.3.3.3.7 厂房内吊运设施拆除
6.3.4 燃料贮存厂房（03）内设施设备拆除
6.3.4.1 放射性特性
6.3.4.2 退役拆除顺序
6.3.4.3 退役拆除方案
6.3.4.3.1 工艺房间拆除
6.3.4.3.2 水池和坑拆除
6.3.4.3.3 建构筑物进行去污及监测
6.3.4.3.4 通风管道拆除
6.3.4.3.5 厂房内吊装设施拆除
6.3.5 三废处理设施设备拆除
6.3.5.1 固化厂房拆除
6.3.5.2 固化物库
6.3.5.3 弱放废物暂存库
6.3.5.4 烟囱
6.3.5.5 卫生总出入口
6.3.5.6 特种洗衣房和特种汽车库
6.3.6 非放射性厂房内设施设备拆除
6.3.7 建构筑物拆毁

6.3.8　地下管网拆除
6.3.9　临时设施拆除
6.3.10　场址清理

第六章　废物管理

1. 废物分类
1.1　分类原则
1.2　放射性废物分级
1.2.1　分级依据
1.2.2　放射性气载废物
1.2.3　放射性液体废物
1.2.4　放射性固体废物
1.2.5　豁免废物
2. 废物源项
2.1　放射性固体废物
2.1.1　来源
2.1.2　高放固体废物
2.1.3　中放固体废物
2.1.4　低放固体废物
2.1.5　极低放固体废物
2.2　放射性废液
2.3　气载放射性废物
2.4　有毒有害废物
2.5　可循环再利用和清洁解控物项
3. 放射性废物管理
3.1　总目标
3.2　管理原则
3.3　处理与处置
3.3.1　放射性气载废物
3.3.1.1　基本要求

3.3.1.2 基本工艺
3.3.2 放射性液体废物
3.3.2.1 基本要求
3.3.2.2 基本工艺
3.3.3 放射性固体废物
3.3.3.1 基本要求
3.3.3.2 基本工艺
3.4 处理设施
3.4.1 放射性废气
3.4.1.1 现有设施
3.4.1.2 需求分析
3.4.2 放射性废液
3.4.2.1 现有设施
3.4.2.2 需求分析
3.4.3 放射性固体废物
3.4.3.1 现有设施
3.4.3.2 需求分析
4. 其他废物管理
4.1 有毒有害废物
4.1.1 管理原则
4.1.2 处理与处置方式
4.2 可循环再利用和清洁解控物项
4.1.1 管理原则
4.1.2 处理与处置方式

第七章 经费估算及资金筹备计划

1. 经费来源
1.1 国家法律要求
1.2 国家政策要求
1.3 行业标准要求

1.4　中核集团要求
1.5　现阶段执行情况
2. 经费估算
2.1　退役活动工程费用
2.2　退役准备费用
2.3　退役实施费用
2.4　低放和中放废物的处理处置费
2.5　高放废物的处置费用
2.6　退役活动工程其他费用
2.7　预备费
2.8　估算结果
3. 资金筹备
4. 资金管理

第八章　安全分析及评估

1. 执行标准
2. 安全要求与措施
2.1　辐射安全要求与措施
2.1.1　个人剂量限制
2.1.1.1　职业照射个人剂量
2.1.1.2　公众剂量
2.1.2　事故情况下的剂量控制值
2.1.3　表面放射性物项污染控制水平
2.1.4　退役终态的安全要求
2.1.5　辐射防护措施
2.1.6　辐射监测措施
2.2　工业安全要求与措施
2.3　环境安全要求与措施
3. 正常退役活动安全分析
3.1　反应堆卸料

3.2　放射物项拆除
3.3　放射性去污
3.4　废物的包装和运输
4. 事故分析与预防缓解措施
4.1　放射性事故
4.1.1　排风过滤器失效
4.1.2　废物体、废物桶跌落或吊具失效
4.1.3　退役人员辐射事故
4.1.4　涉核物品运输事故
4.1.5　放射性废物混类事故
4.1.6　放射性废物丢失事故
4.1.7　去污放射性溶液外溢事故
4.1.8　火灾
4.1.9　停电
4.2　非放射性工业安全事故
4.2.1　机械伤害
4.2.2　电击伤害
4.2.3　高空坠物
4.2.4　高空队落
4.2.5　危险化学品伤害
4.2.6　噪声
4.2.7　粉尘
5. 安全评估
5.1　工艺安全评价
5.2　职业照射评价
5.3　公众照射评价
5.4　事故照射评价
5.5　放射性排出流释放的评价

第九章　环境影响评价

1. 执行标准
2. 环境本底
3. 退役活动对环境的影响
3.1　放射性源项
3.2　退役过程环境影响分析
3.3　退役终态对环境的影响
3.4　辐射环境监测
3.5　流出物监测
3.6　环境保护措施

第十章　质量保证

1. 质量管理组织
1.1　总体原则
1.2　组织机构、职责和权限
1.2.1　业主公司
1.2.1.1　业主公司总经理职责
1.2.1.2　业主公司各部门职责
1.2.2　中核核电运行管理有限公司（CNNO）
1.2.2.1　CNNO 管理组织机构与职责
1.2.2.1.1　部经理职责
1.2.2.1.2　安全生产委员会职责
1.2.2.1.3　技术委员会、生产技术委员会职责
1.2.2.1.4　CNNO 各处室职责
1.2.2.2　CNNO 退役指挥调度体系
1.3　工作接口
1.4　内、外部接口
2. 质量保证措施
2.1　人员配备、培训和资格

2.2　文件控制和记录管理
2.3　退役活动管理
2.4　退役安全管理
2.4.1　辐射防护
2.4.2　保卫、消防和工业安全
2.4.3　废物管理
2.4.4　应急管理
2.4.5　环境保护与职业健康
2.5　采购管理
2.6　设备管理与物项控制
2.7　核安全管理和经验反馈
2.8　不符合项管理和纠正措施管理
2.9　评估、监督和监查

第十一章　应急预案

1. 应急组织及责任
1.1　总体要求
1.2　应急准备
1.2.1　组织
1.2.2　职责
1.2.2.1　中核运行总经理
1.2.2.2　业主公司总经理
1.2.2.3　秦一厂/秦二厂/秦三厂/方家山运行分管领导
1.2.2.4　秦一厂/秦二厂/秦三厂/方家山维修、技术分管领导
1.2.2.5　环境应急处处长
1.2.2.6　运行一/二/三/四/五处处长
1.2.2.7　维修一/二/三/四/五处处长、维修技术处处长、土建服务处处长
1.2.2.8　技术一/二/三处处长
1.2.2.9　保健物理一/二/三处处长
1.2.2.10　化学处处长

1.2.2.11　保卫处处长
1.2.2.12　信息系统运维处处长
1.2.2.13　安全分析处处长
1.2.2.14　中核运行安全质量处处长
1.2.2.15　储运管理处处长/物资采购处处长
1.2.2.16　其他员工
1.2.2.17　承包商
1.3　应急响应组织与职责
1.3.1　组织
1.3.2　职责
1.3.2.1　应急指挥部
1.3.2.2　应急指挥部成员的职责
1.3.2.3　直属应急专业组的职责
1.3.2.4　现场指挥部及电厂应急专业组的职责
1.3.2.5　业主公司应急专业组
1.4　各级应急组织及其他组织间的接口
1.4.1　中核集团公司
1.4.2　中国核能电力股份有限公司
1.4.3　中核运行
1.4.4　国家核事故应急协调委员会（国家核事故应急办公室）
1.4.5　国家能源局
1.4.6　国家核安全局
1.4.7　环境保护部华东核与辐射安全监督站
1.4.8　浙江省核电厂事故场外应急委员会
1.4.9　其他部门
1.4.10　应急支持单位
2. 紧急状态处理方案
2.1　总体要求
2.2　应急通知与启动
2.2.1　应急待命

2.2.2　厂房应急
2.2.3　场区应急
2.2.4　场外应急
2.2.5　事态紧急时的处理
2.2.6　场内人员的应急通知
2.3　主要应急设施启动
2.4　应急启动批准程序
2.5　场外通告和报告
2.5.1　应急通告
2.5.2　初始报告
2.5.3　后续报告
2.5.4　应急终止报告
3. 应急保障
3.1　培训
3.1.1　培训与考核
3.1.2　培训的对象
3.2　演习
3.2.1　演习目的
3.2.2　演习的规模和范围
3.2.3　演习频度
3.2.4　演习情景设计
3.2.5　演习方式
3.2.6　演习的考评和总结
3.2.7　应急设施、设备的维持与物资器材的准备

第十二章　终态监测

1. 厂址终态评价
2. 厂址终态调查的依据和方法
2.2.1　监测类型及监测对象
2.2.2　监测项目

2.2.3　监测方法

3. 厂址环境修复的内容和技术

6.5　小结

鉴于退役计划的格式与内容未完全统一，国内核电厂、核燃料循环设施、其他核设施在实践过程中存在较大差异，即使同类设施，因设计院的差异在内容详实、结构方面也不尽相同。

同时，与国外核电厂设计、建造阶段编制的初步退役计划相比较，国内在核电厂初步退役计划方面差异较小。

附件 1：国际原子能机构推荐的退役计划的典型目录（SRS–45）

1. 概述

2. 设施描述

2.1　场址位置

2.2　建（构）筑物和系统

2.3　放射性污染情况

2.3.1　受污染的结构

2.3.2　受污染的系统和部件

2.3.3　表层土污染

2.3.4　下层土污染

2.3.5　地表水污染

2.3.6　地下水污染

2.4　设施运行历史

2.4.1　授权的活动

2.4.2　授权许可情况

2.4.3　影响退役的泄漏和事件

2.4.4　之前的退役活动

2.4.5　早期的场址填埋

3. 退役策略
3.1 考虑的退役策略
3.2 策略的选择依据
4. 项目管理
4.1 法规要求
4.2 项目管理方法
4.3 项目管理机构与职责
4.4 具体任务管理机构与职责
4.5 安全文化
4.6 培训
4.7 承包商支持
4.8 项目计划
5. 退役活动
5.1 受污染的结构
5.2 受污染的系统和部件
5.3 土壤
5.4 地表水和地下水
5.5 退役时间表
6. 监控与维护
6.1 需要监控与维护的系统和设备
6.2 监控与维护计划
7. 废物管理
7.1 废物流识别
7.2 放射性固体废物
7.3 放射性废液
7.4 包含放射性核素与其他有害物质的废物
8. 费用估算与资金筹集机制
8.1 费用估算
8.2 资金筹集机制
9. 安全评价

9.1　相关安全准则的确定
9.2　运行限值与条件
9.3　正常退役活动的危害分析
9.4　异常事件与事故危害分析
9.5　潜在后果评价
9.6　预防与缓解措施
9.7　风险评估
9.8　分析结果与相关安全准则的对比
9.9　结论
10. 环境评价
10.1　本底值
10.2　项目描述
10.3　环境保护大纲
10.4　流出物监测大纲
10.5　流出物控制大纲
11. 健康与安全
11.1　辐射防护大纲
11.2　核临界安全
11.3　工业健康与安全大纲
11.4　审查与检查
11.5　记录保存大纲
11.6　优化分析大纲
11.7　主要任务的剂量评估与优化
11.8　解控准则
11.9　场址终态辐射水平
12. 质量保证
12.1　组织机构
12.2　质量保证大纲
12.3　文件控制
12.4　测量与试验设备控制

12.5　纠正行动

12.6　质量保证记录

12.7　审查与检查

12.8　经验反馈大纲

13. 应急计划

13.1　组织机构与职责

13.2　应急预案

13.3　记录

14. 核安保

14.1　组织机构与职责

14.2　核安保大纲与措施

15. 最终辐射调查

附件 2：最终退役计划和支持文件的建议格式与内容（IAEA–SSG–47）

I–1. 最终退役计划是整个退役过程的关键文件。其包含监管机构就许可证持有者提出的退役项目的安全性作出决定时所依据的信息。最终退役计划对于许可证持有者和参与退役过程的所有组织都具有重要意义，因为它确定了退役的策略和目标。有大量的文件支持最终退役计划，在最终退役计划中将引用和汇总这些文件。对于大型、复杂退役项目，尤其如此。对于较小的设施，在适当的时候，可将这些支持文件纳入最终退役计划中（部分支持文件可能包含安保计划等限制信息）。

I–2. 本附件提供了设施最终退役计划可能内容的大纲示例。根据分级方法，详细程度将取决于退役活动的复杂性。

I–3. 最终退役计划的内容由监管机构指定。

0. 概要

1. 引言

1.1　退役项目的范围和背景

1.2　关于许可证持有者和既有许可证的一般信息

2. 场址和设施描述

2.1　现场位置和现场描述

2.2　设施（包括相关 SSC）的描述
2.3　设施的运行历史，包括改进和事件
2.4　设施的放射特征，包括地表、地下土壤和水
2.5　（在多设施现场情况下）与现场其他设施的相互依赖
3. 退役策略
3.1　（在多设施现场情况下）现场总体退役策略的说明
3.2　选定的退役策略，包括终态
3.3　所选定退役策略的正确性
4. 退役综合管理体系
4.1　安全管理政策，包括安全文化政策
4.2　组织结构，包括职责和权限
4.3　人员配备和资格认证，包括培训
4.4　利益相关方的参与，包括与监管机构的交流
4.5　文件和记录保存
4.6　项目管理的方法，包括承包商的参与
5. 退役活动的实施
5.1　工作分解结构，包括相关阶段及其时间表
5.2　去污与拆卸的方法和技术
5.3　监测与维护
6. 废物管理和材料管理
6.1　放射性废物和放射性物质的识别
6.2　废物分类和废物流、废物接受标准和监管控制解除标准
6.3　固体和液体放射性废物，包括来自辅助设施的废物的预处理管理
6.4　非放射性废物和非放射性物质的识别
6.5　所有废物流的处置
7. 财务资源
7.1　财务资源的可用性，包括成本估算
7.2　财务资源的分配
7.3　财务资源的审查与更新
8. 辐射防护

8.1　辐射防护原则和目标
8.2　辐射防护计划
8.3　退役期间的监测、控制与监督
9. 安全评估
9.1　安全评估框架，包括安全要求和安全标准
9.2　安全评估方法
9.3　识别危害和起始事件，识别正常和异常情况的分析场景
9.4　危害分析
9.5　安全评估结果
9.6　安全评估结果的执行，包括确定退役活动的限制和条件
9.7　安全措施的监测与维护
10. 环境影响评价
10.1　在退役活动期间向环境的排放的识别
10.2　导致直接照射公众和影响环境的现场辐射源和场外辐射源的识别
10.3　退役活动对公众和环境的放射性影响评价
10.4　非放射性影响评价
10.5　保护和控制措施
11. 应急准备
11.1　应急规划的依据，包括可能的紧急情况和潜在的后果
11.2　组织和责任
11.3　应急响应计划和程序
11.4　应急准备安排
12. 核材料核算和控制的实物保护与安排
12.1　法律、监管政策和框架
12.2　组织和责任
12.3　实物保护计划和措施
12.4　核材料核算和控制的计划与措施
13. 最终放射性调查
13.1　最终放射性调查的目标
13.2　开展最终放射性调查的方法

13.3　取样参数和本底辐射水平的定义

13.4　设备、仪器、技术和程序的类型

13.5　最终放射性调查结果的评价方法

附件 3：美国核许可场址退役计划目录（NUREG–1757）

1. 摘要

2. 设施运行史

2.1　许可证号/状态/批准的活动

2.2　许可历史（年限）

2.3　先前的退役活动

2.4　泄漏

2.5　以往废物场内埋藏情况

3. 设施描述

3.1　场址位置描述

3.2　人口分布

3.3　当前和未来土地使用

3.4　气象和气候

3.5　地质与地震

3.6　地表水文学

3.7　地下水文学

3.8　自然资源

4. 设施的放射性状况

4.1　受污染的结构

4.2　受污染物的系统和设备

4.3　地表土污染

4.4　次层土污染

4.5　地表水

4.6　地下水

5. 剂量模型

5.1　无限制开放模型准则

5.1.1　建构筑物释放准则
5.1.2　放射性核素地表土残留准则
5.2　特定场址无限制开放准则
5.3　特定场址有限制开放准则
5.4　替代准则
6. 环境信息
7. ALARA 分析
8. 计划的退役活动
8.1　受污染建构筑物
8.2　受污染系统和设备
8.3　土壤
8.4　地表水和地下水
8.5　时间表
9. 项目管理和组织
9.1　退役管理组织
9.2　退役风险管理
9.3　退役管理职责和资质
9.4　辐射安全专员
9.5　培训
9.6　承包商管理
10. 退役期间的健康和安全：职业人员的辐射安全控制和监测
10.1　空气取样程序
10.2　呼吸防护程序
10.3　内照射测量
10.4　外照射测量
10.5　内外照射累积
10.6　污染控制程序
10.7　仪器、仪表检定
10.8　临界安全
10.9　辐射防护审核、检查和记录程序

11. 环境监测与控制方案
11.1　环境 ALARA 评估程序
11.2　废液监测程序
11.3　废液控制程序
11.4　放射性固体废物管理程序
12. 放射性废物管理
12.1　固体废物
12.2　液体废物
12.3　混合废物
13. 质量保证
13.1　组织
13.2　质量保证计划
13.3　文件控制
13.4　测量和测试设备控制
13.5　纠正措施
13.6　质量保证记录
13.7　审查与监督
14. 设施辐射调查
14.1　释放标准
14.2　源项调查
14.3　退役过程中的调查
14.4　最终环境调查设计
14.5　最终环境调查报告
15. 财务保证
15.1　经费估算
15.2　公开与声明
15.3　保障机制
16. 限制使用/替代准则
16.1　限制使用
16.1.1　限制条件

16.1.2 监督管理

16.1.3 场址维护与财务保障

16.1.4 公众意见获取

16.1.5 剂量模型与 ALARA 演示

16.2 替代准则（标准）

附件 4:《核电厂初步退役计划的格式与内容》初稿

1. 概述

1.1 核电厂基本情况

说明核电厂的全称和营运者机构，明确核电厂退役实施活动的责任主体，给出核电厂的堆型、功率、总装机容量、投资额等核电厂基本情况。

1.2 厂址环境

说明核电厂厂址所在的地理位置，简要描述厂址地区有关自然环境和社会环境特性的基本资料。资料应能够充分反映厂址及其周围区域的环境特征，并给出辐射环境本底情况。

1.3 退役目标

根据我国现行的法规、标准要求和便于退役的设计以及废物最小化等方面的考虑，给出核电厂的退役目标。

1.4 编制依据

列出与核电厂退役相关的法律、标准和批准文件。一般不需要列出上述文件的全文，但应明确地注明法律、标准及文件的出处和与核电厂退役有关的主要结论性意见。

1.5 编制目的

根据在设计过程就应考虑便于退役实施、考虑退役经费的募集以及退役的项目管理等因素的原则，说明初步退役计划编制的必要性和编制的目的。

2. 构筑物和系统描述

2.1 厂区概述

提供厂区平面布置图，标明各类建筑物，特别是与核电厂退役相关的重要设施的位置和标高。

列表给出核电厂退役重要设施所在的厂房名称、建筑面积、构筑物类型。

2.2 主要设备和系统

描述核电厂退役过程需要移除或去污的主要系统和相关设备。主要包括需要去污、拆除或解除的主要设备、构筑物支持系统等。

2.3 污染状态

根据核电厂的设计情况、辐射防护分区以及潜在的污染情况，给出核电厂可能的污染状态。

描述存留的主要放射性核素，并说明主要核素的确定依据。

2.4 早期退役活动

简要描述核电厂过去引起污染的活动，列出核电厂曾对相关污染厂房、设施进行的退役活动和补救措施。

2.5 设施运行史

说明核电厂的运行历史，描述核电厂运行期间对退役或厂址恢复有重大影响的事件。

3. 便于退役的设计方案

3.1 总体设计

列出核电厂设计阶段便于退役的总体考虑、设计原则和经验反馈情况，包括设备设计、设施布置、材料选择等方面。

3.2 设备设计的考虑

给出设备、部件和材料的可靠性、耐久性、制造和设计特点，列出能够远距离或机械化操作或检查的高放射性设备，说明核电厂设备设计上的退役便利性。根据设计特点列出在退役实施过程中可能需要予以重点关注的设备、部件和材料，提出退役实施时可以尽量减少周围场所的辐射水平和确保表面易于去污的方案。

3.3 设施布置的考虑

给出核电厂设施空间的布置情况，说明需要经常维修或检查的设备、仪表和取样点布置的合理性，并说明对工作人员出入区和进出通道进行屏蔽和优化的考虑情况。结合系统设计和设备布置情况，说明退役实施时可能需要安装大型去污、拆除设备的场所，并说明在设计时考虑了场所有足够的空间进行布置，以方便退役的实施。

3.4 经验反馈

根据运行核电厂的经验反馈，说明核电厂在设计上所采取的有利于退役实施的设计改进。

4. 退役策略及方案

4.1 退役策略

给出核电厂的退役策略，说明采用这种退役策略的理由。

4.2 可供选择的退役方案

根据核电厂的退役目标和退役策略，给出可供选择的退役方案的基本内容，包括便于退役的考虑、退役费用估算、退役工程进度、废物管理等方面。

4.3 退役方案的正当性分析

给出核电厂可供选择的退役方案的比选，说明采用的分析方法，得出核电厂的最佳退役方案。

5. 项目管理

5.1 退役组织管理

给出退役管理的组织机构和人员构成，并提供组织机构图。明确退役管理组织内各职能单位的职责和义务。

5.2 档案文件管理

给出核电厂退役档案管理的组织机构。列出核电厂退役档案分类框架和文件记录，确保有关档案在今后相当长的时间内都可有效地使用。

核电厂退役所需的文件记录主要包括：与运行有关的图纸和模型，允许使用的补充文件或修改文件，音频、视频资料，运行事件及评估的记录，生态调查的原始文件等。

5.3 安全文化

说明在安全文化中如何体现安全退役的考虑，列出核电厂与退役相关的安全文化规章制度的名称。

5.4 人员培训

给出核电厂针对核电厂退役工作所进行的相关人员培训计划（包括短期、定期、年度和专门培训等）。

6. 退役活动

6.1　概述

根据确定的退役目标和最佳退役策略，给出核电厂退役活动的具体步骤，说明核电厂退役施工的设计原则、设计依据等。

6.2　退役步骤

给出核电厂退役活动各个步骤的主要工作内容，描述核电厂退役活动被污染的构筑物、系统和设备在退役前的情况，并提供相关的历史记录等。

给出核电厂退役活动各个步骤的退役管理流程，包括管理体制、管理制度、主要的管理活动等。

6.3　退役进度

给出退役活动的总体进度安排，明确完成退役活动每一步骤所需的时间。

给出退役活动和厂址恢复期的人力、财力与工作时间的需求关系。

6.4　监督和维护

根据核电厂的最佳退役策略，给出退役活动中的监督和维护活动的具体措施。给出核电厂主要系统和设备阶段性维护时间表，并说明监督和维护方面需要的投入情况。

7. 废物管理

7.1　废物源项

给出核电厂退役过程中可能产生的废物流，给出核电厂退役各类废物的产生量。

7.2　放射性固体废物

给出核电厂退役期间可能产生的放射性固体废物类型，包括体积和重量、放射性核素的辐照水平等。对放射性固体废物进行合理分类，提供用于固体废物检测的方法和程序，以及相应的废物跟踪系统和质量保证程序。

给出各类固体废物处理、整备的方法等，并给出被污染的土壤和松散的放射性材料的处置措施，以防止挖掘收集后的再扩散。列表给出各类放射性固体废物的最终产生量，说明废物的最终出路的考虑。

7.3　放射性废液

说明放射性废液的产生过程、来源等；给出核电厂退役期间产生的放射性废液的主要污染核素、放射性水平、体积、贮存方式等；给出放射性废液的处理方案，论证方案的可行性；说明处理后的放射性废液的排放标准、排放方式。

7.4 其他废物

说明核电厂在退役期间可能产生的其他废物，如混合废物、有害废物等。给出其他废物的来源、基本特点以及产生量；给出其他废物的处理、包装和贮存情况，并提供其最终去向。如果目前没有相应的处理手段和处置措施，说明如何管理这些废物直到建立相应的处置方案和措施。

7.5 可循环利用材料和清洁解控材料

给出核电厂运行期间和退役期间产生的可循环利用材料和清洁解控材料的类型，估算出其容积和总量。给出可循环利用材料的再利用情况以及清洁解控材料的处置情况。

7.6 废物最小化

给出核电厂在退役时所采取的有利于废物最小化的具体设计措施和管理上的考虑，制定退役废物最小化的目标值，并将废物最小化的理念贯穿于退役的全过程。

8. 经费预算和经费筹集

8.1 经费管理

明确核电厂退役经费的管理主体，给出退役经费的管理制度，并给出退役经费的筹集机制及估算方法。

8.2 经费筹集

根据退役活动的内容和进度以及对人力、开支和资金的考虑，给出核电厂退役经费的筹集机制。

8.3 经费预算

给出核电厂退役经费整体预算及退役废物量的评估结果，并提供退役成本评估中所考虑的假设（包括数量的变化、参数的选取等）。

9. 安全评价

9.1 安全标准

给出核电厂退役过程和退役后环境恢复时所执行的安全准则和非放准则，包括与核电厂退役活动安全相关的运行限值和条件。

9.2　灾害分析

给出核电厂退役活动中考虑的灾害（包括放射性和非放射性）的分析结果，评价核电厂厂房和设施被摧毁时可能产生的灾害。

给出退役过程中的所有灾害和失效/事故清单，通过适当的分类减少需要进行风险分析的情景。给出灾害所引起的后果类型及预防措施（包括工程措施和管理措施）。

9.3　潜在后果分析

说明核电厂退役活动对工作人员、公众和环境的潜在影响，以及所选的异常情景的潜在后果。估算给出正常退役活动和异常情况下所选情景对工作人员和公众的放射性剂量以及向环境释放的放射性剂量。

给出计算剂量所使用的程序和评价非放射性后果的方法以及对工作人员潜在的物理损伤情况的估算方法。给出评价时所参考的数据源以及进行后果评价时的基本假设。

9.4　风险评价

给出核电厂退役的风险评价模式，分析相应灾害的潜在危害。通过适当的分析手段（如代价利益分析等）确定满足最优化原则。

给出风险评价的安全边界，并提供重要假设的清单。

10. 环境影响评价

10.1　退役活动的环境影响

根据核电厂的设计情况并参考现有核电厂的实际退役经验，提供环境影响评价的程序及相关厂址特征参数，给出核电厂退役活动对公众、环境造成的影响。

10.2　退役终态的环境影响

描述核电厂退役终态情况，给出核电厂退役终态对公众、环境造成的影响结果，说明核电厂退役终态对环境的影响是否满足退役终态控制水平的要求。

10.3　环境监测

给出核电厂在退役阶段实施的环境监测计划，列表给出环境监测站和取样点的位置、监测项目、监测核素及监测频率等，列表给出环境监测站和取样点所使用监测设备的仪器信息和监测方法的探测下限等。

给出核电厂退役后终态监测的监测计划，并在地图或总平面图中标出最终监测计划中的区域或厂房的准确位置。给出整个终态监测的布点位置图、监测项目、监测核素等，并说明所使用监测设备的仪器信息和监测方法的探测下限等。

提供环境监测收集样品的类型和分析程序，并说明环境监测记录和报告程序等。

10.4 流出物监测

给出核电厂退役过程中流出物中可能包含的核素种类，说明监测方式、取样位置、监测项目、监测核素及监测频率等。

列表给出使用监测设备的仪器信息和监测方法的探测下限等，并说明用于收集流出物样品进行分析的程序，论证取样程序具有代表性。

11. 结论

综合核电厂退役的各种影响因素，从贯彻废物最小化原则、便于退役的设计、记录完整、组织机构健全、退役经费估算合理、安全评价可靠、环境影响等方面，扼要论述核电厂退役方案的正当性、退役实施活动的可行性、退役经费估算和筹集的可实现性、退役过程和退役终态的安全可靠性和环境影响的可接受性，最终给出核电厂制订初步退役计划的结论性意见。

附件5:《先进压水堆核电厂初步退役计划的格式与内容》初稿

第1节 概 述

提供设施的名称和地址以及被许可人或授权持有人的名称和地址。本部分提供邮寄地址和所有联系电话，包括负责方的电子邮件地址。提供所持有的许可证或授权的标识（即标识号）。本节确定谁拥有设施以及所有权的结构，即区域或国家政府，私人公司或学术机构。如果所有权在设施的使用期限内发生了变化，则将识别所有以前的所有者。如果出于退役目的已经或将要转让所有权或许可给另一方，则还将标识新实体。

第 2 节　设施描述

2.1　场址位置和说明

本小节标识设施的位置，包括地理位置，并提供地图以指示站点位置与周围社区的关系。设施的大小以平方米为单位。确定设施的类型，例如轻水或气冷动力反应堆，研究或示范反应堆，放射性药物研究实验室或大学实验室。

提供场地的完整描述及其布局，并确定退役项目中将包括的设施，建筑物和/或区域。退役项目的边界也在站点布局上标识。

确定现场其他不属于退役工作但可能会受到退役活动影响或需要支持这些活动的建筑物或设施，并对其用途进行讨论。提供适当的场地图和建筑图，使读者可以了解设施的大小和复杂性。

2.2　建筑物和系统说明

提供建筑物，主要设施系统和辅助设备的一般说明。本小节还提供建筑物图纸，这些图纸指示了建筑物中将包含在退役项目中的区域。提供足以显示系统和主要组件知识的工程示意图和系统布局图，这些设施将在退役期间需要拆除或净化。

提供以下详细信息：

（a）建筑物：使用的建筑物类型（例如，钢、钢筋混凝土或预制的建筑材料）、屋顶描述、地下室、建筑物通道；建筑物布局的描述，房间的示意图和识别大型组件的设施布局；以及每个房间和区域的内容和目的的描述。

（b）主要组成部分：在建筑物内操作的主要设备和组成部分，包括设施设备的布置；与设施运行相关的设备，需要进行净化、拆除或从控制中释放；设备或系统的建筑材料。

（c）建筑物服务系统：为拆除设施部件而需要继续使用的所有建筑物系统（例如，供暖、制冷、通风、水，电、压缩空气和起重机）。识别那些可以立即拆除的系统。

在仅部分设施退役的情况下，将针对仍在运行的设施详细描述该项目，并讨论退役活动对其余设施的活动的影响。

2.3 放射状况

本小节中提供的大多数材料都是基于操作记录和特性调查。可以在本小节中总结此调查的结果，并参考详细的特性调查报告。

2.3.1 受污染的构筑物

本小节确定受污染和活化的建筑结构，并提供详细的特征数据。提供每个构筑物内每个房间或工作区域的列表和说明，并标识每个房间或工作区域内的污染位置（例如，墙壁、地板、天花板）。确定可能涉及的任何液体。提供每个房间或工作区域的污染程度和剂量率水平（最大和平均值），并在适当时提供调查图。本小节标识设施中已使用的放射性核素，这些放射性核素保留至运行期末。提供目前使用或过去使用过的放射性核素的化学形式。描述污染物的特征（在表面或已经渗透到材料表面的松散或固定污染物）。使用或存储放射性核素的位置（当前或过去）将其在地图或平面图上标识。提供了在特征调查期间使用的本底水平。

2.3.2 受污染的系统和设备

本小节提供在该设施包含超过场址本底水平的残留放射性物质的所有系统或设备的位置的清单。它提供每个系统或每个位置的设备上存在的放射性核素的摘要。给出放射性核素的最大和平均水平以及放射性核素的化学形式，以及它们是固定污染还是散发污染的形式。标明了每个房间或工作区域的最大和平均辐射水平。提供房间或工作区域的比例图或地图，显示受污染的系统和设备的位置。如果活化活动是通过建模或计算确定的，则将提供有关如何进行计算和验证的详细信息。如果使用计算机代码，则将识别代码，包括修订号以及如何验证结果。如果取芯样品（例如对于一个混凝土的生物屏蔽），则使用剖面可以清楚地表示活性水平。

2.3.3 表层土壤污染

提供设施中表层土壤所含残留放射性物质超过场址本底水平的所有位置的清单。提供有关地表土壤污染的数据，即建筑物周围区域的辐射和污染调查数据，并描述运营期间释放的污染物扩散情况。这些信息可通过地面勘测获得，例如原位伽马能谱扫描或土壤采样。还提供地表测量以及地表土壤样品同位素鉴定分析的结果。本小节指出每个位置存在的放射性核素，最大和平均活度（以 Bq/g 为单位）以及污染的化学形式。它还提供每个位置的最大和平均辐射水平。在站点场址地图上标识受污染的区域。提供了表征期间使用的本底水平，以及确定这些水平所用的步骤。

2.3.4　地下土壤污染

列出地下土壤中残留的放射性物质超过现场本底水平的所有区域。提供污染物更深层渗透到地下土壤层的特征数据。这些信息需要土壤岩心取样和实验室分析。确定关注的同位素，并给出污染物的分层。放射性水平以 Bq/g 表示，描述每种放射性核素的化学形式。确定埋入的结构或组件，以及它们内部和周围的污染。指出表征期间使用的本底水平，并包括确定这些本底水平的过程。提供可能需要清除的土壤量的估计值。本小节标识场地地图上所有受污染的区域，以及需要拆除或净化的所有地下组件（例如，建筑设施）。

2.3.5　地表水污染

确定设施上所有残留的放射性物质超过现场本底水平的地表水体，并在场址图上标明。还可以确定排水路径和排放点。本小节提供设施现场的地表水分析的数据，包括最大和平均活动水平以及所存在的放射性核素的鉴定。它还包括泥沙和沉积物的分析结果。提供显示采样点和分析结果的地图。提供表征期间使用的本底水平的摘要，以及确定这些水平所用的步骤。

2.3.6　地下水污染

本小节确定设施中包含的残留放射性物质超过现场本底水平的所有含水层。提供有关地下水污染的数据，包括最大和平均活动水平，以及对存在的放射性核素的鉴定。这些数据是通过对浅层和深层地下水监测井进行采样而收集的，以收集水样来分析放射性核素含量。提供监测井和地下水地层位置的地图。提供哪个阶层的活动水平升高的迹象。包括在表征过程中使用的本底水平的摘要，以及确定这些水平所用的步骤。

2.4　设施运营历史

2.4.1　授权活动

本小节提供该设施的简短运营历史，以包括可能发生的任何可能影响退役或现场恢复的重大事件。确定可能对设施的物理形式产生重大影响的事件，例如重大修改或翻新。确定并讨论了可能已经执行的，可能会对退役产生影响的实验活动。提供特定操作的类型和日期，描述设施使用寿期内使用的任何特定化学或放射过程。包括在现场或设施中使用放射性物质之前设施使用的说明。提供对在场内和场外周围建筑物中正在执行的操作的简要说明。

2.4.2 许可或授权历史

如果有多个所有者，将对其进行标识，并提供每个所有者的简要历史记录。提供在设备使用期内所有有效的许可证或授权清单。标明每个许可证授权的放射性物质的类型、化学形式和数量。

2.4.3 泄漏和事故影响退役

审核设施运行记录，并识别可能对设施和相关系统产生内部或外部影响并在去污和拆卸期间需要特别考虑的任何泄漏，事件和非标准操作。每次事故都提供了泄漏或不受控制的释放所涉及的放射性核素的类型、形式、数量和浓度。提供比例图或地图，显示泄漏的位置。

2.4.4 先前的退役活动

简要描述该设施过去执行的退役活动或该站点的修复活动，包括对整个设施的影响，以及作为未来退役活动的一部分需要减轻的任何剩余的放射性物质和危害。本小节概述先前退役或修复的区域或场所中存在的放射性的类型、形式、数量和浓度。描述造成这种污染的活动。总结这些先前的退役或修复活动后进行的放射学评估结果，并提供显示这些区域所在位置的地图或图形。

2.4.5 事先现场掩埋

确定与设施相关的先前掩埋的废物，这些废物必须作为退役计划的一部分进行管理。提供这种废物的表征数据。还提供所涉及的废物数量和废物形态的估计（例如在桶或纸板箱中）。如果掩埋位置被许可为单独的设施，则会提供许可信息。与拟议的退役活动相关的地图上显示了掩埋废物的位置。

第 3 节　退役策略

3.1 考虑的替代方案

本小节确定已考虑的退役策略：立即退役，延迟拆除，掩埋或其他。每种策略均以适用于设施的形式描述。讨论已考虑的对策略的任何修改（如果与对策略的常规理解不同）。

3.2　选择策略的理由

明确说明与所选策略相关的退役计划的目标。提供用于选择该策略的基本原理和考虑的相关信息。如果采用延迟拆除的退役策略，则将为预期的存储时间提供合理的存储期限。退役的最终终点是根据活动完成后设施或场址的外观来明确描述的。

介绍了用于评估选择退役策略的基本原理和标准。本小节将说明如何将各种因素（即法律、法规、安全性、技术、社会影响、废物管理设施的可用性和成本）纳入决策过程，以及如何针对每个替代方案评估每个因素。

第 4 节　项目管理

4.1　法律法规要求

列出将在退役项目中遵守的国际、国家和地方法律法规。需注意，许多与设施运行无关的法规也将对退役有效。

4.2　项目管理方式

描述退役活动期间将要执行的管理职能。确定计划，管理实施退役活动可用或将需要的资源。描述用于确保退役计划和活动按批准进行的审核和监督安排。提供用于管理退役项目的进度跟踪系统、成本跟踪系统和变更控制机制的说明，包括计划使用的任何软件程序的说明。提供在退役活动的计划和实施过程中将要实施的记录保存系统的说明，其中包括将保留哪些记录和报告的标识。

4.3　项目管理组织和职责

提供项目管理组织结构，包括退役组织和所有者、运营商组织与其他成员之间关系的示意图。该图表显示了所有项目单位，例如管理、健康与安全、运营、质量保证和管理。提供对实施组织和项目组织的角色和职责的明确定义，定义了这些组织中每个职能部门的职责和权限，以及每个部门中的关键人员。讨论功能单元内关键职位的最低资格，并提供填补职位的个人的实际资格。提供退役项目中的层次结构以及组织中的相互关系的描述。确定建立退役或安全监督委员会，并讨论有关每个委员会成员的职责和权限。

4.4　任务管理组织和职责

描述用于执行单个任务和工作包的实施组织结构，以及向项目经理的报告要求。讨论管理任务的程序，例如使用工作包或许可证以及书面程序。讨论评估退役任务和为每个任务开发工作包的过程。还讨论工作包和程序的审批程序。提供有关在项目期间如何管理工作包和程序的说明（即如何发布、维护、修订和终止工作包）。本小节描述如何向工作人员告知工作包中的程序，包括初始情况简介以及何时发生更改。讨论确保使用正确版本的过程。

4.5 安全文化

描述管理层从运营组织过渡到退役组织后为维护或改善员工安全文化所采取的行动。提供有关管理层在实施退役策略期间将如何监管安全文化状态的描述。

4.6 培训

描述被许可人将向每位员工提供的安全培训计划（放射和工业培训），包括就业、年度、定期和专门培训。本小节介绍日常工作人员的“工作现场”培训或情况介绍会，它将在每个工作日或工作任务开始时提供，以便使工作人员熟悉特定工作的程序和安全要求。将提供对文档的描述，该文档将定期维护以证明培训已经圆满地进行。

4.7 承包商支持

提供承包商将要执行的退役任务清单。描述被许可人的管理层和现场主管之间以及承包商的管理层和现场主管之间建立的管理接口。界定承包商责任与被许可人责任之间的界限。描述承包商的项目组织结构，并提供组织结构图。提供对实施组织和项目管理组织的角色的清晰定义。提供每个承包商组织单位的职责和职责的解释，并确定每个承包商单位内的关键人员。本小节提供关键职位的最低资格，并显示担任这些职位的承包商人员的实际资格。描述被许可人将对承包商人员行使的监督职责和权限。描述被许可人将向承包商人员提供的培训以及承包商将向其雇员提供的培训。

4.8 进度表

本小节描述如何准备项目进度表，例如使用什么软件（如果适用）。它还描述评估退役任务和制订每个任务计划的程序。提出了进度表的审批程序。提供有关在项目期间如何管理进度表（即如何发布、维护、修订和终止）的说明。

第 5 节　退役活动

5.1　受污染的构筑物

提供针对每个房间或区域计划的退役任务的发生顺序的描述。确定被许可方员工将执行的活动以及承包商将执行的活动。提供将要使用的去污和拆除技术（例如擦拭、水洗、机械拆除和真空喷砂）的描述。在每个房间或区域中提供将要使用的辐射防护方法（例如防护服、垫脚垫和出口监控）和控制程序［例如局部高效微粒空气（HEPA）通风，超细水雾和便携式隔离罩］的摘要。提供根据现有许可证已经批准的程序摘要，以及作为退役计划的一部分要求获得批准的程序摘要（通常不包括特定的工作程序）。声明将按照书面批准的程序进行退役活动的承诺。确定与房间或区域退役相关的任何独特的安全或退役问题，并指出需要特别注意的地下结构。

5.2　受污染的系统和设备

提供每个系统或主要设备按其发生的顺序计划的退役任务的摘要。确定被许可方员工将执行的活动以及承包商将执行的活动。描述将用于净化系统或设备的技术（例如擦拭、水洗和真空喷砂）。还描述将用于拆卸或移除系统或设备的技术（例如电弧切割、火焰切割和机械切割）。每个房间退役期间将使用的辐射防护方法（例如防护服、垫脚垫和出口监控）和控制方法（例如本地 HEPA 通风、超细水雾和便携式隔离罩）的摘要或区域被识别。本小节提供根据现有许可证已经授权的程序的摘要，以及那些要求作为退役计划的一部分进行批准的程序（通常不包括特定的工作程序）。声明将按照书面批准的程序进行退役活动的承诺。识别出与系统或设备退役相关的任何独特的安全或退役问题，尤其是提供地下系统和设备的详细信息。

5.3　土壤

本小节概述在现场针对表层和地下土壤进行的修复任务，其顺序将按照发生的顺序进行，并指出其中哪些任务将由被许可人的工作人员执行，哪些将由承包商执行。讨论将用于修复表层和地下土壤的技术。提供辐射防护方法的摘要（例如防护服、防脱垫和出口监控），以及在土壤修复过程中用于防止扩散的控制程序的说明。本小节提供根据现有许可证已经授权的程序的摘要，以及那些要求作为退役计划的一部分进行批准的程序（通常不包括特定的工作程序)。描述了与土壤修复活动有关的任何独特的安全或修复问题。

5.4 地表水和地下水

提供现场计划对地表水和地下水进行补救任务的摘要，并列出将执行这些任务的组织（即承包商或所有者的组织）。描述将用于补救地表水和地下水的技术。提供辐射防护方法的摘要（例如防护服、防脱垫和出口监控）以及将在水处理过程中使用的控制程序。提供现有许可证已经批准的程序摘要，以及作为退役计划的一部分要求获得批准的程序摘要（通常不包括特定的工作程序）。确定与水修复活动相关的任何独特的安全或修复问题。

5.5 退役时间表

提供 Gantt 或 Pert 图表，其中按计划的退役和补救任务发生的顺序提供了详细信息。包括执行每个任务所需的时间以及活动的开始和完成日期。显示了任务之间的相互关系。本小节提供按劳动力类别计算总人数的劳动力需求。

第 6 节 检测和维护

如果选择延迟拆除策略，则此部分需要扩展，以包括此期间将要执行的所有活动。如果选择立即拆卸策略，则将讨论拆卸期间所需的安全系统的检测和维护活动。

6.1 需要检测和维护的设备和系统

确定在实施退役策略期间将要使用的，需要定期维护的所有主要设备和系统（固定的和非固定的)。提供每台设备的使用位置、建议的维护计划、备件编号和备件存储要求的说明。描述系统和建筑物（即建筑物屋顶和安全壳结构）的检测要求，包括检测方法和频率以及验收规范。提供每个主要设备所需的消耗性物品的估计值。确定支持退役活动的储存要求。确定需要检测潜在状况变化的区域。描述在检测活动期间如果条件超出正常参数将要遵循的程序，并确定了可能的纠正措施。

6.2 检测和维护时间表

本小节提供检测和维护活动的时间表。它表明执行每项活动所需的人员数量（工作量）和所需的人员类型（即电工、仪表人员和管钳工)。提供有关如何定期检查和修改此计划的讨论。

第 7 节　废物管理

废物管理计划通常是单独的文档，在退役计划中会进行参考和总结，因此存在一些重复信息，如果将废物管理计划直接纳入退役计划中，则无须重复这些信息。

7.1　废物流识别

确定所有因退役活动而可能产生的废物流。废物流的类型根据所造成的危害和采用的废物分类系统确定，包括放射性废物、危险废物、混合废物、其他类型的非危险废物、可回收材料和清洁材料。就本报告而言，混合废物定义为同时含有放射性和其他有害物质的废物。

7.2　固体放射性废物

提供在退役活动中预计会产生的固体放射性废物的类型的摘要，包括土壤，混凝土，塑料物品，受污染的管道和钢、活化部件和木材等结构材料。根据废物流（立方米和吨），放射性核素的放射性量以及废物的产生时间，对每种类型的固体废物的体积和重量进行了估算。提供了在运输处理之前现场处理、整备、包装和存储各种类型固体废物的程序的说明。包括对将要采取的减少废物量的措施的说明。如果合适，将对被体积污染的固体废物的处理和管理进行描述。描述了如何处理污染的土壤或疏松的放射性物质，以防止在挖掘和收集后再扩散。给出了每种固体废物的废物处理设施的名称和位置。确定目前不能处置的废物流，并提供有关这些废物流管理的说明，直到可以被处置为止。讨论检测、分析和表征固体废物的程序。还讨论将生成适当的废物跟踪系统和质量保证记录的程序。

7.3　液态放射性废物

本小节概述在退役过程中预计会产生的液态放射性废物的类型。提供每种液体废物类型（以升为单位）的体积估计值以及预计何时产生的估计值。给出处理、整备、包装和存储各种类型的液体废物的程序，这些液体废物在进行处理或装运之前进行现场处置。提供将要采取的措施，以减少将被送去处置的废物量。包括液体废物的每种废物流的处置设施的名称和位置。确定目前不能处置的废物流，并提供有关这些废物流管理的说明，直到建立处置措施为止。讨论了检测、分析和表征液体废物的程序。还讨论了将生成适当的废物跟踪系统和质量保证记录的程序。

7.4 含有放射性核素和其他有害物质的废物

提供在退役过程中同时包含放射性核素和其他有害物质的固体和液体废物类型的摘要。包括每种废物类型的估计量（以立方米或升为单位）以及预计何时产生。给出在处理或转运之前进行现场处理、整备，包装和存储该废物的程序的说明。提供将用于减少去处置的废物量的程序。标识包含放射性核素和其他有害物质的废物的每种废物流的处置设施的名称和位置。确定目前不能处置的废物流，并提供有关如何处理这些废物流直至建立处置设施的说明。提出检测、分析和表征废物的程序。描述将生成适当的废物跟踪系统和质量保证记录的程序。讨论与对废物中所含有害成分有管辖权的其他监管机构的协调。

第 8 节　成本估算和筹资机制

费用估算是一份详细的文件，该文件依赖于退役计划其他部分提供的信息，例如设施说明、退役活动和废物管理。成本估算用于帮助准备项目进度表、劳动力需求和分阶段的资金需求。成本估算通常是一个单独的文档，在退役计划中会进行引用和总结。

8.1 费用估算

讨论用于完全实施退役计划和设施退役的成本估算过程。确定并简要描述所使用的特定方法（例如单位成本因素、平均建筑成本和特定软件）。

提供整个设施的基本描述以及费用估算中包括了设施的哪些部分。列出了用于进行成本估算的所有假设，包括人工成本、处置成本、工作时间和到处置地点的距离。

提供按阶段或主要任务的成本估算情况，即按任务的工时和还应包括所有废物量估算的详细报表，明确成本估算中的不确定性。还应包括所有应急津贴。

提供有关如何估算成本的备份详细信息。这些内容应足够详细，以允许对整个成本估算过程（包括定量开发）进行独立审查。费用估算的这些详细信息可以作为退役计划的附录或单独的文件提供。无论哪种情况，这里都提供了成本估算结果的摘要。

8.2　资金机制

描述已经建立或将要建立的筹资机制，以确保有足够的资金来使退役活动能够按与退役计划相称的时间表完成。其中包括将用于管理项目风险以及防止或减轻成本上升的措施的摘要。

第 9 节　安全评估

当设施从运行模式转为退役模式时，通常需要进行新的安全评估。安全评估是对与退役活动的实施有关的潜在危害及其潜在后果的评估。评估包括针对拟议活动的风险评估。安全评估通常通过引用并入退役计划。在这种情况下，退役计划中会提供简短摘要。

9.1　确定相关的安全标准

确定适用于所有退役活动的安全标准，该标准为评估安全评估提供了依据。该标准基于：

（a）工作人员的剂量；

（b）公众剂量；

（c）向环境的排放；

（d）化学和其他非放射性危害。

9.2　运行限制和条件

确定适用于运行设施的运行限制和条件，并对其在退役阶段的适用性进行审查。提供了继续使用现有限制和条件的理由，并定义了任何新的适用标准。本小节将说明是否已设置任何项目或任务特定的限制或目标，以证明已实现优化。与操作相关的某些操作限制和条件（如果保留）可能会在退役期间成为不必要的障碍。

相对于基本安全标准和国家法规要求，对常规剂量限值和作用水平进行了说明和合理说明。确定适用于常规放射性空气和液体排放物的排放极限。如果适用，提供了有关非放射性物质的相关限制和条件。

安全评估是对授权设施与保护和安全相关的所有方面的评估。安全评估包括安全分析（对影响安全的各个要素进行详细检查），风险评估以及对预防和缓解措施的分析。

危险一词表示设施，活动或过程的固有属性，可能对人类健康和/或环境造成破坏。

9.3　正常退役活动的危害分析[4]

本小节结合退役策略，预期活动和特性调查结果，确定并分析个别退役活动的危害（放射和非放射）。在适用的情况下，分析中应包含特定于退役活动的标准外部事件和危害。估计并评估来自相关组件和设施中已知放射源对工作人员的剂量以及对工作人员的剂量及其对环境的其他影响。评估放射性含量可能高于预期的情况。

危害分析是对各个危害的详细审查，并确定了引发这些危害的方案。它由危害识别启动，列出与所讨论的设施，活动或过程有关的所有危害。

9.4　异常事件和事件的危害分析

本小节标识异常事件和事件，以及用于识别和分析这些事件和事件的方法和假设，并提供分析结果。其中包括适用于退役活动的所有危险和故障/事故情况的清单，可以对这些危险和错误/事故情况进行适当分组，以减少需要进行风险分析的方案的数量。分别列出放射危害和非放射危害。确定每种情况导致的后果的类型，并提供一系列预防措施，包括工程措施和行政措施，可以预防发生的情况或减轻其后果。以概率或定性术语给出对所识别的所有故障/事故情况的可能性的估计。选择某些方案进行进一步分析，并说明从进一步分析中排除某些（如果有）事件的原因。

9.5　评估潜在后果

提供正常退役活动对工人，公众和环境的潜在后果，以及为异常情况选择的方案的潜在后果的说明。计算正常退役活动和异常情况对工人的辐射剂量。对于正常的退役活动以及针对异常情况的每个选定方案，计算对公众的辐射剂量和释放到环境中的活动含量。提供用于计算这些剂量率的程序。

描述用于评估非放射学后果的方法，并确定了由于异常情况而可能对工人造成的身体伤害。

给出所应用的任何数据源的参考。后果评估中所作的假设已明确陈述并证明是合理的。

9.6　预防和缓解措施

从放射危害时间表和后果评估中，对于做出重大贡献的和提供很少或没有额外利益的，都应确定对安全至关重要的构筑物、系统和组件（SSC）和行政预防措施。包括被动 SSC 和主动 SSC，以及可能需要后续操作员采取行动才能实现其功能的 SSC。定义每个 SSC 的安全功能及其性能要求，并在适当情况下包括对每个 SSC 的冗余度、多样性和隔离度的引用。

确定实现每种行政预防措施所需的安全功能所必需的特定措施，包括在适当情况下参考确保正确采取特定措施所必需的检查和监督级别。设计提供有关如何证明 SSC 的性能要求和行政预防措施的具体措施的详细信息。提供在退役阶段如何继续满足要求的说明。

确定每个 SSC 的检查、维护、检查和测试要求，要考虑到任何国家法规要求，并确保质量中清楚地描述 SSC 的维护、检查和测试以及行政预防措施的职责保证计划。

确定为减轻已识别危害的影响并减少其对工人，公众和环境的影响而采取的措施。

9.7 风险评估

本小节提供与潜在危害程度相对应的适当风险评估[5]，同时考虑所选方案的可能性和后果，并表明已将产生的风险降至最低。说明所采取的预防和控制措施的层次，包括工程上和行政上的措施，并表明存在足够的纵深防御能力。如果在此阶段无法证明这一点，则应重新考虑预防和缓解措施（可能还有计划的退役程序）。

进行适当的分析，包括成本效益分析，以确保完全满足优化原则，并且没有进一步合理可行的措施可用来进一步降低风险。

确定风险评估的安全界限，并指出可以从中得出的任何推论。提供可能需要进一步说明的所有重要假设的列表。

总结需要通过总体应急计划安排（13 节）解决的特定应急和应急安排。

9.8 分析结果与相关安全标准的比较

将安全分析结果与 3.9.1 节中确定的安全标准进行了比较。确定需要额外注意以减轻异常事件和事件影响的区域。提供常规剂量和排放量评估的摘要，以及退役活动对放射线和非放射线危害的风险评估。结果表明，这些剂量和排放量符合所有相关的操作限制和条件，并且已对其进行优化。

对操作人员和公众的总放射风险进行评估，并将这些风险与第 9.1 节中定义的相关限值进行了比较。

总结退役活动对环境的影响，并表明这些影响已得到优化（第 10 节）。

风险评估是对与正常运行和可能的事故有关的放射风险的评估。

9.9 结论

总结了安全评估的结果，并从安全和环境影响的角度对退役计划的可接受性做出了声明。

第 10 节 环境评估

环境评估通常是单独的文件，在退役计划中会进行引用和总结。评估结论在退役计划中提供。由于环境评估通常是单独的文件，因此会重复某些信息，如果直接将其纳入退役计划中，则不需要此信息。

10.1 背景数据

给出退役项目的目标和范围。确定退役项目需要满足的所有适用的环境保护法律、法规或其他要求。

10.2 项目说明

确定将要执行的退役任务，这些任务可能导致设施中的环境释放，并且对当地环境产生影响。描述这些释放可能涉及的潜在途径，并评估每个任务的潜在排放。描述有关放射性核素和化学形式的潜在释放形式（即空气传播、液体、固体或气体形式）。

10.3 环保方案

描述将用于验证环境保护程序是否正确实施的监视程序。提供一个地图或站点计划，该地图或站点计划标识了现场和非现场监测的位置以及采样位置，其中包括对所有路径的监控。提供将在每个位置使用的设备的说明以及其功能和检测极限。指定执行监视的频率，即更换过滤器、剂量计和样品收集器。描述了将要收集的样品类型，并提供这些样品的分析程序。讨论用于确定环境介质中放射性核素的本底和基线浓度的程序。提供该场址或场址区域以及周围区域的平均本底值。

10.4 污水监测程序

确定因退役而在废水中产生的已知或预期的放射性核素。提供所有废水排放点的地图，图纸或说明。详细介绍在排放点收集的样品和分析程序，以确保样品代表所释放的物质。提供设备的最低可检测限值。还提供废水样本收集频率。描述环境监测记录和报告程序。

10.5　污水控制程序

描述在退役活动中将用于最大程度减少放射性物质向环境释放的控制措施。提供操作级别的摘要，以及对超出操作级别时将要执行的操作的说明。描述用于环境外部的池塘、水池和贮罐的泄漏检测系统。提供确保对下水道系统的排放进行控制和维护以满足适当要求的程序。还提供预期废水向公众的剂量估计值以及用于估计公共剂量的方法的说明。

第 11 节　健康和安全

健康与安全由两个程序控制：辐射防护程序和工业健康与安全程序。运营期间制定的程序构成了整个退役期间所需的连续程序的基础。该信息可以包含在退役计划中，也可以参考其他文件在计划中进行汇总。

11.1　辐射防护计划

辐射防护计划涉及多个主题，包括但不限于：工作场所空气采样、呼吸防护、内照射和外照射监测、污染控制和仪器。

11.1.1　工作场所空气采样

提供工作场所空气采样程序的概述。描述在可能存在空气传播危害的工作区域中选择空气采样器的标准。讨论所应用的标准，该标准将证明正在使用具有适当灵敏度的空气采样器，并且正在以适当的频率收集样本。解释恒定空气监测仪，一般区域采样器和呼吸区域采样器的使用，并包括对它们的读数，报警器和警报设定点的描述。讨论便携式空气采样或“抓取”采样的使用。确定使用的设备的特定类型。提供所有空气采样设备（包括流量计）的校准频率。描述响应动作和警报级别的过程。提供有关如何针对每种分析程序确定可以收集的每种特定放射性核素的最小可检测活性（MDA）的说明。

11.1.2　呼吸系统防护

提供呼吸防护程序的概述。描述将用于控制空气中放射性物质浓度的过程控制、工程控制和程序。提供在不可行的情况下使用工程控制或程序时应遵循的程序。使用呼吸防护设备是最佳解决方案。列出每种呼吸保护设备的分配保护系数，并说明如何根据要执行的特定任务选择设备。描述将用于确保人员能够使用设备的医疗检查和配合测试程序。提供为解决呼吸保护程序的所有要素而需要维护的程序列表。描述呼吸防护设备的使用，维护和存储程序。讨论设备的用户培训计划。描述在考虑放射和非放射危害的情况下选择合适的呼吸防护设备的程序。

11.1.3 内部暴露监测

描述在退役活动期间将执行的确定工人暴露程度的监视类型。解释通过测量从人体排出或保留在体内的放射性核素的数量来确定工人摄入量和剂量的程序。提供基线、定期、特殊和终止分析的频率和技术目标。描述生物测定样品的作用水平以及如果超过该水平所采取的作用。解释将空气中浓度转换为工人摄入量和剂量的程序。还说明确定工作场所中放射性物质在空气中的浓度的程序。如果工作区域中存在可溶性放射性核素，则根据化学毒性提供空气样品的作用水平。讨论将生物测定和空气样本结果结合起来以确定成年工人和申报怀孕工人的摄入量和剂量的程序。解释将工人摄入量转换为有效剂量当量（和器官特定有效剂量当量）的程序，包括如何将已申报孕妇的放射性摄入量转换为对胚胎或胎儿的剂量。

11.1.4 外照射监测

确定并描述将用于检测工人外照射的各个监视设备。讨论每种监视设备的灵敏度，范围和准确性。说明当外部辐射场不均匀时使用肢体监测或其他全身监测的程序。提供有关何时使用声音报警剂量计和袖珍剂量计的说明，以及它们的性能规格说明。讨论从空气传播的放射性物质确定外部剂量的程序。讨论确保在需要时进行补充人员监视所必需的监视调查的程序，并说明标准或常规调查的频率。确定工人的工作水平和外照射极限，并说明这些水平的技术基础。定义超过这些级别时所采取的措施。讨论根据内部和外部监测结果计算出相当于工人的总器官剂量当量和总有效剂量的程序。描述准备，保留和报告职业辐射照射记录的程序。

11.1.5 污染控制程序

提供污染控制程序的总体描述。讨论控制进入污染区和在污染区停留时间的程序。列出将在退役活动期间进行的补充人员对工人的监视的调查，包括调查的类型、频率和将使用的设备的类型。描述建立背景水平的程序以及在将要退役的区域中来自自然资源的活动量，包括自然包含此类材料（混凝土、砖块）的材料量。列出并说明退役期间将使用的标准污染控制设备。确定可用的防护服，并说明其局限性和控制其使用的程序。当需要采取措施对人员、地方或区域进行净化，限制进入或修改放射监测的类型或频率时，本小节提供去除污染措施级别。讨论评估去污效果以及通过移除系统和设备而改变放射状态的程序。讨论用于测试密封源的程序，包括调查和结果分析的频率。解释向工人传播放射性危害信息的程序，并讨论确保将这些信息包括在修订后的工作程序中的程序。

11.1.6 仪器仪表

以表格形式提供将用于支持辐射防护计划的现场和实验室仪器清单，包括制造商的名称、型号、预期用途、可用单位数量、每个刻度范围、计数模式、灵敏度以及任何警报设置点。描述了仪器的存储、校准和维护程序，并记录进行这些活动的位置。描述将用于确定每种待检测辐射类型的 MDA 或最小可检测浓度（MDC）（在 95%置信水平下）的方法。讨论仪器校准和质量保证程序。解释用于估计每种仪器测量类型的不确定性范围的方法。确定将要校准仪器的程序。

11.2 核临界安全

本部分适用于在退役阶段关注临界安全性的设施，例如核电厂。本节介绍如何执行核临界安全计划。规定安全人员的管理职责和技术资格。描述一种确保程序意识并确保在整个退役活动中，尤其是在系统净化和拆卸过程中，维持安全所依赖的其他项目的方法。在考虑退役过程中可能遇到的所有情况和过程时，会识别出需要进行额外核临界安全性分析的任何活动。提供任何新分析的结果。提供将在一般的退役、去污或拆除操作中应用的一般核临界安全性要求的摘要，包括那些处理可能意外包含易裂变材料的系统的要求。确定用于监控临界水平的仪器并提供技术规范。描述对严重性警报或其他涉及严重性问题的异常情况的响应。

11.3 工业健康与安全计划

工业健康与安全计划涉及以下安全主题：吊装、索具、电气工程、高架工作、建筑安全、防火、热冷应力、电动和手动工具、机动车辆和设备、工作环境、物料搬运和存储、高压安全和激光安全。

本节介绍将要提供的人员保护措施和系统，其中可能包括个人防护服、事件报告和事故调查、警告标志和装置、培训、停工或挂牌、化学控制程序、危害通报、培训和噪声监控。它提供有关如何将非放射线健康和安全问题纳入工作程序的详细信息。描述一种工作许可制度或其他类似的制度，该制度提供系统的方法来识别危险并确保工作人员具有适当的资格和配备以适应工作场所。

11.4 审核和检查

提供由执行管理层进行的辐射防护计划和工业健康与安全计划年度审核的概述。描述辐射安全官员及其工作人员进行的调查和审核的类型和频率。确定保留以支持审核和纠正措施的记录。解释评估和处理在审核过程中发现的违反法规要求或许可承诺的过程。

11.5 记录保存程序

描述安全程序的记录保存程序。确定必须获取的记录，并讨论其保留期限和最终处置方式。确定负责维护记录的组织，并确定保存记录的位置。描述用于存储记录的方法（例如，以电子方式在 CD 或纸质副本上）。

11.6 优化分析和程序

讨论用于评估确定安全性得到优化以及剂量和职业危害已最小化的工作评估管理系统。讨论记录重要发现的过程，并解释通过经验教训程序传达这些发现的过程。

11.7 重大任务的剂量估算和优化

如果一项特定的工作表现出明显的剂量承诺或放射危害，则将解释执行结合了 ALARA（尽可能合理地降低）原则的详细剂量估算的程序。提供对所有主要任务和所有潜在暴露途径的退役工人的全身和肢体辐射剂量的估计值。确定将被实施以限制人员剂量的工程和行政控制措施（例如，合并防护罩，限制停留时间和人员轮换）。提供估计剂量与第 3.9.2 节中定义的相关限制的比较。

11.8 清理标准

提供用于释放材料和设备以及在退役期间和之后用于建筑物再利用的释放标准，其中包括对适用法规要求的参考。解释将用于确保从监管控制中释放的材料，设备和建筑物符合清除标准的过程。

11.9　最终发布标准

本节提供在项目结束时要达到的最终现场放射学标准。解释验证这些条件是否得到满足的过程。包含的讨论将说明在制定这些标准期间如何考虑优化过程。

第 12 节　质量保证

退役期间要应用的质量保证（QA）程序可以在退役计划中引用并概述的单独文档中进行描述。设施运营期间准备就绪的文件通常对退役活动有效，但对组织结构的修订和其他较小更改除外。质量检查主题如下所述。

12.1　组织

相对于退役组织描述了质量检查组织，并提供组织结构图。特别注意解释实施和项目管理结构之间的关系。提供质量保证组织内每个部门的职责和权限的说明，并解释退役计划中管理职责下放的程序。描述评估工作绩效的程序。

12.2　质量保证程序

其中包括一项承诺，以确保影响场址退役质量的活动将受到质量保证计划适用控制的约束，并且质量保证计划所涵盖的活动应在计划定义文件中进行标识。提供被许可人或承包商的企业质量检查政策的简要摘要。讨论确保实施质量保证计划所需的技术和质量保证程序与法规，许可和程序要求相一致的规定，并对其进行了适当的记录和控制。描述将执行的管理评审，以确保在退役活动期间保持质量。说明确保质量保证程序适用于承包商的方法。讨论将批准的质量保证计划、退役计划或组织的主要成员变更通知监管机构的程序。解释管理层对质量保证计划的范围、状态、充分性和符合性进行定期评估的程序。提供对负责执行影响质量的活动的人员的培训的说明，以及他们的资格。描述用于确认影响质量的活动是否符合 QA 程序的自我评估程序。描述组织责任，以确保影响质量的活动由成文的说明、程序和图纸规定，并通过实施这些文件来完成。讨论将用于确保说明、过程和图纸包括定量和定性接受标准的过程，以确保重要活动已得到令人满意的执行。

12.3 文件控制

提供程序中包含的文档类型的摘要。描述了开发、发布、修订和淘汰文档的过程。

12.4 测量和测试设备的控制

提供退役活动期间将使用的测量和测试设备的摘要。提供校准设备的步骤和进行校准的频率。讨论对每台设备执行每日校准检查的过程。描述将要维护的文件，以证明在退役期间仅使用经过正确校准和维护的设备。

12.5 纠正措施

本节介绍该项目的纠正措施程序，包括如何确定纠正措施是否适当的说明。纠正措施执行后，每个纠正措施和质量保证组织进行的任何后续活动均应保留的文档。

12.6 质量保证记录

讨论管理质量检查记录的过程。确定在项目实施过程中需要维护的所需质量检查记录。描述了 QA 组织以及参与退役、实施和维护 QA 记录的其他组织的职责。确定质量检查记录的存储设施，并讨论存储记录的过程。

12.7 审计与监督

描述质量检查审核和监督计划，包括进行审核和监督的程序。确定审核期间将生成的记录和文档，并说明管理这些文档的过程。描述与审核和监督有关的后续活动。描述将基于审计和监视结果执行的趋势跟踪程序。

12.8 经验教训计划

提供有关经验教训计划的说明。讨论捕获和记录退役活动中汲取的教训的过程。描述使此信息可供组织内部和外部的其他人使用的方法。讨论整个退役活动中此信息的反馈机制。

第 13 节 应急计划

特定于场址和设施的应急计划是旨在解决事故或故障情况的应急措施。运行期结束时存在的应急计划可以用作退役期应急计划的基础。该计划可以记录在退役计划中引用和概述的单独文档中。

13.1 组织和职责

提供有关应急计划的组织和职责的详细信息。提供应急计划和响应的组织结构图，并定义关键人员的职责。总结处理和报告异常事件、事件和紧急情况（包括现场和异地行动）的安排。确定需要这些安排的危险和事件，并提供必要的响应和联系方式的详细信息。确定可能需要外部各方（即消防部门、医务人员和公用事业公司）支持的行动，并讨论提供这种支持的适当安排。

描述由于特定退役活动而导致的有关应急响应的操作安排的修改。讨论这些修改及其理由。认识到随着退役的进行，设施的潜在危险将降低。

13.2　紧急情况

本节介绍应对紧急情况的过程以及在整个停用期间如何维护这些过程。讨论操作员培训、定期测试和设备维护的要求以及定期培训的时间表。确定可用于应对紧急情况的设备。

13.3　记录

描述记录紧急事件的程序，包括向监管机构的报告。讨论进行调查并确保纠正措施得到实施和验证的程序。

第 14 节　人员安全和保障

在操作阶段已建立了特定于站点的安全系统，并且在操作结束时存在的物理安全计划中对此进行了描述。该计划将进行调整以满足退役活动的安全需求。该计划通常是单独的文档，并且可能会受到限制地分发，因此只能在退役计划中以一般术语引用。（请注意，在许多情况下，物理安全计划可能无法公开发布，因此必须考虑是否可以参考此文档。）

14.1　组织和职责

提供物理安全功能的组织结构图，并定义关键人员的职责。

14.2　人员安全计划和措施

本节提供有关物理安全性一般方法的信息。仅可在物理安全计划中提供详细信息。

14.3　保障方案和措施

总结维护特殊核材料的业务安排。确定运行期间对布置进行的任何更改以及因退役活动而导致的必要更改，或潜在的新废物管理安排（第 3.7 节）。提供进行这些修改的理由，并认识到随着退役的进行，设施的潜在危险将减小。

第 15 节　最终辐射调查

本节简要介绍最终调查设计。提供指示要包括在调查中的场址、区域或建筑物的地图或绘图。描述将用于确定背景条件的参考区域或材料，并提供使用它们的理由。讨论将用于执行最终调查的程序。确定将使用的现场仪器的类型，并讨论每种介质和放射性核素的使用程序、校准、操作检查、覆盖范围和灵敏度。确定用于测量样品的实验室分析仪器，并讨论校准、灵敏度和评估方法的过程。讨论证明仪器在使用过程中具有足够灵敏度的过程。描述收集、控制和处理将在实验室中分析的样品的程序。解释评估调查结果以确保其统计上正确和准确的方法。提供可接受的残留活性水平及其推导。描述最终调查报告中的数据表示方式，并讨论将获得的结果与可接受的残留活性水平进行比较的分析程序。确定将要维护的记录，并描述维护这些记录的过程。

附件 6:《核电厂退役计划编制指南》征求意见稿

1. 范围

本标准规定了核电厂编制退役计划的一般要求、主要要素和内容，以及推荐的文件格式。

本标准适用于核电厂各阶段退役计划的编制，其他核设施退役可参考使用。

2. 规范性引用文件

下列文件对于本文件的应用是必不可少的。凡是注日期的引用文件，仅所注日期的版本适用于本文件。凡是不注日期的引用文件，其最新版本（包括所有的修改单）适用于本文件。

GB 6249—2011　核动力厂环境辐射防护规定

3. 定义

退役计划　decommissioning plan

指核设施在预期运行寿期结束后，为使其能够安全地退役，而对核设施全寿期管理过程中所采取的一系列活动安排的指导性文件。按照国际经验和国内监管实践，通常分为初步退役计划、中期退役计划和最终退役计划。

4. 一般要求

4.1　退役计划的阶段划分

核电厂退役计划的制定通常分为三个阶段：初步退役计划、运行期间的退役计划（也称为中期退役计划）以及最终退役计划。根据 GB 6249—2011 的要求，核电厂在设计阶段就要考虑退役计划的编制工作，机组投运前应制订初步退役计划，并在核电厂运行期间定期修订，而在退役前则应制订最终退役计划。

4.2　各阶段退役计划的要求

4.2.1　初步退役计划：重点考虑便于退役的设计与建造要求，对核电厂项目概况、厂址与周边环境、主要系统设备结构与布置、主要工艺、预期辐射源项和放射性废物产生量等进行简要描述，并对退役准备与实施的全过程提出设想，如退役策略、总体技术路线、退役组织管理、各阶段退役活动安排、退役资金、文件记录收集与保存、安全评估与保障条件等。

4.2.2　中期退役计划：除了对初步退役计划涉及的内容进行细化之外，还应重点考虑核电厂运行期间便于退役的措施，并根据监管要求、厂址与周边环境、核电厂组织机构、运行史、系统设备、主要工艺、辐射源项与放射性存留量、退役资金等变化情况及时更新退役计划相应章节，确保退役计划所述内容与核电厂现状相匹配。

4.2.3　最终退役计划：应详细描述核电厂现状和永久关闭后的预期状态，重点考虑最终的退役目标和退役策略、退役活动和实施规划等，并对退役组织管理、安全分析、环境影响评价、质量保证、应急预案等做进一步的论述与说明。

4.2.4　核电厂各阶段退役计划的文件格式基本相同，具体内容及深度应根据核电厂的复杂程度及潜在的退役需求而有所不同。

4.3　退役计划的更新

核电厂营运单位在制订初步退役计划后，应在核电厂建造和运行期间，对退役计划定期评估更新。根据国际经验，核电厂退役计划至少每 5 年应修订一次，或在核电厂运行期间实施的重要变更以及发生的运行事件、事故会对核电厂退役活动产生重大影响时，也应对退役计划及时修订。

4.4 文件记录的收集与管理

4.4.1 核电厂从选址之时起，设计、建造、调试、运行等各阶段都有大量资料与退役计划的编制密切相关，主要包括选址论证资料、设计和竣工文件、调试和试验记录、运行史（如运行记录、工程改造情况、辐射源项、人员受照剂量、放射性存留量、异常事件报告以及燃料和废物管理记录等）、厂址周边环境资料、质保大纲、应急计划等，应进行有针对性的收集与管理。

4.4.2 核电厂全寿期内都应对退役相关的文件和记录采取恰当的方式进行收集、保存与维护，确保退役所需资料的真实性、完整性、可靠性和可用性。

4.5 核电厂退役计划的编写应当遵循国家关于核安全、辐射防护、放射性废物管理，以及环境保护等相关政策和法规标准的规定，同时也应符合国家或地方有关管理部门和监督部门的相关要求。

5. 退役计划的主要要素

5.1 项目概述

应简述核电厂的全称、退役责任单位、地理位置、堆型、功率（包括热功率和积分功率）、建造时间、运行时间（包括计划运行时间和已运行时间）及核电厂现状等总体情况。

5.2 文件编制依据

应列出退役所遵循的政策、法律、法规、标准等依据性文件。

5.3 退役范围与目标

应明确退役所涉及的设施、设备及边界范围，并说明退役所需达到的终态目标。

5.4 退役策略

应根据退役目标明确所考虑的退役策略，并说明选择理由。

5.5 厂址概况

应描述厂址具体地理位置和边界，以及非居住区和规划限制区等情况，并明确退役活动可能的影响范围

5.6　周边环境概况

简要描述厂址及影响范围内地质地貌、气象、水文、自然灾害、人文等自然和社会环境特性，以及辐射环境现状。

5.7　核电厂总体布置

应给出厂区总平面布置图，标明建构筑物及其布置原则；列出退役范围内的建构筑物一览表，表中应至少包括建构筑物名称、代码、功能、分区、占地面积、建筑面积、构筑物类型或材料等信息。

5.8　主要厂房描述

应描述退役范围内的主要厂房的位置、功能、结构和布置情况；给出主要厂房各标高平面的工艺布置图、建筑平面图、设备位置示意图等主要信息；列出各厂房的主要设备清单，设备清单应包含设备名称、主要规格和技术指标、安装位置等信息。

5.9　主要系统设备描述

应描述退役范围内的系统设备的功能、安装位置、结构、材料、技术参数、与其他系统设备的关系、重要运行资料（如重大检修、更换和更改）等基本信息。

5.10　核电厂运行史

应描述并更新核电厂的实际运行情况；给出各运行时间段及对应的积分功率和累计积分功率；描述发生的运行事件或事故，以及相关影响。

5.11　放射性状态描述

在核电厂设计阶段制订初步退役计划时，应根据设计数据资料，估算并描述核电厂退役时待退役设施设备的放射性状态，如设施设备的活化状态、污染情况等，给出主要放射性核素、辐射水平、污染水平等，并说明理由。在核电厂运行阶段制订和修订中期退役计划时，应根据运行史、运行计划，以及实际监测数据，对估算的源项数据进行修正和补充完善，并说明理由。在制订最终退役计划时，应根据运行史和初步源项调查结果，对源项调查的内容和数据进行修正和补充完善，并说明理由。

5.12　国家监管要求

应从国家的法律法规角度，梳理并明确核电厂退役从许可申请到批准最终退役的监管要求和一般程序，以及相关机关和部门的职能。

5.13 退役组织机构

应明确核电厂在全寿期管理各个阶段中有关退役的工作组织及职责。

5.14 退役工程管理

应根据核电厂全寿期每个阶段中所需开展的与退役相关的工作，计划每项退役活动管理的制度和方法，包括工作任务管理、进度计划安排、人员培训及管控、外协外包管理等。

5.15 退役活动原则

应明确核电厂退役在辐射防护最优化、放射性废物最小化，以及退役技术可行性、安全性、经济性等方面的退役活动的总体原则。

5.16 退役总体技术路线

应描述核电厂退役的总体技术路线和步骤，给出总体技术路线图，并对每个主要环节作出简要描述。

5.17 便于退役措施

应描述核电厂在设计阶段为考虑便于退役需采取的总体设计原则和具体设计，以及建造阶段和运行阶段需采取的便于退役的措施，并说明具体落实的情况。

5.18 运行阶段的退役活动

应描述核电厂在运行期间所采取的退役相关活动，以及在运行后期对退役可行性研究、退役许可证申请、退役技术研究等退役前期准备工作的计划。

5.19 安全停闭期/安全监管期的退役活动

应描述核电厂永久关闭后在安全停闭期或安全监管期内应开展的退役准备工作以及每项工作的实施计划，如初步源项调查，退役技术研究及工程验证，设施监管、维护和改造，临时设施搭建等。

5.20 退役阶段的退役活动

在制订初步退役计划时，应初步明确退役实施前的准备工作内容、源项调查（实施阶段）计划、去污计划、拆除计划、退役进度计划等。在制订和修订中期退役计划时，应逐步对退役实施前各项准备工作、源项调查（实施阶段）、去污、拆除等退役活动进行详细化描述，应逐步明确各项退役活动的实施计划。在制订最终退役计划时，应对每项退役活动的具体实施方法和将要达到的预期结果进行明确。

5.21　废物管理

应描述废物的类别、来源、源项，明确放射性废物、有毒有害废物、一般非放射性废物的鉴别、分类、收集、减容、包装、暂存、转运、处理、处置等活动的原则、要求、方法和终态目标。

5.22　退役经费

应对退役经费进行初步估算，明确退役经费的来源和筹措方式，以及退役资金的管理原则等。应结合退役计划的定期修订，对退役资金储备是否充足进行评估，及时调整退役资金筹集的保障措施。

5.23　安全分析及评估

应描述辐射防护安全、工业安全、职业卫生、消防及保卫、剂量评估和主要活动优化、管理限值约束等，以及有关安全的标准鉴别，正常退役活动下的危害分析，异常退役活动或事故条件下的危害分析，预防和缓解措施，安全风险评估，分析结果与相关标准要求的比较及结论。

5.24　环境影响评价

应描述环境辐射本底情况和现状，分析退役活动对环境的影响，给出环境监测和保护计划。

5.25　质量保证

应描述退役活动的质量保证责任主体和内部组织机构；根据退役活动中主要影响质量的步骤，描述质量保证活动及质量控制环节。

5.26　应急预案

应描述应急组织及责任；描述进入应急状态的条件和应急预案；描述应急保障所需的条件保障。

5.27　终态监测

应描述场址终态与退役目标值的评价，场址终态监测的依据和方法，场址环境修复的内容及计划等。

6. 推荐的退役计划章节设置

给出推荐的退役计划格式与内容，具体到初步退役计划、中期退役计划和最终退役计划的编制，可根据不同阶段的需求和电厂实际状态等进行相应的调整。

（资料性附录）
《核电厂退役计划》的格式与内容

第一章　项目概述

主要描述项目概况、退役目标、退役范围、退役策略、依据文件等内容。

第二章　厂址与环境描述

说明厂址概况，具体地理位置和边界，以及退役活动可能的影响范围；简要描述厂址及影响范围内地质地貌、气象、水文、人文等自然和社会环境特性，以及辐射环境现状等。

第三章　核电厂描述

主要为运行史介绍、厂区平面布置、主要厂房描述、主要系统设备描述，以及放射性状态描述等。

第四章　退役组织管理

主要描述国家监管要求、退役组织机构、退役工程管理等相关内容。

第五章　退役活动

主要描述退役原则、退役总体技术路线、便于退役措施落实情况、运行阶段的退役活动、安全停闭期或安全监管期的退役活动、退役实施阶段的退役活动。

第六章　废物管理

主要描述废物的类别、来源、源项，明确放射性废物、有毒有害废物、一般非放射性废物的鉴别、分类、收集、减容、包装、暂存、转运、处理、处置等活动的原则、要求、方法和终态目标。

第七章　退役经费

对退役经费进行初步估算，明确退役经费的来源和筹措方式，以及退役资金的管理原则等。

第八章　安全分析及评估

主要描述辐射防护安全、工业安全、职业卫生、消防及保卫、剂量评估和主要活动优化、管理限值约束等，以及有关安全的标准鉴别，正常退役活动下的危害分析，异常退役活动或事故条件下的危害分析，预防和缓解措施，安全风险评估，分析结果与相关标准要求的比较及结论。

第九章　环境影响评价

主要描述环境辐射本底情况和现状，分析退役活动对环境的影响，给出环境监测和保护计划。

第十章　质量保证

主要描述退役活动的质量保证责任主体和内部组织机构；根据退役活动中主要影响质量的步骤，描述质量保证活动及质量控制环节。

第十一章　应急预案

主要描述应急组织及责任，进入应急状态的条件和应急预案，以及应急保障所需的条件。

第十二章　终态监测

主要描述场址终态与退役目标值的评价，场址终态监测的依据和方法，场址环境修复的内容及计划等。

参考文献

[1] IAEA.Standard Format and Content for Safety Related Decommissioning Documents：IAEA SRS No.45［R］. VIENNA：International Atomic Energy

Agency，2005.

［2］ IAEA.Decommissioning of Nuclear Power Plants，Research Reactors and Other Nuclear Fuel Cycle Facilities：IAEA Specific Safety Guide No.47［S］. VIENNA：International Atomic Energy Agency，2018.

［3］ K.L.Banovac，J.T.Buckley，R.L.Johnson，etc.Consolidated Decommissioning Guidance：Decommissioning Process for Materials Licensees，Final Report.UREG-1757 Vol.1，Rev.2［R］. Washington DC：Division of Waste Management and Environmental Protection，Office of Nuclear Material Safety and Safeguards，U.S.Nuclear Regulatory Commission.

［4］ 安凯媛，刘志辉，鲍芳. 核设施退役放射性废物最小化［M］. 北京：中国原子能出版社，2016.

［5］ 宋学斌. 核设施退役管理实践［M］. 北京：中国原子能出版社，2013.

［6］ 马鸿琳. 核安全与放射性污染防治“十二五”规划及 2020 年远景目标［M］// 中国核能年鉴：战略与规划. 2012

［7］ 马成辉. 历史遗留核设施退役及放射性废物治理的管理体制问题［C］. 全国核与辐射设施退役学术交流会.

［8］ 黄治俭，陈明焌，贾明，等. 国营二二一厂核设施退役实践［J］. 辐射防护，2005，25（2）：65-79.

［9］赓续光荣传统守护国家安全：纪念中核集团八二一厂建厂 50 周年［EB/OL］.［2020-12-15］. https：//www.nengapp.com/news/detail/3451965.

［10］ 潘自强院士一行来八二一厂调研［EB/OL］.［2020-12-15］. http://www.zh821.com/pc/news/ details_z1752.html.

［11］ 821 核军工厂的昨天与今天［EB/OL］.［2020-04-12］. http://www.fx361.com/page/2020/0203/ 6331054.shtml.

［12］ 孙先荣. 对我国军工设施退役及放射性废物治理专项工作的思考与建议［C］. 全国核与辐射设施退役学术交流会.

［13］ 我国第一座重水研究堆——101 堆退役获国家立项［EB/OL］［2020-12-15］. http://www. nengyuanjie. net/article/31778.html.

［14］ 秦山 320 MWe 机组最终退役计划［R］. A 版. 核电厂退役工程技术研发中心，2016.